住房和城乡建设部"十四五"规划教材

高等学校土木工程学科专业指导委员会规划教材

（按高等学校土木工程本科专业指南编写）

土木工程施工技术

（第二版）

李慧民　田　卫　主编

赵　平　　　主审

中国建筑工业出版社

图书在版编目（CIP）数据

土木工程施工技术 / 李慧民，田卫主编. — 2 版
. — 北京：中国建筑工业出版社，2024.4
住房和城乡建设部"十四五"规划教材　高等学校土
木工程学科专业指导委员会规划教材
ISBN 978-7-112-29747-4

Ⅰ. ①土…　Ⅱ. ①李…②田…　Ⅲ. ①土木工程-工
程施工-高等学校-教材　Ⅳ. ①TU7

中国国家版本馆 CIP 数据核字（2024）第 073434 号

本书为住房和城乡建设部"十四五"规划教材，同时也是高等学校土木工程学科专业
指导委员会规划教材（按高等学校土木工程本科专业指南编写）。
本书按照我国现行土木工程类标准规范进行编写，主要介绍了土木工程施工的主要工
种、施工工艺、施工方法、智能施工等，包括土方工程、桩基础工程、砌体工程、混凝土
结构工程、结构安装工程、桥梁结构工程、路面工程施工及隧道工程共 8 章。附录给出了
12 个案例可供教学中参考。本书内容实践性强，涉及范围广泛。
本书可作为高校土木工程专业教材，也可供相关工程技术人员参考使用。
为支持教学，本书作者制作了多媒体教学课件，选用此教材的教师可通过以下方式获
取：1. 邮箱：jckj@cabp.com.cn；2. 电话：(010) 58337285。

责任编辑：赵　莉　吉万旺　王　跃
责任校对：张　颖

住房和城乡建设部"十四五"规划教材
高等学校土木工程学科专业指导委员会规划教材
（按高等学校土木工程本科专业指南编写）

土木工程施工技术

（第二版）

李慧民　田　卫　主编
赵　平　　主审

*

中国建筑工业出版社出版、发行（北京海淀三里河路 9 号）
各地新华书店、建筑书店经销
北京鸿文瀚海文化传媒有限公司制版
北京市密东印刷有限公司印刷

*

开本：787 毫米×1092 毫米　1/16　印张：21¼　字数：446 千字
2024 年 4 月第二版　　2024 年 4 月第一次印刷
定价：**60.00** 元（赠教师课件）
ISBN 978-7-112-29747-4
(42246)

出　版　说　明

党和国家高度重视教材建设。2016 年，中办国办印发了《关于加强和改进新形势下大中小学教材建设的意见》，提出要健全国家教材制度。2019 年12 月，教育部牵头制定了《普通高等学校教材管理办法》和《职业院校教材管理办法》，旨在全面加强党的领导，切实提高教材建设的科学化水平，打造精品教材。住房和城乡建设部历来重视土建类学科专业教材建设，从"九五"开始组织部级规划教材立项工作，经过近 30 年的不断建设，规划教材提升了住房和城乡建设行业教材质量和认可度，出版了一系列精品教材，有效促进了行业部门引导专业教育，推动了行业高质量发展。

为进一步加强高等教育、职业教育住房和城乡建设领域学科专业教材建设工作，提高住房和城乡建设行业人才培养质量，2020 年 12 月，住房和城乡建设部办公厅印发《关于申报高等教育职业教育住房和城乡建设领域学科专业"十四五"规划教材的通知》（建办人函〔2020〕656 号），开展了住房和城乡建设部"十四五"规划教材选题的申报工作。经过专家评审和部人事司审核，512 项选题列入住房和城乡建设领域学科专业"十四五"规划教材（简称规划教材）。2021 年 9 月，住房和城乡建设部印发了《高等教育职业教育住房和城乡建设领域学科专业"十四五"规划教材选题的通知》（建人函〔2021〕36 号）。为做好"十四五"规划教材的编写、审核、出版等工作，《通知》要求：（1）规划教材的编著者应依据《住房和城乡建设领域学科专业"十四五"规划教材申请书》（简称《申请书》）中的立项目标、申报依据、工作安排及进度，按时编写出高质量的教材；（2）规划教材编著者所在单位应履行《申请书》中的学校保证计划实施的主要条件，支持编著者按计划完成书稿编写工作；（3）高等学校土建类专业课程教材与教学资源专家委员会、全国住房和城乡建设职业教育教学指导委员会、住房和城乡建设部中等职业教育专业指导委员会应做好规划教材的指导、协调和审稿等工作，保证编写质量；（4）规划教材出版单位应积极配合，做好编辑、出版、发行等工作；（5）规划教材封面和书脊应标注"住房和城乡建设部'十四五'规划教材"字样和统一标识；（6）规划教材应在"十四五"期间完成出版，逾期不能完成的，不再作为《住房和城乡建设领域学科专业"十四五"规划教材》。

住房和城乡建设领域学科专业"十四五"规划教材的特点：一是重点以修订教育部、住房和城乡建设部"十二五""十三五"规划教材为主；二是严格按照专业标准规范要求编写，体现新发展理念；三是系列教材具有明显特点，满足不同层次和类型的学校专业教学要求；四是配备了数字资源，适应现代化教学的要求。规划教材的出版凝聚了作者、主审及编辑的心血，得到了有关院校、出版单位的大力支持，教材建设管理过程有严格保障。希望广大院校及各专业师生在选用、使用过程中，对规划教材的编写、出版质量进行反馈，以促进规划教材建设质量不断提高。

住房和城乡建设部"十四五"规划教材办公室

2021 年 11 月

第二版前言

土木工程施工技术是高等学校土木工程专业的主要专业基础课之一，对培养应用型工程技术人才和推进工程教育起着重要作用。

本书以高等学校土木工程学科专业指导委员会制定的《高等学校土木工程本科专业指南》为指导，按照我国现行土木工程类标准规范进行编写。为符合新形势下的行业需求，在第一版的基础上，每章增加了智能施工部分，并对原先章节进行了重新划分。按现行国家规范，修改了混凝土保护层的规定，更新了热轧钢筋内容，并调整了钢筋下料长度计算的案例，同时增加了承插型盘扣式钢管脚手架内容等。本书主要介绍了土木工程施工的主要工种、施工工艺、施工方法及智能施工等内容，包括土方工程、桩基础工程、砌体工程、混凝土结构工程、结构安装工程、桥梁结构工程、路面工程施工及隧道工程共8章，实践性强，涉及领域广泛。

本教材系统介绍了土木工程施工的基本知识和基本理论，科学规范地反映了现阶段土木工程施工水平，条理清晰，重点突出，语言精练，图文并茂，注重工程教育与实践应用，具有较强的指导性和可操作性，积极培养学生实践能力与创新精神，使学生了解和掌握现行规范体系，加强土木工程施工理论与应用的研究，具备运用专业知识分析和解决工程实际问题的能力，努力培养具备世界眼光的卓越工程师。

本教材由李慧民、田卫主编，赵平主审。第1章由西安建筑科技大学李慧民、赵楠编写，第2章由北方民族大学胡云香、西安建筑科技大学田卫编写，第3、5章由西安建筑科技大学李慧民、田卫编写，第4章由西安建筑科技大学胡长明、田卫编写，第6章由西安建筑科技大学李慧民、西安工业大学郭庆军编写，第7章由西安建筑科技大学胡长明、西安科技大学史玉芳编写，第8章由西安建筑科技大学李慧民、长安大学袁春燕编写，案例分析由西安建筑科技大学田卫、广联达科技股份有限公司谭啸、胥方涛编写。全书由李慧民、田卫统稿。

在本教材编写过程中，广联达科技股份有限公司、中建八局工程研究院智能建造所等提供了部分智能施工方面的编写素材，研究生李可云、蒋志豪、马睿浩、胡澳香协助整理了部分资料和绘制了部分插图，同时本教材参考了许多专家学者的研究成果和文献资料，在此向他们表示衷心的感谢。

由于编者水平有限，书中还有一些不足之处，敬请广大读者批评指正。

第一版前言

土木工程施工技术是高等院校土木工程专业的主要专业基础课之一，对培养创新型工程科技人才和推进工程教育起着重要作用。

本书以高等学校土木工程学科专业指导委员会制定的《高等学校土木工程本科指导性专业规范》为指导，按照我国现行土木工程类标准规范进行编写，符合《高等学校土木工程本科指导性专业规范》的要求。本教材主要介绍了土木工程施工的主要工种、施工工艺、施工方法，包括土方工程、桩基工程、块体砌筑、混凝土工程、结构安装工程、建筑结构施工、桥梁结构施工、路面施工及隧道施工共9章，实践性强，涉及领域广泛。

本教材系统介绍了土木工程施工的基本知识和基本理论，科学规范地反映了现阶段土木工程施工水平，条理清晰，重点突出，语言精练，图文并茂，注重工程教育与实践应用，具有较强的指导性和可操作性，积极培养学生实践能力与创新精神，使学生了解和掌握现行规范体系，加强土木工程施工理论与应用的研究，具备运用专业知识分析和解决工程实际问题的能力，努力培养具备世界眼光的卓越工程师。

本教材由李慧民主编，赛云秀主审。第1章由西安建筑科技大学赵楠、阎文编写，第2章由西安建筑科技大学李慧民、内蒙古科技大学蔺石柱编写，第3、5章由西安建筑科技大学李慧民、赵楠编写，第4章由西安建筑科技大学胡长明、赵楠编写，第6章由西安建筑科技大学李慧民、西北工业大学刘建民编写，第7章由西安工业大学郭庆军、西安建筑科技大学赵楠编写，第8章由西安建筑科技大学胡长明、西安科技大学史玉芳编写，第9章由西安建筑科技大学李慧民、长安大学袁春燕编写。全书由李慧民、赵楠统稿。

本教材在编写过程中参考了许多文献和资料，在此对各位作者表示衷心的感谢！

由于编者水平有限，书中还有一些不足之处，敬请广大读者批评指正。

目　录

第1章
土方工程

【知识点】

土的工程分类，土方工程量的计算，基坑边坡稳定及支护结构，基坑开挖的降水方案与轻型井点系统的设计，填土压实方法及要求，土方工程的机械化施工，智能测绘与土方量计算的过程，智能机械化施工。

【重点】

土的可松性，土方工程量的计算，边坡塌方的原因及防治，轻型井点系统设计。

【难点】

利用土的可松性系数进行土方量的计算，轻型井点系统的设计。

土方工程是道路、桥梁、水利、建筑、地下工程等各种土木工程施工的首项工程，主要包括土的开挖、运输和填筑等施工过程，有时还要进行排水、降水和土壁支撑等准备工作。在土木工程中，最常见的土方工程有：场地平整、基坑（槽）开挖、地坪填土、路基填筑及基坑回填土等。土方工程具有量大面广、劳动繁重和施工条件复杂等特点，又受气候、水文、地质、地下障碍等因素影响较大，不确定因素多，存在较大的危险性。因此在施工前必须做好调查研究，选择合理的施工方案，制定可靠的措施，并采用先进的施工方法和机械化施工，以保证工程的质量与安全。

1.1 土的工程分类与工程性质

1.1.1 土的工程分类

土的分类方法较多，在土方工程和工程定额中，根据土的开挖难易程度将土分为八类，如表1-1所示。前四类为一般土，后四类为岩石。只有正确区分和鉴别土的种类，才能合理选择施工方法，准确套用工程定额，完成土方工程的计量与计价工作。

2

土的工程分类与开挖方法　　　　　　　　表 1-1

类别	土的名称	开挖方法	密度 (t/m³)	可松性系数	
				K_s	K_s'
一类土 (松软土)	砂,粉土,冲积砂土层,种植土,泥炭(淤泥)	用锹、锄头挖掘	0.6~1.5	1.08~1.17	1.01~1.04
二类土 (普通土)	粉质黏土,潮湿的黄土,夹有碎石、卵石的砂,种植土,填筑土和粉土	用锹、锄头挖掘,少许用镐翻松	1.1~1.6	1.14~1.28	1.02~1.05
三类土 (坚土)	软及中等密实黏土,重粉质黏土,粗砾石,干黄土及含碎石、卵石的黄土、粉质黏土、压实的填土	主要用镐,少许用锹、锄,部分用撬棍	1.75~1.9	1.24~1.30	1.04~1.07
四类土 (砾砂坚土)	重黏土及含碎石、卵石的黏土,粗卵石,密实的黄土,天然级配砂石,软泥灰岩及蛋白石	主要用镐、撬棍,部分用楔子及大锤	1.9	1.26~1.37	1.06~1.09
五类土 (软石)	硬石炭纪黏土,中等密实的页岩、泥灰岩、白垩土,胶结不紧的砾岩,软的石灰岩	用镐或撬棍、大锤,部分用爆破方法	1.1~2.7	1.30~1.45	1.10~1.20
六类土 (次坚石)	泥岩,砂岩,砾岩,坚实的页岩、泥灰岩,密实的石灰岩,风化花岗岩、片麻岩	用爆破方法,部分用风镐	2.2~2.9	1.30~1.45	1.10~1.20
七类土 (坚石)	大理岩,辉绿岩,玢岩,粗、中粒花岗岩,坚实的白云岩、砾岩、砂岩、片麻岩、石灰岩,风化痕迹的安山岩、玄武岩	用爆破方法	2.5~3.1	1.30~1.45	1.10~1.20
八类土 (特坚石)	安山岩,玄武岩,花岗片麻岩,坚实的细粒花岗岩,闪长岩,石英岩,辉长岩,辉绿岩,玢岩	用爆破方法	2.7~3.3	1.45~1.50	1.20~1.30

1.1.2 土的工程性质

土有多种工程性质,其中对土方工程施工影响较大的有土的密度、含水量、渗透性和可松性等。

1. 土的密度

土的密度可分天然密度和干密度。土的天然密度,是指土在天然状态下单位体积的质量,用 ρ 表示,它与土的密实程度和含水量有关,在选择装载汽车运土时,可用天然密度将载重量折算成体积;土的干密度,是指单位体积土中固体颗粒的质量,用 ρ_d 表示,它在一定程度上反映了土颗粒排列的紧密程度,可用来作为填土压实质量的控制指标。

$$\rho = \frac{m}{v} \tag{1-1}$$

$$\rho_d = \frac{m_s}{v} \tag{1-2}$$

式中　m——土的总质量；

　　　V——土的总体积；

　　　m_s——土中固体颗粒的质量。

2. 土的含水量

土的含水量 w 是土中所含的水与土的固体颗粒间的质量比，以百分数表示。土的含水量影响土方施工方法的选择、边坡的稳定和回填土的质量，它随外界雨、雪、地下水影响而变化。一般土的含水量超过 20％时就会使运土汽车打滑或陷轮，当土的含水量超过 25％～30％时，机械化施工就难以进行，在填土施工中则需控制"最佳含水量 w_{op}"（砂土的最佳含水量为 8％～12％，黏土为 19％～23％），方能在夯压时获得最大干密度，而含水量过大则会产生橡皮土现象，填土无法夯实，土的含水量对土方边坡稳定性也有直接影响。

3. 土的渗透性

土的渗透性是指土体中水可以渗流的性能，一般以渗透系数 K 表示。从达西地下水流动速度公式 $v = KI$，可以看出渗透系数 K 的物理意义，即：当水力坡度 I（如图 1-1 中水头差 Δh 与渗流距离 L 之比）为 1 时地下水的渗透速度。K 值大小反映了土渗透性的强弱。不同土质，其渗透系数有较大的差异，如黏土的渗透系数小于 0.1m/d，细砂为 5～10m/d，而砾石则为 100～200m/d。

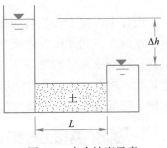

图 1-1　水力坡度示意

在排水降低地下水时，需根据土层的渗透系数确定降水方案和计算涌水量；在土方填筑时，也需根据不同土料的渗透系数确定铺填顺序。

4. 土的可松性

土具有可松性，土的可松性是土经开挖后组织破坏、体积增加、虽经回填压实仍不能恢复成原来体积的性质，可用最初可松性系数 K_s 和最终可松性系数 K_s' 表示，即：

最初可松性系数：
$$K_s = \frac{V_2}{V_1} \tag{1-3}$$

最终可松性系数：
$$K_s' = \frac{V_3}{V_1} \tag{1-4}$$

式中　V_1——土在天然状态下的体积；

　　　V_2——土经开挖后的松散体积；

　　　V_3——土经填筑压实后的体积。

土的可松性对土方量的平衡调配，确定运土机具的数量及弃土坑的容积，

4

以及计算填方所需的挖方体积、确定预留回填用土的体积和堆场面积等均有很大的影响。

土的可松性与土质及其密实程度有关，其相应的可松性系数可参考表1-1。

【例题1-1】 某土方工程施工一条形基础，基础截面面积均值 $2.5m^2$，基底挖深 $1.5m$，基底宽度为 $2.0m$，边坡坡度为 $1:0.5$。地基为粉土，可松性系数 $K_s=1.25$；$K_s'=1.05$。求每完成100m基槽施工的挖方量、需留填方用松土量和弃土量。

【解】 挖方量：

$$V_1 = \frac{2+(2+2\times 1.5\times 0.5)}{2}\times 1.5\times 100 = 412.5m^3$$

填方量 $V_3 = 412.5 - 2.5\times 100 = 162.5m^3$

填方需留松土体积 $V_{2留} = \frac{V_3}{K_s'}\cdot K_s = \frac{162.5\times 1.25}{1.05} = 193.5m^3$

弃土量（松散）$V_{2弃} = V_1 K_s - V_{2留} = 412.5\times 1.25 - 193.5 = 322.1m^3$

1.2 土方工程量的计算

土方工程施工开始前应做好如下准备工作：制定施工方案、场地清理和排除地面水，此外还需修筑好临时道路及供水、供电等临时设施；做好材料、机具、物资及人员的准备工作；设置测量控制网，打设方格网控制桩，进行建筑物、构筑物的定位放线等；根据土方施工设计做好边坡稳定、基坑（槽）支护、降低地下水位等辅助工作。

1.2.1 基坑、基槽土方量计算

土方工程施工前，需进行土方工程量计算，由于基坑基槽的实际体型比较复杂，土木工程施工中常采用近似方法计算，计算简图如图1-2所示。

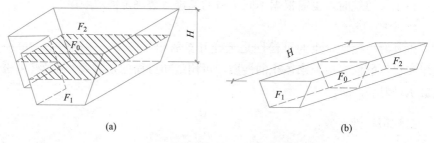

(a)   (b)

图1-2 基坑基槽工程土方计算简图

当基坑上口与下底两个面平行时（图1-2a），其土方量即可按拟柱体法计算，即：

$$V = \frac{H}{6}(F_1 + 4F_0 + F_2) \tag{1-5}$$

式中 H——基坑深度（m）；

F_1、F_2——基坑上下两底面积（m²）；

F_0——F_1 与 F_2 之间的中截面面积（m²）。

纵向延伸较长的基槽或路堤（图 1-3）的土方量计算，常用断面法。当地面不平时，先沿长度方向分段，各段的长短是按长度方向的地形变化特点及要求计算精度而定，取 10m 或 20m 不等。然后根据地形图或现场实测标高，分别绘制各段的两端断面图，逐一计算出断面面积和各段土方量体积，即得总土方量：

$$V=V_1+V_2+\cdots V_n=\frac{F_1+F_2}{2}l_1+\frac{F_2+F_3}{2}l_2+\cdots+\frac{F_{n-1}+F_n}{2}l_{n-1}$$

$$(1-6)$$

式中　　　　　　V——基槽或路堤的土方总体积；

V_1，V_2，$\cdots$，V_n——基槽或路堤各段的土方体积；

F_1，F_2，$\cdots$，F_n——各段端部的横断面面积；

l_1，l_2，$\cdots$，l_{n-1}——各段的长度。

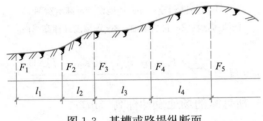

图 1-3　基槽或路堤纵断面

1.2.2　场地平整的土方量计算

场地平整指厚度在 ±30cm 以内的就地挖填找平，通常平整的方法是挖高填低，使场地实现平整的施工，场地平整前，要确定场地的设计标高，计算挖方和填方的工程量，然后确定挖方和填方的平衡调配方案，再选择土方机械、拟定施工方案。

对较大面积的场地平整，选择设计标高具有重要意义。选择设计标高时应遵循以下原则：要满足生产工艺和运输的要求；尽量利用地形，以减少挖填方数量；争取场地内挖填方平衡，使土方运输费用最少；要有一定的泄水坡度，满足排水要求。

场地设计标高一般应在设计文件上规定。若未规定时，对中小型场地可采用"挖填平衡法"确定；对大型场地宜作竖向规划设计，采用"最佳设计平面法"确定。下面主要介绍"挖填平衡法"的原理和步骤。

1. 确定场地设计标高

（1）初步设计标高

本着场地内总挖方量等于总填方量的原则确定。首先将场地划分成有若干个方格的方格网，每格的大小依据场地平坦程度确定，一般边长为 10～40m，见图 1-4（a）。

其次找出各方格角点的地面标高。当地形平坦时，可根据地形图上相邻两等高线的标高，用插入法求得。当地形起伏或无地形图时，可用一定精度的测量测绘仪器测出。

按照挖填方平衡的原则，如图 1-4（b），场地设计标高即为各个方格平均标高的平均值。可按下式计算：

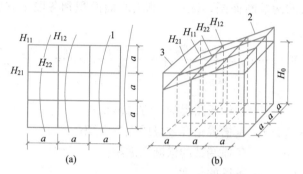

图 1-4　场地设计标高 H_0 计算示意图

（a）方格网划分；（b）场地设计标高示意图

1—等高线；2—自然地面；3—场地设计标高平面

$$H_0 = \frac{\sum (H_{11} + H_{12} + H_{21} + H_{22})}{4N} \tag{1-7}$$

式中　　　H_0——所计算的场地设计标高（m）；

　　　　　N——方格数量；

H_{11}，…，H_{22}——任一方格的四个角点的标高（m）。

从图 1-4（a）可以看出，H_{11} 系一个方格的角点标高，H_{12} 及 H_{21} 系相邻两个方格的公共角点标高，H_{22} 系相邻四个方格的公共角点标高。如果将所有方格的四个角点全部相加，则它们在上式中分别要加一次、两次、四次。

如令 H_1 表示一个方格仅有的角点标高，H_2 表示两个方格共有的角点标高，H_3 表示三个方格共有的角点标高，H_4 表示四个方格共有的角点标高，则场地设计标高 H_0 可改写成：

$$H_0 = \frac{\sum H_1 + 2\sum H_2 + 3\sum H_3 + 4\sum H_4}{4N} \tag{1-8}$$

（2）场地设计标高的调整

按上述计算的标高进行场地平整时，场地将是一个水平面。但实际上场地均需有一定的泄水坡度。因此需根据排水要求，确定出各方格角点实际的设计标高。

1）单向泄水时各方格角点的设计标高

当场地只向一个方向泄水时（图 1-5a），应以计算出的设计标高 H_0（或调整后的设计标高 H_0'）作为场地中心线的标高，场地内任一点的设计标高为：

$$H_n = H_0 \pm li \tag{1-9}$$

式中　H_n——场地内任意一方格角点的设计标高（m）；

　　　　l——该方格角点至场地中心线的距离（m）；

　　　　i——场地泄水坡度（一般不小于0.2%）；

　　　　$\pm$——该点应比 H_0 高则用"$+$"，反之用"$-$"。

例如图1-5（a）中，角点10的设计标高为：

$$H_{10}=H_0-0.5ai。$$

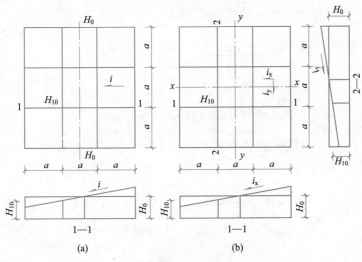

图1-5　场地泄水坡度示意图

（a）单向泄水；（b）双向泄水

2）双向泄水时各方格角点的设计标高

当场地向两个方向泄水时（图1-5b），应以计算出的设计标高 H_0（或调整后的标高 H_0'，作为场地中心点的标高，场地内任意一点的设计标高为：

$$H_n=H_0\pm l_x i_x \pm l_y i_y \tag{1-10}$$

式中　l_x，l_y——该点于 x-x，y-y 方向上距场地中心点的距离；

　　　　i_x，i_y——场地在 x-x，y-y 方向上的泄水坡度。

例如图1-5（b）中，角点10的设计标高：

$$H_{10}=H_0-0.5ai_x-0.5ai_y$$

【例题1-2】　某建筑场地方格网划分情况，自然地面标高如图1-6所示，方格边长 $a=20$m。泄水坡度 $i_x=2$‰，$i_y=3$‰，不考虑土的可松性及其他影响，试确定方格各角点的设计标高。

【解】　① 初算设计标高

$H_0=(\sum H_1+2\sum H_2+3\sum H_3+4\sum H_4)/4N$

　　$=[70.09+71.43+69.10+70.70+2\times(70.40+70.95+69.71+$

　　　$71.22+69.37+70.95+69.62+70.20)$

　　　$+4\times(70.17+70.70+69.81+70.38)]/(4\times9)=70.29$m

② 调整设计标高

$$H_n=H_0\pm l_x i_x \pm l_y i_y$$

7

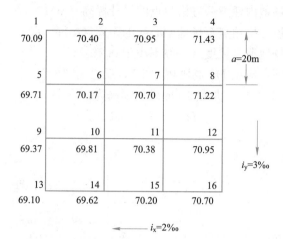

图 1-6 某建筑场地方格网划分

$$H_1 = 70.29 - 30 \times 2‰ + 30 \times 3‰ = 70.32m$$

其他见图 1-7。

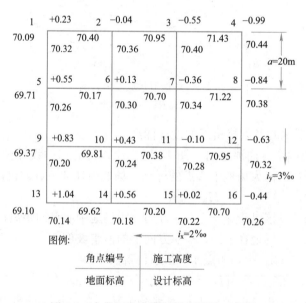

图 1-7 方格网角点设计标高及施工高度

除考虑排水坡度外，由于土具有可松性，填土会有剩余，也需相应地提高设计标高。场内挖方和填土以及就近借、弃土，均会引起场地挖或填方量的变化，必要时需调整设计标高。

2. 场地土方量计算

场地平整土方量的计算方法通常有方格网法和断面法两种。方格网法适用于地形较为平坦、面积较大的场地，断面法多用于地形起伏变化较大的地区。

用方格网法计算时，先根据每个方格角点的自然地面标高和实际采用的设计标高，算出相应的角点填挖高度，然后计算每一个方格的土方量，并算出场地边坡的土方量，这样即可得到整个场地的挖方量、填方量。其具体步骤如下：

（1）计算场地各方格角点的施工高度

各方格角点的施工高度（即挖、填方高度）h_n

$$h_n = H_n - H'_n \tag{1-11}$$

式中 h_n——该角点的挖、填高度，以"＋"为填方高度，以"－"为挖方高度（m）；

$\quad\quad H_n$——该角点的设计标高（m）；

$\quad\quad H'_n$——该角点的自然地面标高（m）。

（2）绘制"零线"

零线是进行平整场地时，施工高度为"0"的线，也是挖方、填方的分界线。确定零线时，要先找到方格线上的零点，零点是在相邻两角点施工高度分别为"＋""－"的格线上，是两角点之间挖填方的分界点。场地平整零点位置示意见图1-8，可按式（1-12）计算：

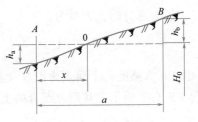

图1-8 零点位置示意图

$$x = \frac{a h_a}{h_a + h_b} \tag{1-12}$$

式中 h_a，h_b——相邻两角点挖、填方施工高度（以绝对值代入）；

$\quad\quad a$——方格边长；

$\quad\quad x$——零点距角点 A 的距离。

参考实际地形，将方格网中各相邻零点连接起来，即成为零线，同时就划分出了场地的挖方区和填方区。

（3）场地土方量计算

由方格网各角点的施工高度可知，各方格挖或填的土方量，一般可按下述四种不同类型（图1-9）进行计算：

1）方格四个角点全部为挖或全部为填，如图1-9（a）所示，其土方量为：

$$V_i = \frac{a^2}{4}(h_1 + h_2 + h_3 + h_4) \tag{1-13}$$

式中 $\quad\quad V_i$——挖方或填方体积；

h_1、h_2、h_3、h_4——各方格角点挖填高度（用绝对值）。

2）方格的相邻两个角点为挖方，另两个角点为填方，如图1-9（b）所示，其挖方部分的土方量为：

$$V_{wi} = \frac{a^2}{4}\left(\frac{h_1^2}{h_1 + h_4} + \frac{h_2^2}{h_1 + h_4} \right) \tag{1-14}$$

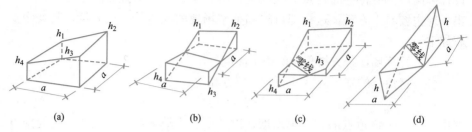

图 1-9 由方格网与零线分割成挖或填的土方四种几何形状

(a) 全挖（全填）；(b) 两挖两填；(c) 三挖一填（或三填一挖）；(d) 一挖一填

a—方格网边长

填方部分的土方量为：

$$V_{ti} = \frac{a^2}{4}\left(\frac{h_3^2}{h_2+h_3} + \frac{h_4^2}{h_1+h_4}\right) \tag{1-15}$$

3) 方格的一个角点为挖方（或填方），另三个角点为填方（或挖方），如图 1-9（c）所示，其填方部分的土方量为：

$$V_{ti} = \frac{a^2}{6} \times \frac{h_4^3}{(h_1+h_4)(h_3+h_4)} \tag{1-16}$$

挖土部分的土方量为：

$$V_{wi} = \frac{a^2}{6}(2h_1+h_2+2h_3-h_4) + V_{ti} \tag{1-17}$$

4) 方格的一个角点为挖方，相对的角点为填方，另两个角点为零点时（零线为方格的对角线），如图 1-9（d）所示，其挖（填）方土方量为：

$$V_i = \frac{a^2}{6}h \tag{1-18}$$

(4) 场地边坡土方量计算

边坡土方量计算步骤如下：首先标出场地四个角点 A、B、C、D 填挖高度和零线位置；其次根据土质确定填、挖方边坡系数 m_1 和 m_2；再次计算四角点的放坡宽度，如图 1-10 中，A 点的放坡宽度为 $m_1 h_a$，D 点的放坡宽度为 $m_2 h_d$。

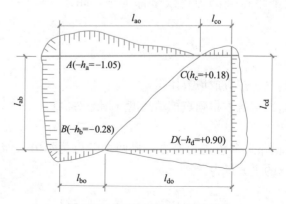

图 1-10 场地边坡土方量计算

绘出边坡边线平面示意图，如图 1-10 所示，然后计算边坡土方量体积如下：

A、B、C、D 四个角点的土方量，近似地按正方锥体计算，如 A 点土方量为：

$$V_A = \frac{1}{3}(m_1 h_a) 2h_a = \frac{1}{3} m_1^2 h_a^3 \tag{1-19}$$

AB、CD 两边土方量按平均断面法计算，如 AB 边的土方量为：

$$V_{ab} = \frac{F_a + F_b}{2} l_{ab} = \frac{m_1}{4}(h_a^2 + h_b^2) l_{ab} \tag{1-20}$$

AC、BD 两边分段按三角锥体计算，如 AC 边 AO 段的土方量为：

$$V_{ab} = \frac{1}{3}\left(\frac{m_1 h_a^2}{2} l_{ao}\right) = \frac{1}{6} m_1 h_a^2 l_{ao} \tag{1-21}$$

（5）统计挖、填土方量

将计算的场地方格中挖、填土体分别相加，即得全场地的总挖方量和总填方量：

$$V_w = \Sigma V_{wi}, \qquad V_t = \Sigma V_{ti} \tag{1-22}$$

（6）调整设计标高

按移挖做填、挖填平衡的原则所确定的场地设计标高 h_0，实质上仅为一理论值，并未考虑土的可松性（一般填土会有多余），以及场内有高筑或深挖的要求等，会使土方量增加或减少，一般均以调整设计标高解决。由于土具有可松性，一般需相应地拉高设计标高，如图 1-11 所示。

图 1-11　调整设计标高

1.3　土方工程的机械化施工

土方工程机械主要包括挖掘机械（单斗或多斗挖土机）、挖运机械（推土机、铲运机、装载机）、运输机械（自卸汽车、皮带运输机等）和密实机械（压路机、蛙式夯、振动夯等）四大类。一般应依据建设项目工程特点、施工单位现有机械情况和大型机械配套要求，综合考虑经济效益合理选用。

1.3.1　推土机

推土机是在履带式拖拉机的前方安装推土铲刀（推土板）制成的。按铲刀的操纵机构不同，推土机分为索式和液压式两种。

推土机能单独完成挖土、运土和卸土工作，具有操纵灵活、运转方便、所需工作面较小、行驶速度较快等特点。推土机主要适用于一至三类土的浅挖短运，如场地清理或平整，开挖深度不大的基坑以及回填，推筑高度不大的路基等。此外，推土机还可以牵引其他无动力的土方机械，如拖式铲运机、松土器、羊足碾等。

推土机推运土方的运距，一般不超过100m，运距过长，土将从铲刀两侧流失过多，影响其工作效率，经济运距一般为30~60m，铲刀刨土长度一般为6~10m。

为了提高推土机的工作效率，常用以下几种作业方法：下坡推土法，分批集中、一次推送法，沟槽推土法，并列推土法，斜角推土法。

1.3.2 铲运机

铲运机是一种能综合完成挖、装、运、填的机械，对行驶道路要求较低，操纵灵活，生产率较高。按行走机构可将铲运机分为自行式铲运机（图1-12 a）和拖拉式铲运机（图1-12 b）两种；按铲斗操纵方式，又可将铲运机分为索式和油压式两种。

(a)　　　　　　　　　　　　　　　(b)

图 1-12　铲运机
（a）自行式铲运机；（b）拖拉式铲运机

铲运机一般适用于含水量不大于27％的一至三类土的直接挖运，常用于坡度在20°以内的大面积场地平整，大型基坑的开挖，堤坝和路基的填筑等。不适于砾石层、冻土地带和沼泽地区使用。坚硬土开挖时要用推土机助铲或用松土器配合。拖拉式铲运机的运距以不超过800m为宜，当运距在300m左右时效率最高；自行式铲运机的行驶速度快，可适用于稍长距离的挖运，其经济运距为800~1500m，但不宜超过3500m。铲运机适宜在松土、普通土且地形起伏不大（坡度在20°以内）的大面积场地上施工。

1.3.3 单斗挖土机

当场地起伏高差较大、土方运输距离超过1km，且工程量大而集中时，可采用挖土机挖土，配合自卸汽车运土，并在卸土区配备推土机整平土堆。

单斗挖土机是土方开挖的常用机械。按行走装置的不同，分为履带式和轮胎式两类；按传动方式分为索具式和液压式两种；根据工作装置分为正铲、反铲、拉铲和抓铲四种，如图1-13所示。使用单斗挖土机进行土方开挖作业时，一般需自卸汽车配合运土。

1. 正铲挖土机施工

正铲挖土机的挖土特点是"前进向上，强制切土"。正铲挖土机挖掘力大，生产效率高，易与载重汽车配合，可以开挖停机面以上的一至四类土，宜用

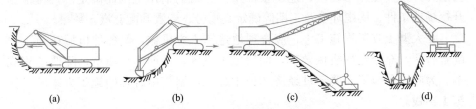

图 1-13 单斗挖土机工作简图

(a) 正铲挖土机；(b) 反铲挖土机；(c) 拉铲挖土机；(d) 抓铲挖土机

于开挖掌子面高度大于 2m，土的含水量小于 27% 的较干燥基坑，但需设置坡度不大于 1∶6 的坡道。

2. 反铲挖土机施工

反铲挖土机的挖土特点是"后退向下，强制切土"，随挖随行或后退。反铲挖土机的挖掘力比正铲小，适于开挖停机面以下的一至三类土的基坑、基槽或管沟，不需设置进出口通道，可挖水下淤泥质土，每层的开挖深度宜为 1.5～3.0m。常见的反铲挖土机的技术性能见表 1-2。

反铲挖土机技术性能   表 1-2

项次	工作项目	符号	W₁-50	WY-40	WYL-60	WY-100	WY-160
1	动臂倾角	α	45° 60°	—	—	—	—
2	最终卸土高度(m)	H_2	5.2 6.1	3.76	6.36	5.4	5.83
3	装卸车半径(m)	R_3	5.6 4.4	—	—	—	—
4	最大挖土深度(m)	H	5.56	4.0	6.36	5.4	5.83
5	最大挖土半径(m)	R	9.2	7.19	8.2	9.0	10.6

3. 拉铲挖土机施工

拉铲挖土机的挖土特点是"后退向下，自重切土"，其挖土半径和挖土深度较大，能开挖停机面以下的一至二类土。工作时，利用惯性力将铲斗甩出去，涉及范围大，但灵活准确性较差，与汽车配合较难。拉铲挖土机宜用于开挖较深较大的基坑（槽）、沟渠或水中挖土，以及填筑路基、修筑堤坝，更适于河道清淤，其开挖方式也分为沟端开挖和沟侧开挖。

4. 抓铲挖土机施工

索具式抓铲挖土机的挖土特点是"直上直下，自重切土"，其挖掘力较小，能开挖一至二类土，适于施工面狭窄而深的基坑、深槽、沉井等开挖、清理河泥等工程，最适于水下挖土。目前，液压式抓铲挖土机得到了较多应用，其性能大大优于索具式。

对于小型基坑，抓铲挖土机可立于一侧进行抓土作业；对较宽的基坑（槽），需在两侧或四周抓土。施工时应离开基坑足够的距离，并增加配重。

1.3.4 土方机械的选择

土方机械的选择主要是确定其类型、型号、台数。挖土机械的类型是根据土方开挖类型、工程量、地质条件及挖土机的适用范围而确定的，再根据开挖场地条件、周围环境及工期等确定其型号、台数和配套汽车数量。

在大型土方工程施工中，应合理地选择土方机械，使各种机械在施工中配合协调，充分发挥机械效率，加快施工进度，保证施工质量，降低工程成本。为此，在施工前要经过经济和技术分析，制订出合理的施工方案，指导施工实践。

1. 选择土方机械的依据

土方工程的类型及规模，施工现场周围环境及水文地质情况，现有机械设备条件，工期要求。

2. 土方机械与运输车辆的配合

当挖土机挖出的土方需运输车辆外运时，生产率不仅取决于挖土机的技术性能，而且还取决于所选的运输工具是否与之协调。

挖土机的数量 N 为：

$$N = \frac{Q}{P} \times \frac{1}{TCK} \tag{1-23}$$

式中　Q——挖土方量（m^3）；

$\quad\quad P$——挖土机生产率（m^3/台班）；

$\quad\quad T$——要求工期（d）；

$\quad\quad C$——每天工作班数；

$\quad\quad K$——时间利用系数，$K = 0.8 \sim 0.9$。

当挖土量数量已定，工期 T 按下式确定：

$$T = \frac{Q}{NPCK} \tag{1-24}$$

挖土机生产率：

$$P = \frac{8 \times 3600}{t} q \frac{K_c}{K_s} K_b \tag{1-25}$$

式中　t——挖土机每次作业循环延续时间（s），W_1-100 正铲挖土机为 $25 \sim 40s$，W_1-100 拉铲挖土机为 $45 \sim 60s$；

$\quad\quad q$——挖土机斗容量（m^3）；

$\quad\quad K_s$——土的最初可松性系数；

$\quad\quad K_c$——土斗的充盈系数，可取 $0.8 \sim 1.1$；

$\quad\quad K_b$——工作时间利用系数，一般为 $0.7 \sim 0.9$。

为了充分发挥挖土机的生产能力，应使运土车辆载重量 Q' 与挖土机的每斗土重保持一定的倍率关系；为了保证挖土机能不间断地作业，还要有足够数量的车辆。载重量大的汽车需要的辆数较少，挖土机等待汽车调车的时间也较少，但汽车台班费用高，所需总费用不一定经济合理。最合适的车辆载重量应当是使土方施工单价为最低，可以通过核算确定。根据实践经验，所选汽车的载重量以取 3～5 倍挖土机铲斗中的土重为宜。为了减少车辆的调头、等待、让车和装土时间，装车场地还须考虑适宜的调头方法及停车位置。

1.4 土方工程的辅助工程

1.4.1 边坡支护与流砂防治

1. 边坡

多数情况下，土方开挖或填筑的边缘都要保留一定的斜面，称土方边坡。边坡的形式如图 1-14 所示，边坡坡度常用 $1:m$ 表示，即：

$$土方边坡坡度 = \frac{H}{B} = \frac{1}{B/H} = 1:m \qquad (1-26)$$

式中 $m = B/H$——坡度系数。

图 1-14 边坡坡度示意

土方边坡坡度确定一定要合理，以满足安全和经济方面的要求。土方工程施工过程中，保持所开挖土壁的稳定性，主要是依靠土体的内摩擦力和黏结力来平衡土体的下滑力，一旦土体在外力作用下失去平衡，就会出现土壁坍塌或滑坡，不仅妨碍土方工程施工，造成人员伤亡事故，还会危及附近建筑物、道路及地下管线的安全，后果严重。

为了防止土壁坍塌或滑坡，对挖方或填方的边缘，一般需做成一定坡度的边坡。由于条件限制不能放坡时，常需设置土壁支护结构，以确保施工安全。

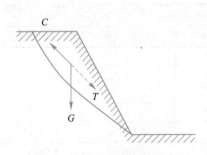

图 1-15 边坡稳定条件示意

（1）边坡稳定条件及其影响因素

边坡稳定条件是在土体的重力及外部荷载作用下所产生的剪应力小于土体的抗剪强度。如图 1-15 所示，该边坡稳定的条件是，作用在土体上的下滑力 T 小于该块土体的抗剪力 C。

在土质均匀、含水量正常、开挖范围内无地下水、施工期较短的情况下，当开挖较密实的砂土或碎石土不超过 1m、粉土或粉质黏土不超过 1.25m、黏土或碎石土不超过 1.5m、坚硬黏土不超过 2.0m 时，一般可垂直下挖，且不加设支撑。

（2）边坡坡度的确定

坑（槽）开挖不满足留设直壁的条件或对填方的坡脚，应按要求放坡。边坡放坡的常规形式如图 1-16 所示。边坡坡度应根据不同的挖填高度、土的性质及工程的特点而定，几种不同情况的边坡坡度要求如下：

在边坡整体稳定情况下，如地质条件良好，土质较均匀，使用时间在一年以上，高度在 10m 以内的临时性挖方边坡应按表 1-3 的规定；挖方中有不同的土层，或深度超过 10m 时，其边坡可作成折线形或台阶形（图 1-16b、c、d），以减少土方量。

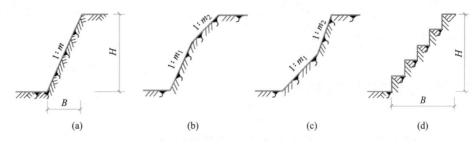

图 1-16 土方边坡

（a）直线边坡；（b）不同土层折线边坡；（c）不同深度折线边坡；（d）阶梯边坡

使用时间较长、高 10m 以内的临时性挖方边坡坡度 表 1-3

土的类别		边坡坡度
砂土（不包括细砂、粉砂）		1：1.50～1：1.25
一般黏性土	坚硬	1：1.10～1：0.75
	硬塑	1：1.15～1：1.00
碎石类土	充填坚硬、硬塑黏性土	1：1.00～1：0.50
	充填砂土	1：1.50～1：1.00

当地质条件良好，土质均匀且地下水位低于基坑、沟槽底面标高时，挖方深度在 5 m 以内，不加支撑的边坡留设应符合表 1-4 的规定。

深度在 5m 内的基坑（槽）、管沟边坡的最陡坡度（不加支撑） 表 1-4

土的种类	边坡坡度（高：宽）		
	坡顶无荷载	坡顶有静载	坡顶有动载
中密的砂土	1：1.00	1：1.25	1：1.50
中密的碎石类土（充填物为砂土）	1：0.75	1：1.00	1：1.25
硬塑的粉土	1：0.67	1：0.75	1：1.00
中密的碎石类土（充填物为黏性土）	1：0.50	1：0.67	1：0.75
硬塑的粉质黏土、黏土	1：0.33	1：0.50	1：0.67
老黄土	1：0.10	1：0.25	1：0.33
软土（经井点降水后）	1：1.00		

对于永久性挖方或填方边坡，则均应进行设计计算，按设计要求施工。对留设的边坡，当使用时间较长时，应做好坡面的保护，常用方法包括覆盖法，挂网法，挂网抹面法，土袋、砌砖压坡法及喷射混凝土法等。

2. 边坡支护

基坑（槽）所采用的支护结构一般根据地质条件、基坑开挖深度、对周边环境保护要求及降排水情况等选用。在支护结构设计中首先要考虑周围环境的安全可靠性，其次要满足本工程地下结构施工的要求，并应尽可能降低造价和便于施工。

（1）横撑式土壁支撑

开挖较窄的沟槽，多用横撑式土壁支撑。根据挡土板的设置方向不同，横撑式土壁支撑分为水平挡土板式（图1-17a）以及垂直挡土板式（图1-17b）两类。前者挡土板的布置又分为间断式和连续式两种。

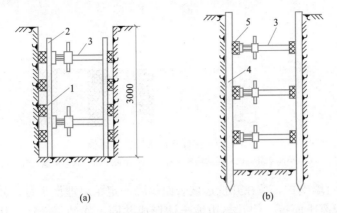

图 1-17　横撑式支撑

（a）间断式水平挡土板支撑；（b）垂直挡土板支撑

1—水平挡土板；2—立柱；3—工具式横撑；4—垂直挡土板；5—横楞木

对含水量小的黏性土，当开挖深度小于3m时，可用间断式水平挡土板支撑；对松散的土宜用连续式水平挡土板支撑，挖土深度可达5m。对松散和含水量很大的土，可用垂直挡土板支撑随挖随撑，其挖土深度不限。

（2）水泥土挡墙支护

水泥土挡墙支护是通过沉入地下设备将喷入的水泥与土进行掺合，形成柱状的水泥加固土桩，并相互搭接而成（图1-18），具有挡土、截水双重功能。一般靠自重和刚度进行挡土，属重力式挡墙，适用于深度为4~6m的基坑，最大可达7~8m。

水泥土挡墙支护的截面多采用连续式和格栅形。采用格栅形的水泥土置换率

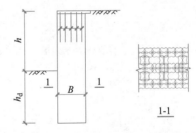

图 1-18　水泥土挡墙的一般构造

（水泥土面积与格栅总面积之比）为0.6~0.8。基坑开挖深度$h<5m$的软土地区，可按经验取墙体宽度$B=(0.6\sim0.8)h$，嵌入基底下的深度$h_d=(0.8\sim1.2)h$。水泥土桩间的搭接宽度，考虑截水作用时不宜小于150mm，不考虑截水作用时不宜小于100mm。

按施工机具和方法不同，水泥土挡墙支护的施工分为深层搅拌法、旋喷法等。深层搅拌水泥土挡墙的施工工艺见图1-19。旋喷法是利用专用钻机，把带有特殊喷嘴的注浆管钻至预定位置后，将高压水泥浆液向四周高速喷入土体，并随钻头旋转和提升切削土层，使其混合掺匀。

（3）土钉墙与喷锚支护

土钉墙与喷锚支护均属于边坡稳定型支护，主要利用土钉或预应力锚杆加固基坑侧壁土体，与喷射的钢筋混凝土保护面板组成支护结构，施工费用较低，近几年在较深基坑中得到广泛应用。

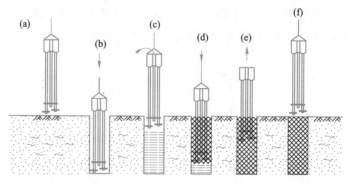

图 1-19　搅拌水泥土墙施工流程

（a）定位；（b）预搅下沉；（c）提钻喷浆搅拌；（d）重复下沉；（e）重复提升；（f）结束

1）土钉墙支护，系在开挖边坡表面每隔一定距离埋设土钉，并铺钢筋网喷射细石混凝土面板，使其与边坡土体形成共同工作的复合体。从而有效提高边坡的稳定性，增强土体破坏的延性，对边坡起到加固作用。

土钉墙支护的构造如图 1-20、图 1-21 所示，墙面的坡度宜为 1∶0.5～1∶0.1。土钉是在土壁钻孔后插入钢筋、注入水泥浆或水泥砂浆而成，也可打入带有压浆孔的钢管后，再压浆而形成"管锚"。土钉长度宜为开挖深度的 0.5～1.2 倍，间距 1.2～2m，且呈梅花形布置，与水平面夹角宜为 5°～20°。土钉钻孔直径宜为 80～130mm，插筋宜采用 HRB400 级钢筋。

图 1-20　土钉墙支护

1—土钉；2—混凝土面板；3—垫板

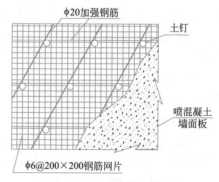

图 1-21　土钉墙立面构造

墙面由喷射厚度为 80～150mm、强度不低于 C20 的混凝土形成，混凝土面板内应配置直径 6～10mm、间距 150～300mm 的钢筋网，上下段钢筋网搭接长度应大于 300mm。为使面层混凝土与土钉有效连接，应设置承压板或加强钢筋与土钉钢筋焊接或螺栓连接。在土钉墙的顶部，墙体应向平面延伸不少于 1m，并在坡顶和坡脚设挡排水设施，坡面上可根据具体情况设置泄水管，以防混凝土面板后积水。

土钉墙的施工顺序为：按设计要求自上而下分段、分层开挖工作面，修整坡面→埋设喷射混凝土厚度控制标志，喷射第一层混凝土→钻孔，安设土钉钢筋→注浆，安设连接件→绑扎钢筋网，喷射第二层混凝土→设置坡顶、坡面和坡脚的排水系统。若土质较好亦可采取如下顺序：开挖工作面、修坡→绑扎钢筋网→成孔→安设土钉→注浆、安设连接件→喷射混凝土面层→开挖下一个工作面。

土钉墙支护具有结构简单、施工方便快速、节省材料、费用较低等优点。适用于淤泥、淤泥质土、黏土、粉质黏土、粉土等土质，且地下水位较低、深度在12m以内的基坑。

当基坑深度较大、侧壁存在软弱夹层或侧压力较大时，可在局部采用预应力锚杆代替土钉拉结土体，形成复合土钉墙支护，其允许基坑深度不大于15m。

2）喷锚网支护简称喷锚支护，其形式与土钉墙支护相似。它是在开挖边坡的表面铺钢筋网、喷射混凝土面层后成孔，但不是埋设土钉，而是埋设预应力锚杆，借助锚杆与滑坡面以外土体的拉力，使边坡稳定。

喷锚支护构造如图1-22所示，由预应力锚杆、钢筋网、喷射混凝土面层和被加固土体等组成。墙面可做成直立壁或1：0.1的坡度，锚杆应与面层连接，须设置锚板、加强钢筋或型钢梁。喷射混凝土面层厚度：对一般土层为100～200mm，对风化岩不小于60mm；混凝土强度等级不低于C20，钢筋网一般不宜小于$\phi6@200mm\times200mm$。面板顶部应向水平面延伸1.0～1.5m，以保护坡顶。向下伸至基坑底以下不小于0.2m，以形成护脚，在坡顶和坡脚应做好防水。锚杆宜用钢绞线束作拉杆，锚杆长度应根据边坡土体稳定情况由计算确定，间距一般为2.0～2.5m，钻孔直径宜为80～150mm，注浆材料同土钉。

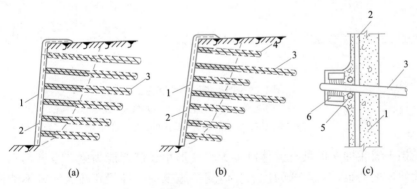

(a)　　　　　　　　(b)　　　　　　　　(c)

图1-22　喷锚支护

(a) 喷锚支护结构；(b) 土钉墙与喷锚网复合支护；(c) 锚杆头与钢筋网和加强筋的连接

1—喷射混凝土面层；2—钢筋网层；3—锚杆头；4—锚杆（土钉）；5—加强筋；

6—锁定筋二根与锚杆双面焊接

喷锚支护施工顺序及施工方法与前述土钉墙支护基本相同，主要区别是每个开挖层的土壁面层喷射混凝土后须经养护、对锚杆进行预应力张拉、锚定后再开挖下层土。

喷锚支护主要适用于土质不均匀、稳定土层、地下水位较低、埋置较深、开挖深度在18m以内的基坑；对硬塑土层，可适当放宽；对风化泥岩、页岩，开挖深度可不受限制。但不宜用于有流砂土层或淤泥质土层的工程。

（4）排桩式挡墙

排桩式支护结构常用钻孔灌注桩、挖孔灌注桩、预制钢筋混凝土桩及钢管桩等作为挡土结构，其支撑方式有悬臂式、拉锚式、锚杆式和水平横撑式。排桩式支护结构挡土能力强、适用范围广，但一般无阻水功能。下面主要介绍钢筋混凝土桩排挡土结构。

钢筋混凝土桩排挡土结构常采用灌注桩形式，实际施工时在待开挖基坑的周围，用钻机钻孔或人工挖孔，孔内安放钢筋笼，现场灌注混凝土成桩，形成桩排作挡土支护。钢筋混凝土桩的排列形式有间隔式、连续式和双排式等（图1-23）。间隔式系每隔一定距离设置一桩，通过冠梁连成整体共同工作，桩间土起土拱作用将土压传到桩上。双排桩系将桩前后或呈梅花形按两排布置，通过冠梁形成门式刚架，以提高桩墙的抗弯刚度，增强抵抗土压力的能力，减小位移。为防止桩间土塌落流失，可在桩排表面固定钢丝网并喷射水泥砂浆或细石混凝土加以保护。

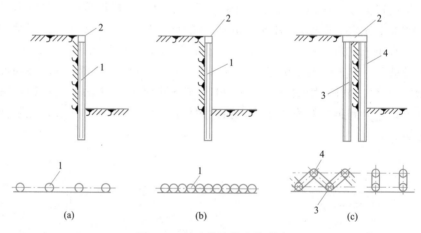

图1-23 挡土灌注桩支护形式
（a）间隔式；（b）连续式；（c）双排式
1—挡土灌注桩；2—冠梁；3—前排桩；4—后排桩

挡土灌注桩支护具有整体刚度大，变形小，抗弯能力强，设备简单，施工简便，振动小，噪声低的优点。但支护施工一次性投资较大，桩不能回收利用，且止水性能差。当地下水较高时，还需在桩间或桩后增加水泥土桩，形成止水帷幕进行封闭。

挡土灌注桩支护适于黏性土、砂土、开挖面积较大、深度大于6m的基坑，以及邻近有建筑物，不允许附近地基有较大下沉、位移时采用。土质较好时，外露悬臂高度可达到7~8m；顶部设拉杆、中部设锚杆时，可用于10~30m深基坑的支护。

（5）板桩挡墙

1）型钢桩支护，主要是用工字钢、槽钢或H型钢作基坑护壁挡墙，地基土质较好时，中间可以不加挡板，桩的间距根据土质和挖深等条件而定。当土质比较松散时，在型钢间需随挖土随加挡土板，以防止砂土流散，如图1-24所示。

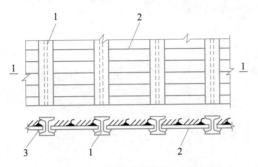

图1-24 型钢桩横挡板支护

1—型钢桩；2—横向挡土板；3—木楔

2）板墙式挡墙，主要是指现浇或预制的地下连续墙，即在坑、槽开挖前，先在地下修筑一道连续的钢筋混凝土墙体，以满足开挖及地下施工过程中的挡土、截水防渗要求，并可作为地下结构的一部分。适用于深度大、土质差、地下水位高或降水效果不好的工程。

3）逆作拱墙支护，即在基坑开挖过程中，随开挖深度分段，浇筑平面为闭合的圆形、椭圆形钢筋混凝土墙体，其壁厚不小于400～500mm，混凝土强度等级不低于C25，总配筋率不小于0.7%。竖向分段高度不得超过2.5m。适用于基坑面积、深度不大，平面为圆形、方形或接近方形的基坑支护。

挡墙的支撑结构按构造特点可分为自立式（悬臂式）、斜撑式、锚拉式、锚杆式、坑内支撑式等几种，其中坑内支撑又可分为水平支撑、桁架支撑及环梁支撑等，如图1-25所示。

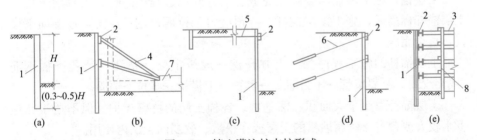

图1-25 挡土灌注桩支护形式

（a）悬臂式；（b）斜撑式；（c）锚拉式；（d）锚杆式；（e）坑内内撑式

1—挡墙；2—围檩（连梁）；3—支撑；4—斜撑；5—拉锚；6—锚杆；7—先施工的基础；8—支承柱

（6）土层锚杆

土层锚杆是埋设在地面以下较深部位的受拉杆体，由设置在钻孔内的钢绞线或钢筋与注浆体组成。钢绞线或钢筋一端与支护结构相连，另一端伸入稳定土层中承受由土压力和水压力产生的拉力，维护支护结构稳定。

土层锚杆由锚头、拉杆和锚固体组成。锚头由锚具、承压板、横梁和台座组成；拉杆采用钢筋、钢绞线制成；锚固体是由水泥浆或水泥砂浆将拉杆与土体连接成一体的抗拔构件，如图 1-26 所示。

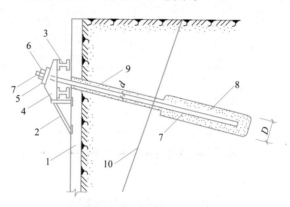

图 1-26　土层锚杆构造图

1—挡墙；2—承托支架；3—横梁；4—台座；5—承压垫板；6—锚具；7—钢拉杆；

8—水泥浆或水泥砂浆锚固体；9—非锚固段；10—滑动面；D—锚固体直径；d—拉杆直径

　　土层锚杆按使用要求分为临时性锚杆和永久性锚杆，按承载方式分为摩擦承载锚杆和支压承载锚杆，按施工方式分为钻孔灌浆锚杆（一般灌浆、高压灌浆锚杆）和直接插入式锚杆以及预应力锚杆。

　　锚杆的埋置深度要使最上层锚杆上面的覆土厚度不小于 4m，以避免地面出现隆起现象。锚杆的层数根据基坑深度和土压力大小设置一层或多层。上下层垂直间距不宜小于 2m，水平间距不宜小于 1.5 m，避免产生群锚效应而降低单根锚杆的承载力。

　　锚杆的倾角宜为 15°～25°，但不应大于 45°。在允许的倾角范围内根据地层结构，应使锚杆的锚固体置于较好的土层中。锚杆钻孔直径一般为 110～150mm。

　　土层锚杆施工需在挡墙施工完成、土方开挖过程中进行。当每层土挖至土层锚杆标高后，施工该层锚杆，待预应力张拉后再挖下层土，逐层向下设置，直至完成。

　　土层锚杆的施工程序为：土方开挖→放线定位→钻孔→清孔→插钢筋（或钢绞线）及灌浆管→压力灌浆→养护→上横梁→张拉→锚固。

　　土层锚杆适用于大面积、深基坑、各种土层的坑壁支护。但不适于在地下水较大或含有化学腐蚀物的土层或在松散、软弱的土层内使用。

　　（7）坑内支撑

　　对深度较大，面积不大，地基土质较差的基坑，可在基坑内设置支撑结构，以减少挡墙的悬臂长度或支座间距，使挡墙受力合理和减小变形，保证土壁稳定。

　　内支撑结构可采用型钢、钢管或钢筋混凝土制作，优点是安全可靠，易于控制挡墙的变形。但内支撑的设置给坑内挖土和地下结构的施工带来不便，需要通过不断换撑来加以克服。适用于各种不易设置锚杆的松软土层及软土地基支护。

　　3. 流砂及其防治

　　当基坑开挖到地下水位以下时，有时坑底土会进入流动状态，随地下水涌入基坑，这种现象称为流砂现象。此时，基底土完全丧失承载能力，土边挖边冒，施工条件恶化，严重时会造成边坡塌方，甚至危及邻近建筑物。

动水压力是流砂发生的根本原因，地下水在流动时会受到土颗粒的阻力，而水对土颗粒具有冲动力，即为动水压力 G_D，$G_D = \gamma_w I / L$。动水压力与水力坡度 I 呈正比，水位差越大，动水压力越大；而渗透路程 L 越长，则动水压力越小。动水压力的方向与水流方向一致。

处于基坑底部的土颗粒，不仅受到水的浮力，而且受动水压力的作用，有向上举的趋势，如图 1-27 所示。当动水压力等于或大于土的浸水密度时，土颗粒处于悬浮状态，并随地下水一起流入基坑，即发生流砂现象。

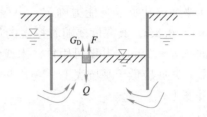

图 1-27　流砂现象原理示意

流砂现象一般发生在细砂、粉砂及亚砂土中。在粗大砂砾中，因孔隙大，水在其间流过时阻力小，动水压力也小，不易出现流砂。而在黏性土中，由于土粒间内聚力较大，不会发生流砂现象，但有时在承压水作用下会出现整体隆起现象。

防治流砂的主要途径是减小或平衡动水压力或改变其方向，具体措施为：①抢挖法，即组织分段抢挖，挖到标高后立即铺席并抛大石以平衡动水压力，压住流砂，此法仅能解决轻微流砂现象；②水下挖土，即采用不排水施工，使坑内水压与坑外地下水压相平衡，抵消动水压力；③沿基坑周边做挡墙，即通过其进入坑底以下一定深度，增加地下水流入坑内的渗流路程，从而减小了动水压力；④井点降水，即通过降低地下水位改变动水压力的方向，这是防止流砂的最有效措施。

1.4.2　集水坑降水

基坑排水常用明沟和暗沟（盲沟）排水法，其原理均是通过沟槽将水引入集水井，再用水泵排出。明沟集水井法是在基坑开挖过程中，沿坑底的周围或中央开挖排水沟，并在基坑边角处设置集水井。将水汇入集水井内，用水泵抽走（图 1-28）。这种方法可用于基坑排水，也可用于降低地下水水位。

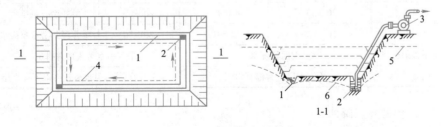

图 1-28　集水井降水法

1—排水沟；2—集水井；3—离心式水泵；4—基础边线；5—原地下水位线；6—降低后地下水位线

1.4　土方工程的辅助工程

1. 排水沟的设置

排水沟底宽应不少于 0.2~0.3m，沟底设有 0.2%~0.5% 的纵坡，使水流不致阻塞。在开挖阶段，排水沟深度应始终保持比挖土面低 0.3~0.4m；在基础施工阶段，排水沟宜距拟建基础及基坑边坡坡脚均不小于 0.4m。

2. 集水井的设置

集水井应设置在基础范围以外的边角处，井孔间距应根据水量大小、基坑平面形状及水泵能力确定，一般以 30~40m 为宜。集水井的直径一般为 0.6~0.8m，其深度要随着挖土的加深而加深，一般要求保持井底低于挖土面 0.8~0.9m，井壁可用竹、木或钢筋笼等简易加固。当基坑挖至设计标高后，井底应低于基坑底 1~2m，并铺设碎石滤水层，以减少泥砂损失和扰动井底土。

1.4.3 井点降水

井点降水法即在坑槽开挖前，预先在其四周埋设一定数量的滤水管（井），利用抽水设备从中抽水，使地下水位降落到坑槽底标高以下，并保持至回填完成或地下结构有足够的抗浮能力为止。井点降水法可使开挖的土始终保持干燥状态，从根本上防止流砂发生，可避免地基隆起、改善工作条件、提高边坡的稳定性或降低支护结构的侧压力，并可加大坡度而减少挖土量，还可以加速地基土的固结，保证地基土的承载力，以利于提高工程质量。

常用的井点降水法有轻型井点、喷射井点、管井井点、深井井点及电渗井点等，工程中应根据土的渗透系数、降低水位的深度、工程特点及设备条件等，参照表1-5选择。井点降水法中轻型井点、管井井点、深井井点的应用较为广泛。

井点类型、适用范围及主要原理　　　　　　　　　　　表 1-5

井点类型	土层渗透系数(m/d)	降低水位深度(m)	最大井距(m)	主要原理
轻型井点	0.1~20	3~6	1.6~2	地上真空泵或喷射嘴真空吸水
多级轻型井点		6~10		
喷射井点	0.1~20	8~20	2~3	水下喷射嘴真空吸水
电渗井点	<0.1	5~6	极距1	钢筋阳极加速渗流
管井井点	20~200	3~5	20~50	单井离心泵排水
深井井点	10~250	25~30	30~50	单井深井潜水泵排水
水平辐射井点	大面积降水		平管引水至大口井排出	
引渗井点	不透水层下有渗存水层		打透不透水层，引水至基底以下存水层	

1. 轻型井点降水

轻型井点是沿基坑的四周将许多直径较小的井点管埋入地下蓄水层内，井点管的上端通过弯联管与总管相连接，利用抽水设备将地下水从井点管内不断抽出，以达到降水目的，如图1-29所示。

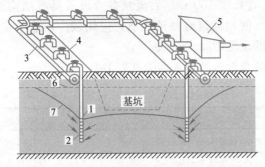

图 1-29 轻型井点法降低地下水位全貌图

1—井管；2—滤管；3—总管；4—弯联管；5—水泵房；6—原有地下水位线；7—降低后地下水位线

（1）轻型井点设备

轻型井点设备是由管路系统和抽水设备组成。管路系统包括：井点管（由井管和滤管连接而成）、弯联管及总管等。

滤管是井点设备的一个重要部分，其构造是否合理，对抽水效果影响较大。滤管的直径可采用 38～110mm 的金属管，长度为 1.0～1.5m。管壁上钻有直径为 12～18mm 的按梅花状排列的滤孔，滤孔面积为滤管表面积的 15％以上。滤管外包以两层滤网（图 1-30），内层采用 30～80 目的金属网或尼龙网，外层采用 3～10 目的金属网或尼龙网。为使水流畅通，在管壁与滤网间缠绕塑料管或金属丝隔开，滤网外应再绕一层粗金属丝，滤管的下端为一铸铁堵头，上端用管箍与井管连接。

井管宜采用直径为 38mm 或 51mm 的钢管，其长度为 5～7m，上端用弯联管与总管相连。

弯联管常用带钢丝衬的橡胶管，用钢管时可装有阀门，便于检修井点，也可用塑料管。

总管宜采用直径为 100mm 或 127mm 的钢管，每节长度为 4m，其上每隔 0.8m、1.0m 或 1.2m 设有一个与井点管连接的转接头。

抽水设备常用的有真空泵、射流泵和隔膜泵井点设备。

1）真空泵井点设备由真空泵、离心泵和水气分离箱等组成。

真空泵井点设备真空度较高，降水深度较大，一套抽水设备能负荷的总管长度为 100～120m；缺点是设备较复杂，耗电较多。

2）射流泵抽水设备由射流器、离心泵和循环水箱组成。

射流泵井点设备的降水深度可达 6m，但一套设备所带井点管仅 25～40 根，总管长度 30～50m。若采用两台离心泵和两个射流器联合工作，能带动

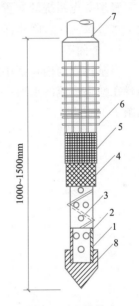

图 1-30 滤管构造

1—钢管；2—管壁上的小孔；
3—缠绕的塑料管；4—细滤网；
5—粗滤网；6—粗铁丝保护网；
7—井管；8—铸铁头

井点管 70 根，总管长度 100 m。射流泵井点设备具有结构简单、制造容易、成本低、耗电少、使用检修方便的优点，应用较广，适于在粉砂、粉质黏土等渗透系数较小的土层中降水。

常用射流泵井点设备的技术性能见表 1-6。

φ50 型射流泵轻型井点设备规格技术性能 　　　　　　　表 1-6

名称	型号与技术性能	数量	备注
离心泵	3BL—9 型，流量 45m³/h，扬程 32.5m	1 台	供给工作水
电动机	JQ₂—42—2. 功率 7.5kW	1 台	水泵的配套动力
射流泵	喷嘴 φ50mm，空载真空度 100kPa，工作水压力 0.15～0.3MPa，工作水流 455m³/h，生产率 10～35 m³/h	1 个	形成真空
水箱	长×宽×高＝1100mm×600mm×1000mm	1 个	循环用水

（2）轻型井点布置

轻型井点系统的布置，应根据基坑平面形状及尺寸、基坑的深度、土质、地下水位及流向、降水深度要求等确定。

1）平面布置

当基坑或沟槽宽度小于 6m，且降水深度不超过 5m 时，可采用单排井点，布置在地下水流的上游一侧，其两端的延伸长度不应小于基坑（槽）宽度，如图 1-31 所示。

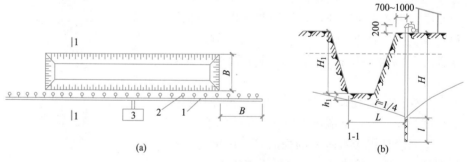

图 1-31 单排井点布置简图
(a) 平面布置；(b) 高程布置

当基坑宽度大于 6m 或土质不良，则宜采用双排井点。当基坑面积较大时，宜采用环形井点（图 1-32）。当有预留运土坡道等要求时，环形井点可不封闭，但要将开口留在地下水流的下游方向处；井点管距离坑壁一般不宜小于 0.7～1.0m，以防局部发生漏气；井点管间距应根据土质、降水深度、工程性质等按计算或经验确定；在靠近河流及总基坑转角部位，井点应适当加密。

采用多套抽水设备时，井点系统要分段设置，各段长度应大致相等。其分段地点宜选择在基坑角部，以减少总管弯头数量和水流阻力。抽水设备宜设置在各段总管的中部，使两边水流平衡。采用封闭环形总管时，宜装设阀

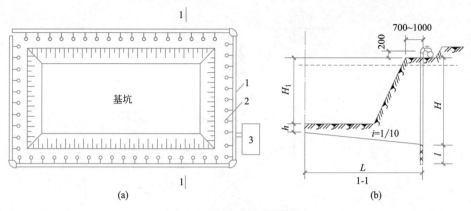

图 1-32　环形井点布置简图

(a) 平面布置；(b) 高程布置

门将总管断开，以防止水流紊乱。对多套井点设备，应在各套之间的总管上装设阀门，既可独立运行，也可在某套抽水设备发生故障时，开启阀门，借助邻近的泵组来维持抽水。

2) 高程布置

轻型井点多是利用真空原理抽吸地下水，理论上的抽水深度可达 10.3m。但由于土层透气及抽水设备的水头损失等因素，井点管处的降水深度往往不超过 6m。

井管的埋置深度 H_A，可按下式计算 [图 1-32 (b)]：

$$H_A \geqslant H_1 + h + iL \quad (\text{m}) \tag{1-27}$$

式中　H_1——总管平台面至基坑底面的距离（m）；

h——基坑中心线底面至降低后的地下水位线的距离（m），一般取 0.5～1.0m；

i——水力坡度，根据实测：环形井点为 1/10，单排线状井点为 1/4；

L——井点管至基坑中心线的水平距离（m）。

当计算出的 H_A 值大于降水深度 6m 时，则应降低总管安装平台面标高，以满足降水深度要求。此外在确定井管埋置深度时，还要考虑井管的长度（一般为 6m），且井管通常需露出地面 0.2～0.3m。在任何情况下，滤管必须埋在含水层内。

为了充分利用设备抽吸能力，总管平台标高宜接近原有地下水水位线（要事先挖槽），水泵轴心标高宜与总管齐平或略低于总管。总管应具有 0.25%～0.5% 的坡度坡向泵房。

当一级轻型井点达不到降水深度要求时，可先用集水井法降水，然后将总管安装在原有地下水位线以下；或采用二级（二层）轻型井点，如图 1-33 所示。

(3) 轻型井点计算

轻型井点的计算内容包括：涌水量计算、井点数量与井距的确定，以及抽水设备选用等。由于受水文地质和井点设备等多种因素影响，计算出的涌水量只能是近似值。

㉗

28

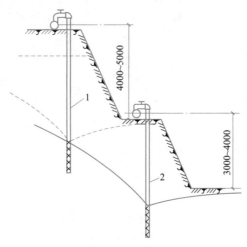

图 1-33 二级轻型井点
1—第一层井点管；2—第二层井点管

① 井型判定

井点系统涌水量计算是按水井理论进行的，一般根据井底是否达到不透水层，水井分为完整与不完整井；凡井底到达含水层下面的不透水层的井称为完整井，否则称为不完整井。又根据所抽取的地下水层有无压力，又分为无压井与承压井，如图 1-34 所示。各类井的涌水量计算方法都不同，其中以无压完整井的理论较为完善。

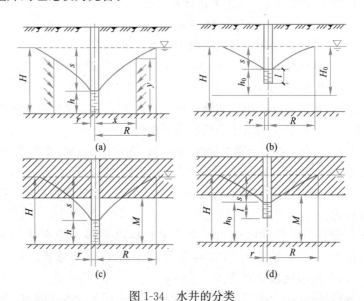

图 1-34 水井的分类
(a) 无压完整井；(b) 无压非完整井；(c) 承压完整井；(d) 承压非完整井

② 无压完整涌水量计算

无压完整井抽水时，水位的变化如图 1-35 (a) 所示。当抽水一定时间后，井周围的水面最后将会降落成渐趋稳定的漏斗状曲面，称之为降落漏斗。水井轴至漏斗外缘的水平距离称为抽水影响半径 R。

根据达西定律以及群井的相互干扰作用，可推导出无压完整井（图 1-35a）群井的涌水量如下：

$$Q = 1.366K \frac{(2H-S)S}{\lg R - \lg x_0} \quad (\mathrm{m^3/d}) \qquad (1-28)$$

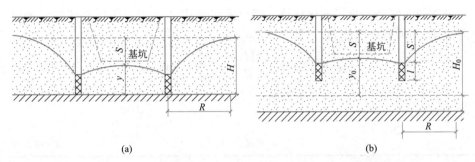

图 1-35　环形井点涌水量计算简图

(a) 无压完整井；(b) 无压非完整井

式中　K——渗透系数（m/d），应由试验测定，表 1-7 仅供参考；

　　　H——含水层厚度（m）；

　　　S——水位降低值（m）；

　　　R——抽水影响半径（m），取：

$$R = 1.95S\sqrt{HK} \qquad (1-29)$$

　　　x_0——环形井点的假想半径（m）：

$$x_0 = \sqrt{F/\pi} \qquad (1-30)$$

　　　F——基坑周围井点管所包围的面积（m²）。

当矩形基坑的长宽比大于 5，或基坑宽度大于抽水影响半径的两倍时，需将基坑分块，分别计算涌水量后再相加得到总涌水量。

渗透系数 K 值准确与否，对计算结果影响较大。其测定方法有现场抽水试验和实验室试验两种。对重大的工程，宜采用现场抽水试验，以获得较为准确的渗透系数值。方法是在现场设置抽水孔，并距抽水孔为 x_1 与 x_2 处设两个观测井（三者在同一直线上），根据抽水稳定后，观测井的水深 y_1 与 y_2 及抽水孔相应的抽水量 Q，可按下式计算 K 值。

$$K = \frac{Q \cdot \lg(x_1/x_2)}{1.366(y_2^2 - y_1^2)} \quad (\mathrm{m/d}) \qquad (1-31)$$

表 1-7 列出几种土层的渗透系数 K 值，仅供参考。

土的渗透系数 K 值　　　　　　　表 1-7

土的种类	黏土及粉质黏土	粉土	粉砂	细砂	中砂	粗砂	粗砂夹石	砾石
K（m/d）	<0.1	0.1~1.0	1.0~5.0	5~10	10~25	25~50	50~100	100~200

注：1. 含水层含泥量多，或颗粒不均匀系数大于 2 时取小值；

　　2. 表中数值为实验室中理想条件下获得，有时与实际出入较大，采用时宜根据具体情况调控。

抽水影响半径 R，与土的渗透系数、含水层厚度、水位降低值及抽水时间等因素有关，一般在抽水 $2\sim5d$ 后，水位降落漏斗基本稳定。

③ 无压非完整井涌水量

在实际工程中，常会遇到无压非完整井井点系统［图 1-35(b)］，其涌水量计算较为复杂。为了简化计算，仍可采用公式（1-28），但需将式中含水层厚度 H 换成有效深度 H_0，即：

$$Q = 1.366K \frac{(2H_0 - S)S}{\lg R - \lg x_0} \quad (\text{m}^3/\text{d}) \tag{1-32}$$

其中有效深度 H_0 系经验数值，可查表 1-8 得到。需注意，在计算抽水影响半径 R 时，也需以 H_0 代入。

有效深度 H_0 值　　　　　　　　　　　　　表 1-8

$S'/(S'+l)$	0.2	0.3	0.5	0.8
H_0	$1.3(S'+l)$	$1.5(S'+l)$	$1.7(S'+l)$	$1.85(S'+l)$

注：表中 S' 为井管内水位降低深度；l 为滤管长度。

④ 承压完整井涌水量计算

承压完整井环形井点涌水量计算公式为：

$$Q = 2.73K \frac{MS}{\lg R - \lg x_0} \quad (\text{m}^3/\text{d}) \tag{1-33}$$

式中　　　　M——承压含水层厚度（m）；

K、R、x_0、S——与式（1-28）相同。

⑤ 确定井点管数量与井距

单井的最大出水量 q，主要取决于土的渗透系数、滤管的构造与尺寸，按下式确定：

$$q = 65\pi d \cdot l \cdot \sqrt[3]{K} \quad (\text{m}^3/\text{d}) \tag{1-34}$$

式中　d——滤管直径（m）；

　　　l——滤管长度（m）；

　　　K——渗透系数（m/d）。

最少井数 $n_{\min}$ 按下式计算：

$$n_{\min} = 1.1 \frac{Q}{q} \quad (\text{根}) \tag{1-35}$$

式中　1.1——备用系数，考虑井点管堵塞等因素；

　　　其他符号同前。

最大井距 $D_{\max}$ 按下式计算：

$$D_{\max} = \frac{L}{n_{\min}} \quad (\text{m}) \tag{1-36}$$

式中　L——总管长度（m）。

确定井点管间距时，还应注意：井距必须大于 15 倍管径，以免彼此干扰大，影响出水量；在渗透系数小的土中井距宜小些，否则水位降落时间过长；靠近河流处，井点宜适当加密；井距应能与总管上的接头间距相配合。根据实际采用的井点管间距，最后确定所需的井点管根数。

（4）轻型井点的施工

轻型井点的施工，主要包括施工准备和井点系统的埋设与安装、使用、拆除。

准备工作包括井点设备、动力、水源及必要材料的准备，排水沟的开挖，附近建筑物的标高观测以及防止附近建筑物沉降措施的实施。

埋设井点的程序是：放线定位→打井孔→埋设井点管→安装总管→用弯联管将井点管与总管接通→安装抽水设备。

井点系统全部安装完毕后，需进行试抽，以检查有无漏气现象。正式抽水后不应停抽，以防堵塞滤网或抽出土粒。抽水过程中应按时检查观测井中水位下降情况，随时调节离心泵的出水阀，控制出水量，保持水位面稳定在要求位置。经常观测真空表的真空度，发现管路系统漏气应及时采取措施。

井点降水时，尚应对周围地面及附近的建筑物进行沉降观测，如发现沉陷过大，应及时采取防护措施。

2. 喷射井点降水

当基坑开挖较深，降水深度要求较大时，可采用喷射井点降水，其降水深度可达 8～20m，可用于渗透系数为 0.1～50m/d 的砂土、淤泥质土层。

喷射井点设备主要是由喷射井管、高压水泵和管路系统组成。

喷射井点施工顺序是：安装水泵设备及泵的进出水管路；铺设进水总管和回水总管；沉设井点管（包括成孔及灌填砂滤料等），接通进水总管后及时进行单根试抽、检验；全部井点管沉设完毕后，接通回水总管，全面试抽，检查整个降水系统的运转状况及降水效果。

进水、回水总管同每根井点管的连接管均需安装阀门，以便调节使用和防止不抽水时发生回水倒灌。井点管路接头应安装严密。

喷射井点的型号以井点外管直径（in）表示，一般有 2.5 型、4 型和 6 型三种，其外管直径分别为 2.5in、4in、6in。应根据不同的土层渗透系数和排水量要求选择。

3. 管井井点降水

管井井点就是沿基坑每隔一定距离设置一个管井，每个管井单独用一台水泵不断抽水来降低地下水位。在土的渗透系数大的土层中，宜采用管井井点。

管井井点的设备主要是由管井、吸水管及水泵组成。管井可用钢管或混凝土管做井管。井管直径应根据含水层的富水性及水泵性能确定，且外径不宜小于 200mm，内径宜比水泵外径大 50mm；井管外侧的滤水层厚度不得少于 100mm。井点构造如图 1-36 所示。水泵可采用 2～4in 潜水泵或单级离心泵。

管井的间距，一般为 10～15m，管井的深度为 8～15m。井内水位降低可达 6～10m，两井中间水位则可降低 3～5m。

4. 降水对周围地面的影响及预防措施

降低地下水位时，由于土颗粒流失或土体压缩固结，易引起周围地面沉

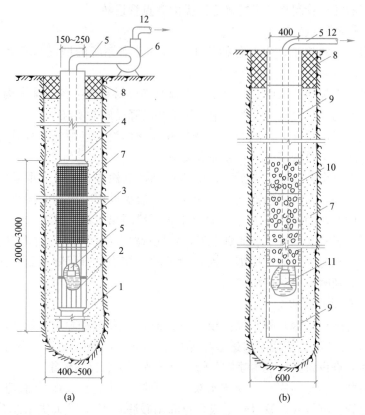

图 1-36 管井井点

(a) 钢管管井;(b) 混凝土管管井

1—沉砂管;2—钢筋焊接骨架;3—滤网;4—管身;5—吸水管;6—离心泵;7—小砾石过滤层;
8—黏土封口;9—混凝土实管;10—无砂混凝土管;11—潜水泵;12—出水管

降。由于土层的不均匀性和形成的水位呈漏斗状,地面沉降多为不均匀沉降,可能导致周围的建筑物倾斜、下沉、道路开裂或管线断裂。因此,井点降水时,必须采取防沉措施,以防造成危害。

(1) 回灌井点法

该方法是在降水井点与需保护的建筑物、构筑物间设置一排回灌井点。在降水的同时,通过回灌井点向土层内灌入适量的水,使原建筑物下仍保持较高的地下水位,以减小其沉降程度,如图 1-37 (a) 所示。

为确保基坑施工安全和回灌效果,同层回灌井点与降水井点之间应保持小于 6m 的距离,且降水与回灌应同步进行。同时,在回灌井点两侧要设置水位观测井,监测水位变化,调节控制降水井点和回灌井点的运行以及回灌水量。

(2) 设置止水帷幕法

在降水井点区域与原建筑之间设置一道止水帷幕,使基坑外地下水的渗流路线延长,从而使原建筑物的地下水位基本保持不变。止水帷幕可结合挡土支护结构设置,也可单独设置 [图 1-37(b)]。常用的止水帷幕的做法有深层搅拌法、压密注浆法、冻结法等。

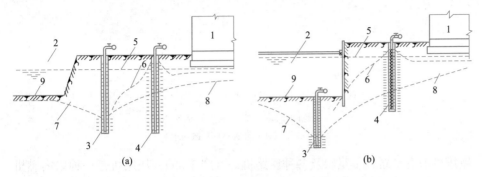

图 1-37　回灌井点布置示意图

(a) 降水与回灌井点；（b ）加阻水支护结构的回灌井点

1—原有建筑物；2—开挖基坑；3—降水井点；4—回灌井点；5—原有地下水位线；
6—降灌井点间水位线；7—降水后的水位线；8—不回灌时的水位线；9—基坑底

（3）减少土颗粒损失法

加长井点，调小水泵阀门，减缓降水速度；根据土颗粒的粒径选择适当的滤网，加大砂滤层厚度等，均可减少土颗粒随水流带出。

1.5　土方填筑与压实

1.5.1　土料选择与填筑方法

为了保证填土工程的质量，必须正确选择土料和填筑方法。

碎石类土、砂土、爆破石渣及含水量符合压实要求的黏性土均可作为填方土料。冻土、淤泥、膨胀性土及有机物含量大于 8% 的土、可溶性硫酸盐含量大于 5% 的土均不能作填土。填方土料为黏性土时，应检验其含水量是否在控制范围内，含水量大的黏土不宜作填土用。

填方应尽量采用同类土填筑。当采用透水性不同的土料时，不得掺杂乱倒，应分层填筑，并将透水性较小的土料填在上层，以免填方内形成水囊或浸泡基础。

填方施工宜采用水平分层填土、分层压实，每层铺填的厚度应根据土的种类及使用的压实机械而定。当填方位于倾斜的地面时，应先将斜坡挖成阶梯状，然后分层填筑，以防填土横向移动。

1.5.2　填土压实方法

填土压实方法有：碾压法、夯实法及振动压实法（图 1-38）。

平整场地等大面积填土多采用碾压法，小面积的填土工程多用夯实法，而振动压实法主要用于非黏性土的密实。

1. 碾压法

碾压法是利用机械滚轮的压力压实土壤，适用于大面积填土压实工程。

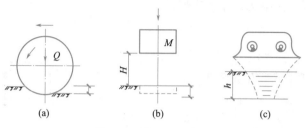

图 1-38　填土压买方法

(a) 碾压；(b) 夯实；(c) 振动压实

碾压机械有平碾、羊足碾及各种压路机等（图 1-39）。压路机是一种以内燃机为动力的自行式碾压机械，质量为 6～15t，分为钢轮式和胶轮式。平碾、羊足碾一般都没有动力，靠拖拉机牵引。羊足碾虽与填土接触面积小，但压强大，对黏性土压实效果好，但不适于碾压砂土。

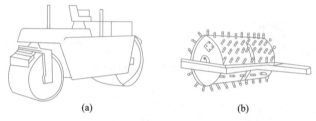

图 1-39　碾压机械

(a) 自行式平碾；(b) 拖式羊脚碾

碾压时，先用轻碾压实，再用重碾压实会取得较好效果。碾压机械行驶速度不宜过快。一般平碾不应超过 2km/h；羊足碾不应超过 3km/h。

2. 夯实法

夯实法是利用夯锤自由下落的冲击力来夯实土壤，主要用于小面积回填土。夯实法分机械夯实和人工夯实两种。人工夯实所用的工具有木夯、石夯等；常用的夯实机械有夯锤、内燃夯土机、电动冲击夯和蛙式打夯机（图 1-40）等。

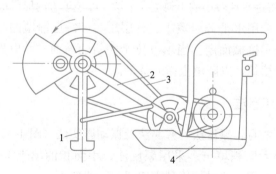

图 1-40　蛙式打夯机

1—夯头；2—夯架；3—三角皮带；4—托盘

3. 振动压实法

振动压实法是将振动压实机放在土层表面，借助振动机构使压实机振动，土颗粒发生相对位移而达到紧密状态。振动压路机是一种振动和碾压同时作用的高效能压实机械，比一般压路机提高功效 $1 \sim 2$ 倍，可节省动力 30%。这种方法适于填料为爆破石渣、碎石类土、杂填土和粉土等非黏性土的密实。平板振动机如图 1-41 所示。

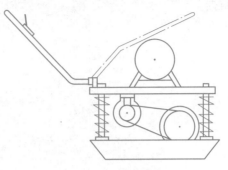

图 1-41 平板振动机

1.5.3 影响填土压实的因素

填土压实质量与许多因素有关，其中主要影响因素为：压实功、土的含水量以及每层铺土厚度。

1. 压实功的影响

填土压实质量与压实机械所作的功呈正比，压实功包括机械的吨位（或冲击力、振动力）及压实遍数（或时间）。土的干密度与所耗功的关系如图 1-42 所示。在开始压实时，土的干密度急剧增加，待到接近土的最大干密度时，压实功虽然增加许多，而土的干密度几乎没有变化。因此，在实际施工中，不要盲目过多地增加压实遍数。

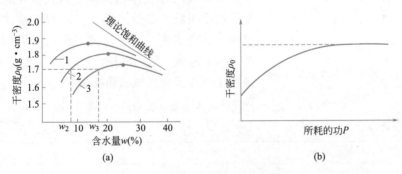

图 1-42 压实功对填土压实的影响
(a) 不同压实功对压实效果的影响；(b) 压实功与干密度关系曲线
1、2—压实功较大的机械夯实曲线；3—压实功较小的人工夯实曲线

2. 含水量的影响

在同一压实功条件下，填土的含水量对压实质量有直接影响。较为干燥的土，由于颗粒间的摩阻力较大而不易压实；含水量过高的土，又易压成"橡皮土"。当含水量适当时，水起了润滑和黏结作用，从而易于压实，各种土壤都有其最佳含水量，在这种含水量条件下，同样的压实功可得到最大干密度，填土干密度与含水量的关系曲线如图 1-43 所示。各种填土的最佳含水

量和所能获得的最大干密度，一般可由击实试验确定，也可参考表 1-9 中数据。

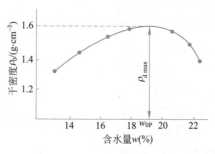

图 1-43 干密度与含水量的关系曲线

土的最佳含水量和最大干密度参考值　　　　表 1-9

土的种类	最佳含水量(质量比)(%)	最大干密度(t/m³)	土的种类	最佳含水量(质量比)(%)	最大干密度(t/m³)
砂土	8~12	1.80~1.88	粉质黏土	12~15	1.85~1.95
粉土	16~22	1.61~1.80	黏土	19~23	1.58~1.70

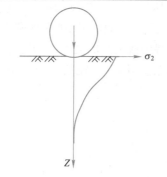

图 1-44 压实作用沿深度的变化

3. 铺土厚度的影响

土在压实功的作用下，压应力随深度增加而急剧减小（图 1-44），其影响深度与压实机械、土的性质及含水量等有关。铺土厚度应小于压实机械的有效作用深度，但其中还有最优土层厚度问题。铺得过厚，要压很多遍才能达到规定的密实度。铺得过薄，则也要增加机械的总压实遍数。恰当的铺土厚度（参考表 1-10）能使土方压实而机械的功耗最少。

填方每层的铺土厚度和压实遍数　　　　表 1-10

压实机械	每层铺土厚度(mm)	每层压实遍数
平碾	250~300	6~8
羊足碾	200~350	8~16
振动压实机	250~350	3~4
蛙式打夯机	200~250	3~4
人工打夯	<200	3~4

1.5.4 填土压实的质量检验

填土压实后必须达到要求的密实度，密实度应按设计规定的压实系数 λ_C 作为控制标准。压实系数 λ_C 为土的控制干密度与最大干密度之比（即 $\lambda_C = \rho_d / \rho_{max}$）。压实系数一般由设计根据工程结构性质、使用要求以及土的性质确定，例如作为承重结构的地基，在持力层范围内，其压实系数 λ_C 应大于 0.96；在持力层范围以下，应在 0.93～0.96 之间；一般场地平整压实系数应为 0.9 左右。

填土压实后的干密度，应有 90% 以上符合设计要求，其余 10% 的最低值与设计值的差，不得大于 0.08g/mm³，且应分散，不得集中。

检查土的实际干密度，可采用环刀法取样，其取样组数为：

基坑回填及室内填土，每层按 100～500m² 取样一组（每个基坑不少于一组）；

基槽或管沟回填，每层按长度 20～50m 取样一组；

场地平整填土，每层按 400～900m² 取样一组。

取样部位在每层压实后的下半部。试样取出后，测定其实际干密度 ρ_d' 应满足：

$$\rho_d' \geqslant \lambda_C \times \rho_{max} \quad (\text{g/cm}^3) \tag{1-37}$$

式中　ρ_{max}——土的最大干密度（g/cm³）；

　　　λ_C——要求的压实系数。

1.6　土方工程智能施工

随着现代信息技术蓬勃发展，建筑业进入数字建造时代。信息技术深刻改变了建筑业的生产方式，尤其是近年来兴起的人工智能、物联网、区块链等新一代信息技术与建筑业融合，成为推动产业变革的重要力量。工程建造正在迈向智能建造的新发展阶段。

智能建造涉及智能规划与设计、智能装备与施工、智能设施与防灾、智慧运维与管理等方面。智能施工作为智能建造的重要组成部分，是当前在工程建设活动中融合新一代信息技术较为集中的一个环节。以下将从施工活动的各主要作业阶段讲述目前得以初步应用的智能施工技术。

1.6.1　智能测绘与土方量计算

场地测量与土方量计算是工程施工的一个重要步骤。不同于传统工程测量，智能测绘技术效率高、效益好，在工程实践中的应用日益成熟。智能测绘综合运用互联网技术、众源地理信息技术和现代测绘技术等手段实现基础数据采集，并利用建筑信息模型（Building Information Modeling，BIM）、云计算、数据挖掘、深度学习等智能技术实现测绘地理信息大数据管理，为后续工程开发提供知识服务。其中智能测绘互联网技术与众源地理信息技术主要通过数据处理软件在已有数据库的基础上进行建模分析，一方面数据的准确性不能被保证，另一方面工程开发所在区域数据库也未能全部覆盖，故工程上主要配合现代测绘技术进行测绘。

1. 无人机场地测绘

无人机场地测绘的主要工作是对相应地块上的高程点位进行测量，通过

37

无人驾驶飞行器配备传感器和摄像头，快速捕捉下方地形的图像和数据，并利用软件处理无人机采集到的数据，将其转化为 3D 地图和模型，准确地反映场地的地理和地形。

随着无人机航测技术的快速发展，全球卫星导航系统（Global Navigation Satellite System，GNSS）差分定位硬件设备的集成和测量软件系统的更新，使高精度、免像控的无人机航测技术应用步入大众化阶段。高集成、高效率、分布式数据处理系统的出现，简化了数据采集到成果应用之间的过程，使无人机航测技术成为数据快速采集与处理的重要技术手段。

2. 土方量计算

土方量计算的数据处理作业流程从地形高程信息采集开始，通过构建地形的点云分布图来制作数字正射影像图，以及构建倾斜模型；其次，对点云图进行编辑等后处理工作完成后，建立数字高程模型（Digital Elevation Model，DEM）；最后，利用断面法、方格网法、等高线法、平均高程法、不规则三角网法和区域土方量平衡法建立土方量计算模型，进而计算土方量。

通过智能测绘技术建立的数字高程模型，不仅能够协助完成土方量计算，同时也为土方运输路径优化提供模型支持。

1.6.2　土方工程智能施工机械

随着工程施工机械向自动化、智能化发展，工程施工工艺、管理模式也随之发生着改变。智能化的施工机械能够提高工程质量，使工程作业更加精细、严谨、可控，通过改善施工条件，提高了施工生产效率，促进工程施工向安全、可靠、低耗、便捷、专业化发展。施工机械上搭载的各类传感器所采集的数据信息可为构建多维建筑信息模型，实现施工进度、成本及质量等信息化管理提供必要的数据支持。另外，结合无人驾驶技术，土方工程施工安全与质量可以得到一定提升。

1. 无人驾驶工程机械

无人驾驶是一门涉及多学科的综合应用工程，需要多部门多场景的综合协调配合。5G 技术的应用，为无人驾驶提供了广阔的应用空间。应用无人驾驶技术，要攻克的技术难点主要有通信技术、差分定位技术、路径规划算法、环境监测技术、车辆控制技术等。目前无人驾驶技术的应用仅限于限定和低速场景，比如公共交通、港口码头、矿山开采等领域。现阶段无人驾驶在工程建造上多在运输与碾压方面有所应用。

智能碾压机自动系统在碾压过程中能自动行驶与速度控制、自动转向、自动制动以及自动振动。同时实现振动碾压自动作业路径规划，并利用全球卫星导航系统实现自动作业路线的跟踪。振动碾压自动作业时，在一定范围内检测到有物体靠近时，振动碾压能自动停止作业，待物体离开检测范围后方继续自动碾压作业。

无人驾驶技术是一个综合性项目，它是一个复杂的软硬件结合系统，其安全可靠运行需要车载硬件、传感器集成、感知预测以及控制规划等多个模块的协同配合，因此需要将上述技术以及其他技术进行专业化整合，构建出在远程无线控制下，多台机械自动驾驶，在统一调度和管控下作业，并能与土方作业其他工序有序衔接，充分满足工况需求的一个智能化系统。

2. 土方施工机械数字化

数字化施工管理通过 BIM 和连接的数据环境，实现项目所有阶段的广泛和详细视图，帮助解决项目问题。完整的数字化构建具有一定的预测与反应能力。同早期的数字形式相比，通过 BIM 实现的数字孪生不仅仅加速了模拟流程，还可以帮助项目管理在实践基础上进行改进，减少项目延误。

数字化施工就是将许多复杂多变的工程信息转变成可以度量的数据，再以这些数据建立起合适的数字化模型，在操作平台上统一处理。数字化施工机械所搭载的传感器正是采集这些复杂的工程信息的工具，如图 1-45 所示。

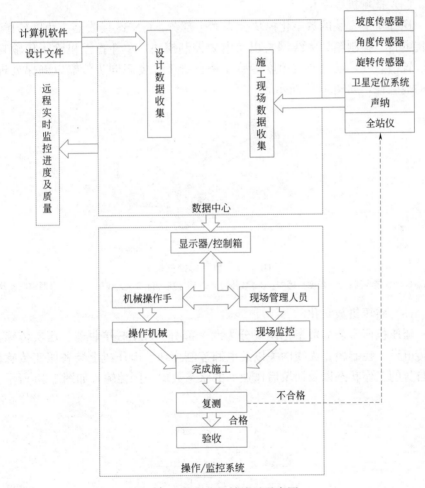

图 1-45　数字化机械施工示意图

（1）推土机数字化

推土机所安装的数字化模块分为五个部分：GNSS 接收器、无线网关、找平系统、数传电台以及电源管理模块。推土机主要传输的工程数据就是自身的位置信息，如图 1-46 所示。

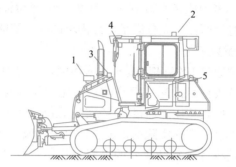

图 1-46　数字化推土机

1—GNSS 接收器；2—无线网关；3—找平系统；4—数传电台；5—电源管理模块

（2）挖掘机数字化

挖掘机所安装的数字化模块分为六个部分：GNSS 接收器、角度传感器、数传电台、控制箱、无线网关以及电源控制模块。单斗挖土机除了传输自身的位置信息外，还会通过角度传感器将自身工作姿态同步传输以确保处理信息的准确性，如图 1-47 所示。

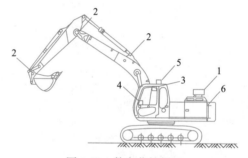

图 1-47　数字化挖掘机

1—GNSS 接收器；2—角度传感器；3—数传电台；4—控制箱；5—无线网关；6—电源控制模块

（3）碾压机数字化

碾压机所安装的数字化模块分为六个部分：GNSS 接收器、压实传感器、数传电台、控制箱、无线网关以及电源控制模块。碾压机上装备压实传感器，将自身的工作状态以及回填后作业面的状态数据一同传输，如图 1-48 所示。

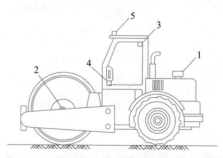

图 1-48　数字化碾压机

1—GNSS 接收器；2—压实传感器；3—数传电台；4—控制箱；5—无线网关

相比于传统的土方工程作业，数字化机械施工技术能够实现自动化的数据采集和作业，提高了机械的工作效率，减少了人工消耗。数字化机械作业可以实现施工进度和质量等的实时化监控，降低了返工率，提高了管理水平。

1.6.3 土方工程施工安全智能化

施工安全智能化不仅包括人员安全防护（安全帽、防护服等穿戴设备的智能识别），也包括施工现场作业安全：施工现场环境信息数字化采集（风速、降水等）；施工现场机械安全实时化监控（吊塔、施工机械等）；施工现场临边作业安全智能监控（边坡、锚杆、挡土墙等）。

1. 安全智能监控

在实时监控技术的基础上，应用智能分析技术，考虑多种施工信息的影响，在无需或减少人员参与的情况下完成施工作业安全的现场数据采集、分析、决策、反馈与控制。

虽然目前监控摄像机在工程应用中已经普遍存在，但没有充分发挥其实时主动的监督作用，往往只能发挥事后取证的作用。智能监控技术就是利用计算机视觉技术，在不需要人为干预的情况下，通过对摄像机拍摄的图像序列进行自动分析，实时对动态场景中目标的定位、识别和跟踪，并在此基础上分析和判断目标的行为，从而做到既能完成日常工程管理又能在异常情况发生时及时做出反应。

（1）基坑支护

基坑支护体系应按照要求进行定期监测，并做好监测记录，且对周边建筑、重要管线和道路进行沉降观测，做好观测记录。在智能监控体系下，分析终端每隔一段时间便会对监控采集到的基坑支护信息进行分析并预测接下来一段时间基坑的变化。

综合考虑场地环境、基坑开挖深度和覆盖区域、地质情况和地下水等是基坑支护结构选择的基本原则，此外还有施工效率、成本运维等方面的因素。而智能技术可以实现施工过程中的动态优化，在基坑支护体系的安全性和其他因素之间找到一个平衡点。

（2）土体堆放

土方工程中难免会有临时性的土体堆放，清运不及时的土体会对周边建筑、设施造成影响，增加基坑支护压力，当放坡系数不合理时还会有滑坡的风险。在智能监控体系下，堆土量达到一定程度时分析终端便会发出预警，并对现场管理人员及时发布堆土清理信息。

（3）工人安全

施工现场经常借助基于计算机视觉技术的视频监控系统判断工人的安全穿戴设备是否佩戴完整。对监控区域内人员未戴安全帽行为实时识别报警，报警信息显示在监控客户端界面，联动现场语音播报提示工作人员及时处置。同时，计算机视觉技术也被用来进行施工现场危险源的动态识别与预警。

传统安全生产除了要靠工人的自觉外，还有一定的奖惩制度。智能监控体系下，会对现场工人的行为进行数据收集，并通过建立大数据进行工人行为分析，对工人的安全行为进行综合评级。针对评级结果，预警系统会提出不同的干预方案，从而提高安全管理水平，改进项目安全绩效。

2. 周边环境智能监控

环境变化可能会对施工安全造成影响，如何应对不同环境变化以保障施工作业正常进行，智能环境监控为此提供了新的解决途径。智能环境监控主要对施工场地内部的温度、湿度、扬尘浓度、集水坑水位等进行监测，结合当地天气预报情况上传至数据分析终端，计算后评估是否需要改变施工方案与计划。

通过下列监测设备，分析终端对现场施工安全进行全方位评估。

锚杆传感器：通过预埋锚杆应力计，当土体内部发生应力变化时，锚杆应力计将受到拉伸或压缩，钢套同步产生变形，变形传递给振弦转变成振弦应力的变化，改变振弦的振动频率，从而测得土体应力变化，保障边坡支护的安全性。

井点水位计：通过液体静压力与液体高度成正比这一原理测量观测井水位，控制基坑地下水水位在合理范围。

颗粒物监测：采用 β 射线技术，可测量大气 PM10 与 PM2.5 及其他粒径的粉尘颗粒物。采用除湿及湿度补偿方法，解决雨天高湿情况对测量的影响。

风速监测：风速传感器（变送器）采用传统三风杯风速传感器结构，风杯选用碳纤维材料，强度高，启动好。

风向传感器（变送器）内部采用高精度磁敏感应芯片，并选用低惯性轻金属风向标响应风向，动态特性好。

温度监测：大气温度传感器（变送器）采用高精度热敏电阻作为感应部件，具有测量精度高、稳定性好等特点。信号变送器采用先进的电路集成模块，可将温度转换为相应的电压或电流信号。

湿度测量：大气湿度传感器采用高分子薄膜湿敏电容作为感应部件，具有测量精度高、稳定性好等特点。

本章小结

了解土方工程施工特点，了解土方工程机械智能化施工的现状，熟悉常用土方机械的性能和使用范围，熟悉土方工程智能施工监控流程，掌握土方工程量的计算、场地平整施工的竖向规划设计，掌握基坑开挖施工中降低地下水位方法、基坑边坡稳定及支护结构设计方法的基本原理，掌握填土压实的要求和方法。

思考题

1-1 土方工程施工的特点及组织施工的要求有哪些？

1-2 什么是土的可松性？可松性系数的意义如何？用途如何？

1-3 基坑排水、降水的方法各有哪几种？各自的适用范围如何？

1-4 影响土方边坡稳定的因素主要有哪些？

1-5 常用支护结构的挡墙形式有哪几种，各适用于何种情况？

1-6 试述流砂现象发生的原因及主要防治方法。

1-7 试述降低地下水位对周围环境的影响及预防措施。

1-8 轻型井点及管井井点的组成与布置要求有哪些？

1-9 试述土钉墙与喷锚支护在稳定边坡的原理上有何区别。

1-10 试述土钉墙的施工顺序。

1-11 单斗挖土机按工作装置分为哪几种类型？其各自特点及适用范围如何？

1-12 试述土方回填中对土的要求及施工工艺。

1-13 试述影响填土压实质量的主要因素及保证质量的主要方法。

1-14 现阶段土方工程施工现场有哪些智能机械？与传统土方机械相比有哪些改进之处？

第2章
桩基础工程

> **【知识点】**
> 预制桩生产工艺及质量控制方法，灌注桩施工工艺、常见质量缺陷及预防处理以及桩基础工程智能施工。
>
> **【重点】**
> 预制桩和灌注桩施工工艺。
>
> **【难点】**
> 预制桩和灌注桩施工工艺及施工质量控制。

桩基础是由若干个沉入土中的单桩组成的一种深基础。在各个单桩的顶部再用承台或梁联系起来，以承受上部建筑物或构筑物的重量。桩基础的作用就是将上部建筑物或构筑物的重量传到地基深处承载力较大的土层中去，或将软弱土挤密实以提高地基土的密实度及承载力。桩基础有承载力高、沉降量小且均匀、沉降速度慢、施工速度快等特点。在软弱土层上建造建筑物或上部结构荷载很大，天然地基的承载能力不满足时，采用桩基础可以取得较好的经济效果。

按桩的施工方法的不同，可分预制桩和灌注桩两种。按成桩时挤土状况的不同，可分为非挤土桩、部分挤土桩和挤土桩。沉管法、爆扩法施工的灌注桩、打入（或静压）的实心混凝土预制桩、闭口钢管桩或混凝土管桩属于挤土桩；冲击成孔法、钻孔压注法施工的灌注桩、预钻孔打入式预制桩、混凝土（预应力混凝土）管桩、H型钢桩、敞口钢管桩等属于部分挤土桩；干作业法、泥浆护壁法、套管护壁法施工的灌注桩属于非挤土桩。

桩型与工艺选择应根据工程结构类型、荷载性质、桩的使用功能、穿越土层、桩端持力层土类、地下水位、施工设备、施工环境、施工经验、制桩材料供应条件等，选择经济合理、安全适用的桩型和成桩工艺。

2.1 预制桩施工

预制桩主要有混凝土方桩、预应力混凝土管桩、钢管或型钢的钢桩等，预制桩能承受较大的荷载、坚固耐久、施工速度快。

钢筋混凝土预制桩有管桩和实心桩两种，可制作成各种需要的断面及长度，承载能力较大，桩的制作及沉桩工艺简单，不受地下水位高低的影响，是目前工程上应用最广的一种桩。管桩为空心桩，由预制厂用离心法生产，管桩截面外径有 400~500mm 等数种。较短的实心桩一般在预制厂制作,较长的实心桩大多在现场预制。为了便于制作,实心桩大多做成方形截面,截面尺寸从(200mm×200mm)~(550mm×550mm)几种。现场预制桩的单根桩长取决于桩架高度,一般不超过 27m,必要时可达 30m。但一般情况下,为便于桩的制作、起吊、运输等,如桩长超过 30m,应将桩分段预制,在打桩过程中再接长。预制钢筋混凝土桩所用混凝土强度等级不宜低于 C30,主筋根据桩断面大小及吊装验算确定,直径 12~25mm,一般配 4~8 根;箍筋直径 6~8mm,间距不大于 200mm,在桩顶和桩尖应加强配筋。

钢桩包括钢管桩、H 型钢桩及其他异型钢桩,一般均由钢厂生产,常用钢管桩与 H 型钢桩。钢管桩直径范围在 $\phi400\sim\phi1000$,钢管壁厚为 9~18mm;H 型钢则有(200mm×200mm)~(400mm×400mm),其翼缘和腹板厚度为 12~25mm。钢桩的分段长度一般不宜超过 12~15m。钢管桩常采用两种形式:带加强箍或不带加强箍的敞口形式以及平底或锥底的闭口形式。H 型钢桩则可采用带端板和不带端板的形式,不带端板的桩端可做成锥底或平底。

预制桩施工包括:制作、起吊、运输、堆放、打桩、接桩、截桩等过程。

2.1.1 预制桩施工准备

1. 清除障阻物、做好三通一平

打桩前应认真清除现场高空、地上和地下的障碍物,如地下管线、旧房屋的基础、树木等的清除,危房或危险构筑物的加固。打桩前一般应对现场周围(10m 以内)的建筑物或构筑物作全面检查,避免因打桩中的振动影响而导致倒塌。桩机进场及移动范围内的场地应平整压实,使地面承载力满足施工要求,并保证桩架的垂直度。施工场地及周围应保持排水通畅。妥善布置水、电线路,接通水、电源等。

2. 打桩试验

打桩试验的目的是检验打桩设备及工艺是否符合要求,了解桩的贯入深度、持力层强度及桩的承载力,以确定打桩方案。

3. 定桩位和确定打桩顺序

在打桩前应根据设计图纸中的桩基平面图,确定桩基轴线,并将桩的准确位置测设到地面上,桩基轴线位置偏差不得超过 20mm,单排桩的轴线位置不得超过 10mm。当桩不密时可用小木桩定位;如桩位较密,设置龙门板定桩位,比较容易检查和校正,如图 2-1 所示。

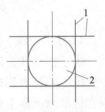

图 2-1 桩位定线
1—线绳;2—桩

在桩基中,往往有几根桩到数十根桩,为了使桩能顺利地达到设计标高,保证质量和进度,减少因桩打入先后对邻桩造成的挤压和变位,防止周围建筑物破坏,打桩前应根据桩的规格、入土深度、桩的密集程度和桩架在场地内的移动方便来拟定打桩顺序。图 2-2(a)、(b)、(c)、(d)为几种打桩顺序对土体的挤密情况。

当基坑不大时，打桩应逐排打设或从中间开始分头向周边或两边打设。当基坑较大时，应将基坑分为数段，然后在各段范围内分别打设（图 2-2e、f、g）。打桩应避免自外向里，或从周边向中间打，以免中间土体被挤密、桩难打入，或虽勉强打入而使邻桩侧移或上冒。对基础标高不一的桩，宜先打深桩后打浅桩，对不同规格的桩，宜先大后小，先长后短，以使土层挤密均匀，防止位移或偏斜。在粉质黏土及黏土地区，应避免朝一个方向打而导致土向一边挤压，使桩入土深度不一。当桩距大于或等于 4 倍桩径时，则与打桩顺序无关。

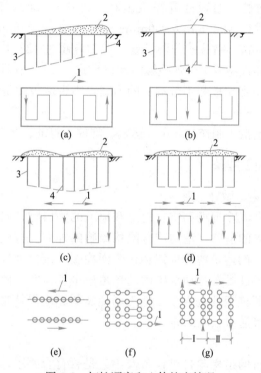

图 2-2　打桩顺序和土体挤密情况

（a）逐排单向打设；（b）两侧向中心打设；（c）中部向两侧打设；

（d）分段相对打设；（e）逐排打设；（f）自中部向边缘打设；（g）分段打设

1—打设方向；2—土壤挤密情况；3—沉降量小；4—沉降量大

4. 抄平放线、设标尺和水准点

为了抄平和控制桩顶水平标高，打桩现场或附近需设置水准点，其设置位置应不受打桩影响，数量不少于两个。为便于控制桩的入土深度，打桩前应在桩的侧面画上标尺或在桩架上设置标尺，以观测和控制桩身的入土深度。

5. 其他工作

打桩前还应提前准备垫木、桩帽等材料机具；还应做好测量和记录等技术准备工作；根据需要做好接桩、送桩、截桩的准备工作；应准备好足够的填料及运输设备等。

2.1.2 预制桩沉桩施工工艺

1. 锤击法施工

锤击沉桩也称打入桩，是靠打桩机的桩锤下落到桩顶产生的冲击能而将桩沉入土中的一种沉桩方法，是预制钢筋混凝土桩最常用的沉桩方法。

打桩用的机具主要包括桩锤、桩架及动力装置三部分。

（1）打桩施工

1）定锤吊桩

打桩机就位后，先将桩锤和桩帽吊起，其锤底高度应高于桩顶，并固定在桩架上，以便进行吊桩。

吊桩是用桩架上的滑轮组和卷扬机将桩吊成垂直状态送入龙门导杆内。桩提升离地时，应用拖拉绳稳住桩的下部，以免撞击打桩架和邻近的桩。桩送入导杆内后要稳住桩顶，先使桩尖对准桩位，扶正桩身，然后使桩插入土中。桩的垂直度偏差不得超过 0.5%。桩就位后，在桩顶放上弹性垫层（如草纸、硬木、废麻袋或草绳草垫等），放下桩帽套入桩顶。桩帽上放好垫木，降下桩锤轻轻压住桩帽。桩锤底面、桩帽上下面和桩顶都应保持水平。桩锤、桩帽和桩身中心线应在同一直线上，尽量避免偏心。此时在锤重压力下，桩会沉入土中一定深度，待下沉停止，再全部检查，校正合格后，即可开始打桩。

2）打桩

打桩应"重锤低击""低提重打"，可取得良好效果。桩开始打入时，应采用小落距，以便使桩能正常沉入土中，待桩入土到一定深度，桩尖不易发生偏移时，再适当增大落距，正常施打。重锤低击桩锤对桩头的冲击小，动量大，因而桩身反弹小，桩头不易损坏。其大部分能量用以克服桩身摩擦力和桩尖阻力，因此桩能较快地打入土中。此外，由于重锤低击的落距小，因而可提高锤击频率，打桩速度快、效率高，对于较密实的土层，如砂土或黏土，能较容易穿过。当采用落锤或单动汽锤，落距不宜大于 1m；采用柴油锤时，应使桩锤跳动正常，落距不超过 1.5m。打混凝土管桩，最大落距不得大于 1.5m；打混凝土实心桩，不得大于 1.8m。桩尖遇到孤石或穿过硬夹层时，为了把孤石挤开和防止桩顶开裂，桩锤落距不得大于 0.8m。

用送桩打桩时，桩与送桩的纵轴线应在同一直线上，如用硬木制作的送桩，其桩顶损坏部分应修切平整后再用。对于打斜的桩，应将桩拔出探明原因，排除障碍，用砂石填孔后，重新插入施打。若拔桩有困难，应会同设计单位研究处理，或在原桩位附近补打一桩。

3）打桩测量和记录

打桩属于隐蔽工程，必须在打桩过程中对每根桩的施打进行下列测量并做好详细记录。

打桩时要注意测量桩顶水平标高，特别对承受轴向荷载的摩擦桩，可用水准仪测量控制，水准仪位置应能观测较多的桩位。

47

在桩架导杆的底部上每1～2cm画好准线，注明数字。桩锤上则画一白线，打桩时，根据桩顶水平标高，定出桩锤应停止锤击的水平面数字，将此导杆上的数字告诉操作人员，待锤上白线打到此数字位置时即应停止锤击，这样就能使桩顶水平标高符合设计规定。

4）打桩的质量控制

打桩质量包括两个方面的要求：一是能否满足贯入度及桩尖标高或入土深度要求，二是桩的位置偏差是否在允许范围之内。钢筋混凝土预制桩允许偏差见表2-1。

钢筋混凝土预制桩允许偏差　　　　　　　　　　表2-1

项目			允许偏差(mm)	检验方法
桩中心位置偏移	有基础梁的桩	垂直基础梁的中心线方向	100	用经纬仪或拉线和量尺检查
		沿基础梁的中心线方向	150	
	桩数1～2根的单排桩		100	
	桩数3～20根		$d/2$	
	桩数多于20根	边缘桩	$d/2$	
		中间桩	d	
按标高控制的打入桩桩顶高差			$-50～100$	用水准仪和量尺检查

注：d 为桩的直径或截面边长。

贯入度是指每锤击一次桩的入土深度，而在打桩过程中常指最后贯入度，即最后一击桩的入土深度。实际施工中一般是采用最后10击桩的平均入土深度作为其最后贯入度。

打桩的贯入度或标高按下列原则控制：当桩尖位于坚硬、硬塑的黏性土、碎石土、中密以上的砂土或风化岩等土层时，以贯入度控制为主，桩尖进入持力层深度或桩尖标高可作参考；当贯入度已达到而桩尖标高未达到时，应继续锤击三阵，其每阵10击的平均贯入度不应大于规定的数值；当桩尖位于其他软土层时，以桩尖设计标高控制为主，贯入度可作参考；打桩时，如控制指标已符合要求，而其他指标与要求相差较大时，应会同有关单位研究处理；贯入度应通过试桩确定，或做打桩试验与有关单位确定。

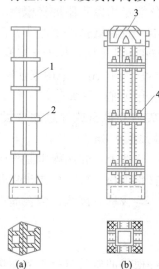

图2-3　钢送桩构造

(a) 钢轨送桩；(b) 钢板送桩
1—钢轨；2—钢板箍；3—垫木；4—螺栓

5）送桩和接桩

为了缩短预制桩的长度，可用送桩的办法将桩打入地面以下一定的深度。应用钢送桩（图2-3）放于桩头上，锤击送桩将桩送入土中。这时，送桩的中心线应与桩身中心线吻合一致方能进行送桩，送桩深度一般不宜超过2m。

（2）打桩常见问题分析及处理

打桩施工中常会发生打坏、打歪、打不下去等问题。发生这些问题的原因是复杂的，有工艺操作上的原因，有桩的制作质量上的原因，也有土层变化复杂等原因。因此，在发生这些问题时，必须具体分析及处理，必要时应与设计单位共同研究解决。

1）桩顶、桩身被打坏

这种现象一般是桩顶四边和四角打坏，或者顶面被打碎，甚至桩顶钢筋全部外露，桩身断折。发生这些问题的原因及处理方法如下：

① 打桩时，桩顶直接受到冲击而产生很高的局部应力，如桩顶混凝土不密实，主筋过长，桩顶钢筋网片配置不当，则遭锤击后桩顶被打碎引起混凝土剥落。因此在制作时桩顶混凝土应认真捣实，主筋不能过长并严格按设计要求设置钢筋网片，一旦桩角打坏，则应凿平再打。

② 桩身混凝土保护层太厚，锤击时直接受冲击的是素混凝土，因此保护层容易剥落。制作时必须将主筋设置准确。

③ 桩顶不平、桩帽不正或不平使桩处于偏心受冲击状态，局部应力增大，极易损坏。因此在制作时，桩顶面与桩轴线应严格保持垂直；施打前，桩帽要安放平整，衬垫材料要选择适当；打桩时要避免打歪后仍继续打，一经发现歪斜应及时纠正。

④ 在打桩过程中出现下沉速度慢而施打时间长，锤击次数多或冲击能量过大，称为过打。过打发生的原因是：桩尖通过硬层，最后贯入度定得过小，锤的落距过大。由于混凝土的抗冲击强度只有其抗压强度的一半，如果桩身混凝土反复受到过度的冲击，就容易破坏。遇到过打，应分析地质资料，判断土层情况，改善操作方法，采取有效措施解决。

⑤ 桩身混凝土强度等级不高，或由于砂、石含泥量较大，或由于养护龄期不够，未达到要求的强度等级就进行施打，致使桩顶、桩身打坏。对桩身打坏的处理，可加钢夹箍用螺栓拉紧，焊牢补强。

2）打歪

桩顶不平、桩身混凝土凸肚、桩尖偏心、接桩不正或土中有障碍物，或者打桩时操作不当（如初入土时桩身就歪斜而未纠正即施打等）均可导致桩打歪。为防止把桩打歪，可采取以下措施：

① 桩机导架必须校正两个方向的垂直度。

② 桩身垂直，桩尖必须对准桩位，同时，桩顶要正确地套入桩锤下的桩帽内，并保证在同一垂直线上，使桩能够承受轴心锤击而沉入土中。

③ 打桩开始时采用小落距，待桩入土一定深度后，再按要求的落距将桩连续锤击入土。

④ 注意桩的制作质量和桩的验收检查工作。

⑤ 设法排除地下障碍物。

49

3）打不下

如初入土 1～2m 就打不下，贯入度突然变小，桩锤严重回弹，则可能遇到旧的灰土或混凝土基础等障碍物，必要时应彻底清除或钻透后再打，或者将桩拔出，适当移位再打，如桩已入土很深，突然打不下去，可能有以下情况：

① 桩顶、桩身已被打坏。

② 土层中夹有较厚的砂层或其他的硬土层，或遇钢碴、孤石等障碍。此时，应会同设计勘探部门共同研究解决。

③ 打桩过程中，因特殊原因不得已而中断，停歇时间过长，由于土的固结作用，致使桩身周围的土与桩牢固结合而难以继续将桩打入土中。因此，在打桩施工前，必须做好各方面的准备工作以保证施打的连续进行。

4）一桩打下，邻桩上升（亦称浮桩）

这种现象多发生在软土中。当桩沉入土中时，由于桩身周围的土体受到急剧的挤压和扰动，靠近地面的部分将在地表面隆起和发生水平位移。当桩布置较密，打桩顺序又欠合理时，土体隆起产生的摩擦力将使已打入的桩上浮，或将邻桩拉断，或引起周围土坡开裂、建筑物裂缝，浮桩将影响桩的承载力和沉降量。因此，当桩距小于 4 倍桩径（或边长）时，应合理确定打桩顺序。

2. 静力压桩施工

静力压桩是利用压桩机桩架自重和配重的静压力将预制桩压入土中的沉桩方法。它适用于软土、淤泥质土，沉设截面小于 400mm×400mm 以下、桩长 30～35m 的钢筋混凝土桩或空心桩，特别适用于城市中施工。这种方法在施工中虽然存在挤土效应，但具有无噪声、无振动、无冲击力、施工应力小等特点，可以减少打桩振动对地基和邻近建筑物的影响，桩顶不易损坏，不易产生偏心沉桩，节约制桩材料和降低工程成本，且能在沉桩施工中测定沉桩阻力，为设计、施工提供参数，并预估和验证桩的承载能力。当存在厚度大于 2m 的中密以上砂夹层时，不宜采用静力压桩。

静力压桩机有机械式和液压式之分，根据顶压桩的部位又分为在桩顶顶压的顶压式压桩机以及在桩身抱压的抱压式压桩机。

静压法沉桩施工注意事项：

（1）沉桩施工前应掌握现场的土质情况，做好沉桩设备的检查和调试。压桩机行驶的地基应有足够的承载力，并保证平整，沉桩时应保证压桩机垂直压桩。

（2）桩的制作质量应满足设计和施工规范要求，沉桩施工过程中，应随时注意保持桩处于轴心受压状态，如有偏移应及时调正，以免发生桩顶破碎和断桩质量事故。

（3）接桩施工过程中，应保持上、下节桩的轴线一致，并尽量缩短接桩时间。

（4）静压法沉桩时所用的测力仪器应经常注意保养、检修和计量标定，以减少检测误差。施工中应随着桩的下沉认真做好检测记录。

（5）沉桩过程中，当桩尖遇到硬土层或砂层而发生沉桩阻力突然增大，甚至超过压桩机最大静压能力而使桩机上抬时，可以最大静压力作用在桩上，采取忽停忽压的冲击施压法，可使桩缓慢下沉直至穿透硬土砂层。

（6）当沉桩阻力超过压桩机最大静压力或者由于来不及调整平衡配重，以致使压桩机发生较大上抬倾斜时，应立即停机并采取相应措施，以免造成断桩或其他事故。

（7）当桩下沉至接近设计标高时，不可过早停压，否则在补压时常会发生停止下沉或难以下沉至设计标高的现象。

3. 振动沉桩施工

振动沉桩即采用振动锤进行沉桩的施工方法。振动锤又称激振器，安装在桩头，用夹桩器将桩与振动箱固定。

振动沉桩操作简便，沉桩效率高，不需辅助设备，管理方便，施工适应性强，沉桩时的横向位移小和桩的变形小，不易损坏桩材，通常可应用于粉质黏土、松散砂土、黄土和软土中的钢筋混凝土桩、钢桩、钢管桩的陆上、水上、平台上的直桩施工及拔桩施工；在砂土中效率最高，一般不适用于密实的砾石和密实的黏性土地基打桩，不适用于打斜桩。

振动沉桩施工与锤击沉桩施工基本相同，除以振动锤代替冲击锤外，可参照锤击沉桩法施工。施工设备进场，安装调试并就位后，可吊桩插入桩位土中，然后将桩头套入振动锤桩帽中或被液压夹桩器夹紧，便可启动振动锤进行沉桩直到设计标高。沉桩宜连续进行，以防止停歇过久而难以沉入。振动沉桩过程中，如发现下沉速度突然减小，可能是遇上硬土层，应停止下沉而将桩略提升 0.6～1.0m，后重新快速振动冲下，可较易打穿硬土层而顺利下沉。沉桩时如发现有中密以上的细砂、粉砂等夹层，且其厚度在 1m 以上时，可能使沉入时间过长或难以穿透，应会同有关部门共同研究采取措施。

振动沉桩注意事项：

（1）桩帽或夹桩器必须夹紧桩头，以免滑动而降低沉桩效率、损坏机具或发生安全事故；

（2）夹桩器和桩头应有足够的夹紧面积，以免损坏桩头；

（3）桩架应保持垂直、平正，导向架应保持顺直，桩架顶滑轮、振动锤和桩纵轴必须在同一垂直线上；

（4）沉桩过程中应控制振动锤连续作业时间，以免时间过长而造成振动锤动力源烧损。

2.2 灌注桩施工

灌注桩是直接在桩位上就地成孔，然后在孔内安放钢筋笼灌注混凝土而成。灌注桩能适应各种土层，无需接桩。与预制桩相比，可节约钢材、木材和水泥，且施工工艺简单、成本降低，同时可制成不同长度的桩以适应持力层的起伏变化，施工时无振动、无挤土、噪声小，宜在建筑物密集地区使用。

52

其缺点是施工操作要求较严，技术间隔时间较长，不能立即承受荷载，成孔时有大量土渣或泥浆排出。根据成孔工艺不同，分为泥浆护壁成孔的灌注桩、套管成孔的灌注桩、人工挖孔灌注桩、干作业成孔灌注桩和爆扩成孔的灌注桩等。灌注桩施工工艺近年来发展很快，还出现夯扩沉管灌注桩、钻孔压浆成桩等一些新工艺。

2.2.1 泥浆护壁成孔灌注桩施工工艺

泥浆护壁成孔是用泥浆保护孔壁并排出土渣而成孔。泥浆护壁钻孔灌注桩适用于地下水位以下的黏性土、粉土、砂土、填土、碎（砾）石土及风化岩层，以及地质情况复杂，夹层多、风化不均、软硬变化较大的岩层，除适应上述地质情况外，还能穿透旧基础、大孤石等障碍物，但在岩溶发育地区应慎重使用。泥浆护壁钻孔灌注桩的工艺流程见图2-4。

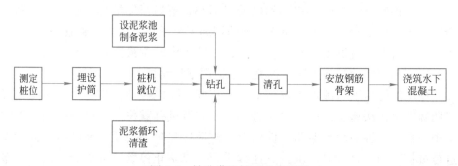

图2-4 钻孔灌注桩工艺流程图

1. 埋设护筒

护筒是保证钻机沿着桩位垂直方向顺利钻孔的辅助工具，起保护孔口、提高桩孔内的泥浆水头和防止塌孔的作用。护筒一般用 3～5mm 的钢板制成，其直径比桩孔直径大 100～200mm。安设护筒时，其中心线应与桩中心线重合，偏差不大于 50mm。护筒应设置牢固，它在砂土中入土深度不宜小于 1.5m，在黏土中不小于 1m，并应保持孔内泥浆液面高出地下水位 2m 以上。护筒与坑壁之间应用黏土填实，以防漏水。护筒顶面宜高出地面 0.2～0.6m，防止地面水流入。当采用潜水钻成孔时，在护筒顶部应开设 1～2 个溢浆口，便于泥浆溢出而流回泥浆池，进行回收和循环。

2. 泥浆制备

泥浆的作用是：护壁、携渣、冷却和润滑，其中以护壁作用最为主要。泥浆具有一定的密度，如孔内泥浆液面高出地下水位一定高度（图2-5），在孔内对孔壁就产生一定的静水压力，相当于一种液体支撑，可以稳固土壁，防止塌孔。泥浆还能将钻孔内不同土层中的空隙渗填密实，形成一层透水性很低的泥皮，避免孔内壁漏水并保持孔内有一定水压，有助于维护孔壁的稳定。泥浆还具有较高的黏性，通过循环泥浆可将切削破碎的土石渣屑悬浮起来，随同泥浆排出孔外，起到携渣、排土的作用。此外，由于泥浆循环作冲洗液，因而对钻头有冷却和润滑作用，减轻钻头的磨损。

3. 成孔方法

泥浆护壁成孔灌注桩成孔方法有冲击钻成孔法、回旋钻机成孔法和潜水电钻成孔法三种。

冲击钻成孔是利用卷扬机悬吊冲击锤连续上下冲的冲击力，将硬质土层或岩层破碎成孔，部分碎渣和泥浆挤入孔壁，大部分用掏渣筒掏出（图2-6）。冲击钻成孔设备简单、操作方便，适用于有孤石的砂卵石层、坚实土层、岩层等成孔，在流砂层亦能使用。所成孔壁较坚实、稳定、坍孔少，但掏泥渣较费工时，不能连续作业，成孔速度较慢。另外，现场泥渣堆积，文明施工较差。

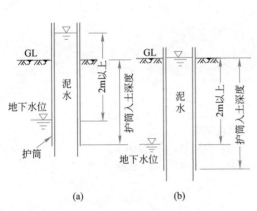

图2-5　地下水位与孔内水位的关系
（a）地下水位较浅时；（b）地下水位较深时

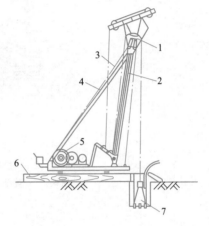

图2-6　冲击钻机
1—滑轮；2—主杆；3—拉索；4—斜撑；
5—卷扬机；6—垫木；7—钻头

回旋钻机成孔法是由动力装置带动钻机的回旋装置转动，并带动带有钻头的钻杆转动，由钻头切削土壤，切削形成的土渣，通过泥浆循环排出桩孔的成孔方法。回旋钻机如图2-7所示。回旋钻机有循环水钻机和全叶螺旋钻机两种，其中循环水钻机用于地下水位较高的土层中施工，即泥浆护壁成孔灌注桩施工。而全叶螺旋钻机则用于地下水位以上的土层中施工，即干作业成孔灌注桩施工。循环水钻机钻孔时，由高压水泵（或泥浆泵）输送压力水（或泥浆），通过空心钻杆，从钻头底部射出，由压力水造成的泥浆或直接喷射出的泥浆，既能护壁，又能把切削出的土粒不断从孔底涌向孔口而流出。这种钻机用于较硬土层或软石中钻孔，成孔直径可达1m、钻孔深度为20～30m，多用于高层建筑的桩基施工。

潜水电钻成孔法是利用潜水钻机中密封的电动机、变速机构，直接带动钻头在泥浆中旋转削土，同时用泥浆泵压送高压泥浆（或用水泵压送清水），使之从钻头底端射出与切碎的土颗粒混合，然后不断由孔底向孔口溢出，或用砂石泵或空气吸泥机采用反循环方式排泥渣，如此连续钻进、排泥渣，直至形成所需深度的桩孔。潜水钻机及潜水钻主机见图2-8和图2-9。

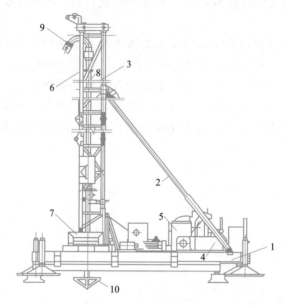

图 2-7 回旋钻机

1—底盘；2—斜撑；3—塔架；4—电机；5—卷扬机；
6—塔架；7—转盘；8—钻杆；9—泥浆管；10—钻头

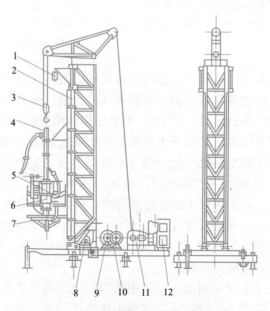

图 2-8 KQ2000 型潜水钻机整机外形

1—滑轮；2—钻孔台车；3—滑轮；4—钻杆；5—潜水砂泵；6—主机；7—钻头；
8—副卷扬机；9—电缆卷筒；10—调度绞车；11—主卷扬机；12—配电箱

4. 安放钢筋笼

当钻孔到设计深度后，即可安放钢筋笼。钢筋骨架应预先在施工现场制作，主筋不宜少于 $6\phi10 \sim 6\phi16mm$，长度不小于桩孔长的 $1/3\sim1/2$，箍筋直径宜为 $6\sim10mm$、间距 $200\sim300mm$，保护层厚 $40\sim50mm$，在骨架外侧绑扎水泥垫块控制。骨架必须在地面平卧一次绑好，直径 1m 以上的钢筋骨架，箍筋与主筋间应间隔点焊。为防止钢筋笼的变形，应设置加劲箍，加劲箍应在主筋外侧，主筋一般不设弯钩，根据施工工艺要求，所设弯钩不得向内伸露，以免妨碍导管提升。

吊放钢筋笼应注意勿碰孔壁，并防止塌孔或将泥土杂物带入孔内；如钢筋笼长度在 8m 以上，可分段绑扎、吊放，可先将下段钢筋笼挂在孔口，再吊上第二段进行搭接或帮条焊接，逐段焊接，逐段下放。钢筋笼放入后应校正轴线位置、垂直度。钢筋笼定位后，应在 4h 内浇筑混凝土，以防坍孔。

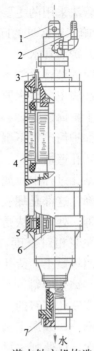

图 2-9 潜水钻主机构造示意图
1—提升盘；2—进水管；3—电缆；
4—潜水钻机；5—行星减速箱；
6—中间进水管；7—钻头接箍

5. 浇筑水下混凝土

浇筑水下混凝土不能直接将混凝土倾倒于水中，必须在与周围环境水隔离的条件下进行。水下混凝土浇筑的方法很多，最常用的是导管法。导管法是将密封连接的钢管（或强度较高的硬质非合金管）作为水下混凝土的灌注通道。混凝土倾落时沿竖向导管下落。导管的作用是隔离环境水，使其不与混凝土接触。导管底部以适当的深度埋在灌入的混凝土拌合物内，导管内的混凝土在一定的落差压力作用下，压挤下部管口的混凝土在已浇的混凝土层内流动、扩散，以完成混凝土的浇筑工作，形成连续的密实的混凝土桩身（图 2-10）。

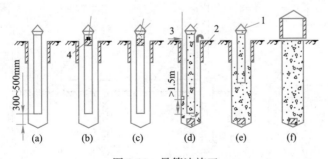

图 2-10　导管法施工
(a) 安设导管；(b) 悬挂隔水塞（或滑阀），使其与导管水面紧贴；(c) 灌入混凝土；
(d) 剪断铁丝，隔水塞（或滑阀）下落孔底；(e) 连续灌注混凝土，上提导管；(f) 混凝土灌注完毕，拔出护筒；
1—漏斗；2—灌注混凝土过程中排水；3—测绳；4—隔水塞（或滑阀）

导管法采用的主要机具有：导管、漏斗和储料斗、隔水塞等。

6. 施工中常见的问题和处理方法

（1）护筒冒水

护筒外壁冒水如不及时处理，严重者会造成护筒倾斜和位移、桩孔偏斜，甚至无法施工。冒水原因为埋设护筒时周围填土不密实，或者由于起落钻头时碰动了护筒。处理办法是：如初发现护筒冒水，可用黏土在护筒四周填实加固；如护筒严重下沉或位移，则返工重埋。

（2）孔壁坍塌

在钻孔过程中，如发现在排出的泥浆中不断有气泡，有时护筒内的水位突然下降，这都是塌孔的迹象。其原因为土质松散、泥浆护壁不好、护筒水位不高等。处理办法是：如在钻孔过程中出的缩颈、塌孔，应保持孔内水位，并加大泥浆相对密度，以稳定孔壁；如缩颈、塌孔严重，或泥浆突然漏失，应立即回填黏土，待孔壁稳定后再进行钻孔。

（3）钻孔偏斜

造成钻孔偏斜的原因是钻杆不垂直，钻头导向部分太短、导向性差，土质软硬不一，或遇上孤石等。处理办法是减慢钻速，并提起钻头，上下反复扫钻几次，以便削去硬层，转入正常钻孔状态。如离孔口不深处遇孤石，可用炸药炸除。

2.2.2 套管成孔灌注桩施工工艺

套管成孔灌注桩是目前采用较为广泛的一种灌注桩。它有锤击沉管灌注桩和振动沉管灌注桩两种。施工时，将带有预制钢筋混凝土桩靴（图 2-11）的钢桩管沉入土中，待钢桩管达到要求的贯入度或标高后，即在管内浇筑混凝土或放入钢筋笼后浇筑混凝土，再将钢桩管拔出即成。套管成孔灌注桩整个施工过程在套管护壁条件下进行，因而不受地下水位高低和土质条件的限制。可穿越一般黏性土、粉土、淤泥质土、淤泥、松散至中密的砂土及人工填土等土层，不宜用于标准贯入击数 $N>12$ 的砂土，$N>15$ 的黏性土及碎石土。套管成孔灌注桩施工过程见图 2-12。

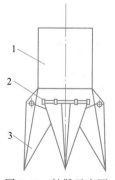

图 2-11 桩靴示意图

1—桩管；2—锁轴；3—活瓣

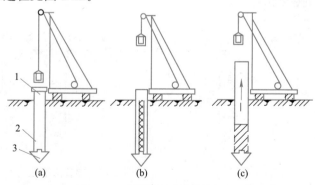

图 2-12 套管成孔灌注桩施工

(a) 钢管打入土中；(b) 放入钢筋骨架；(c) 随浇混凝土拔出钢管

1—桩帽；2—钢管；3—桩靴

1. 锤击沉管灌注桩施工

锤击沉管灌注桩又称打拔管灌注桩，是用锤击沉桩设备将桩管打入土中成孔。

施工时，首先将桩机就位，吊起桩管使其对准预先埋设在桩位的预制钢筋混凝土桩尖上，将桩管压入土中，桩管上部扣上桩帽，并检查桩管、桩尖与桩锤是否在同一垂直线上，桩管垂直度偏差应小于0.5%桩管高度。

初打时应低锤轻击并观察桩管无偏移时方可正常施打。当桩管打入至要求的贯入度或标高后，用吊砣检查管内有无泥浆或渗水，并测孔深后，即可以将混凝土通过灌注漏斗灌入桩管内，待混凝土灌满桩管后，开始拔管。拔管过程应保持对桩管进行连续低锤密击，使钢管不断得到冲击振动，从而振密混凝土。拔管速度不宜过快，第一次拔管高度应控制在能容纳第二次所需要灌入的混凝土量为限，不宜拔得过高，应保证管内不少于2m高度的混凝土，在拔管过程中应用测锤或浮标检查管内混凝土面的下降情况，拔管速度对一般土层以1.0m/min为宜。拔管过程应向桩管内继续加灌混凝土，以满足灌注量的要求。灌入桩管内的混凝土，从搅拌到最后拔管结束不得超过混凝土的初凝时间。

以上是单打灌注桩的施工。为了提高桩的质量或使桩颈增大，提高桩的承载能力，可采用一次复打扩大灌注桩。对于怀疑或发现有断桩、缩颈等缺陷的桩，作为补救措施也可采用复打法。由于复打，使灌柱桩的桩径比钢桩管管径扩大达80%，另由于未凝固的混凝土受到钢桩管的冲击挤压而朝径向胀开，也提高了混凝土的密实度，提高了桩的承载能力。根据实际需要，可采取全部复打或局部复打等处理办法。

2. 振动沉管灌注桩施工

振动沉管灌注桩采用振动锤或振动-冲击锤沉管，施工时以激振力和冲击力的联合作用，将桩管沉入土中。在到达设计的桩端持力层后，向管内灌注混凝土，然后边振动桩管边上拔桩管而形成灌注桩。振动沉管桩架如图2-13所示。桩架上共有三套滑轮组，一组用于振动桩锤和桩管的升降，一组用于对桩管的加压，一组用于升降混凝土吊斗。开始沉管时，开动振动桩锤，同时拉紧加压滑轮组，钢桩管就能徐徐下沉至土中。与锤击沉管灌注桩相比，振动沉管灌注桩更适合于稍密及中密的碎石土地基上施工。

振动灌注桩的施工工艺可分为单振法，复振法和反插法三种。

单振法施工时，在桩管灌满混凝土后，开动振动桩锤，先振动5～10s后再开始拔管，边振边拔。拔管速度，一般土层中以1.2～1.5m/min为宜，在较软弱土层中不得大于0.8～1.0m/min。在拔管过程中，每拔起0.5m左右，应停5～10s，但保持振动，如此反复进行直至将钢桩管拔离地面为止。

复振法施工适用于饱和黏土层。在单打法施工完成后，再把活瓣桩尖闭合起来，在原桩孔混凝土中第二次沉下桩管，将未凝固的混凝土向四周挤压，然后进行第二次灌注混凝土和振动拔管。

反插法施工是在桩管灌满混凝土后，先振动再开始拔管，每次拔管高度

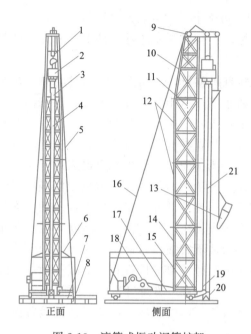

图 2-13　滚管式振动沉管桩架

1—滑轮组；2—振动锤；3—漏斗口；4—桩管；5—前拉索；6—遮栅；
7—滚筒；8—枕木；9—架顶；10—架身顶段；11—钢丝绳；12—架身中段；
13—吊斗；14—架身下段；15—导向滑轮；16—后拉索；17—架底；18—卷扬机；
19—加压滑轮；20—活瓣桩尖；21—加压钢丝绳

0.5～1.0m，反插深度 0.3～0.5m，在拔管过程中分段添加混凝土，保持管内混凝土面始终不低于地表面或高于地下水位 1.0～1.5m 以上，拔管速度应小于 0.5m/min。在桩尖约 1.5m 范围内宜多次反插，以扩大桩的端部截面。如此反复进行，直至桩管拔出地面。反插法能使混凝土的密实性增加，反插法桩截面比钢桩管扩大约 50%，宜在较差的软土地基施工中采用。

3. 施工中常见问题和处理方法

套管成孔灌注桩施工时常发生断桩、缩颈桩、吊脚桩、夹泥桩、桩尖进水进泥等问题。

（1）断桩

断桩是指桩身裂缝呈水平的或略有倾斜且贯通全截面，常见于地面以下 1～3m 不同软硬土层交接处。产生断桩的主要原因是桩距过小，桩身混凝土终凝不久，强度低，邻桩沉管时使土体隆起和挤压，产生横向水平力和竖向拉力使混凝土桩身断裂。避免断桩的措施是：布桩不宜过密，桩间距以不小于 $3.5d$（d 为桩直径）为宜；当桩身混凝土强度较低时，可采用跳打法施工；合理制定打桩顺序和桩架行走路线以减少振动的影响。

（2）缩颈桩

缩颈桩又称蜂腰桩、瓶颈桩，是指桩身局部直径小于设计直径。缩颈常出现在饱和淤泥质土中。产生的主要原因是在含水量高的黏性土中沉管时，土体受到强烈扰动挤压，产生很高的孔隙水压力，桩管拔出后，超孔隙水压力作用在所浇筑的混凝土桩身上，使桩身局部直径缩小；或桩间距过小，邻近桩沉管施工时挤压土体使所浇混凝土桩身缩径；或施工过程中拔管速度过快，管内形成真空吸力，且管内混凝土量少、和易性差，使混凝土扩散性差，导致缩径。施工过程应经常观测管内混凝土的下落情况，严格控制拔管速度，采取"慢拔密振"或"慢拔密击"的方法，在可能产生缩径的土层施工时，采用反插法可避免缩径。当出现缩径时可用复打法进行处理。

（3）吊脚桩

吊脚桩是指桩底部的混凝土隔空，或混入泥砂在桩底部形成松软层。产生吊脚桩的主要原因是预制桩尖强度不足，在沉管时破损，被挤入桩管内，拔管时振动冲击未能将桩尖压出，拔管至一定高度时，桩尖才落下，但又被硬土层卡住，未落到孔底而形成吊脚桩；振动沉管时，桩管入土较深并进入低压缩性土层，灌完混凝土开始拔管时，活瓣桩尖被周围土包围而不张开，拔至一定高度时才张开，而此时孔底部已被孔壁回落土充填而形成吊脚桩。避免出现吊脚桩应严格检查预制桩尖的强度和规格。沉管时可用吊砣检查桩尖是否进入桩管或活瓣是否张开。如已发现吊脚现象，应将桩管拔出，桩孔回填后重新沉入桩管。

（4）桩靴进水进泥

在含水量大的淤泥、粉砂土层中沉入桩管时，往往有水或泥砂进入桩管内，这是由于活瓣桩尖合拢后有较大的间隙，或预制桩尖与桩管接触不严密，或桩尖打坏所致。预防措施是：对缝隙较大的活瓣桩尖应及时修复或更换；预制桩尖的尺寸和配筋均应符合设计要求，混凝土强度等级不得低于 C30，在桩尖与桩管接触处缠绕麻绳或垫衬，使二者接触处封严。当发现桩尖进水或泥砂时，可将桩管拔出，修复桩尖缝隙，用砂回填桩孔后再重新沉管。当地下水量大时，桩管沉至接近地下水位时，可灌注 $0.05 \sim 0.10 \mathrm{m}^3$ 封底混凝土，将桩管底部的缝隙用混凝土封住，灌 1m 高的混凝土后，再继续沉管。

2.2.3 人工挖孔灌注桩施工工艺

人工挖孔灌注桩是指在桩位用人工挖直孔，每挖一段即施工一段支护结构，如此反复向下挖至设计标高，然后安放钢筋笼，浇筑混凝土而成桩。

人工挖孔灌注桩的优点是：成孔机具简单，作业时无振动、无噪声，当施工场地狭窄，相邻建筑物密集时尤为适用；对施工现场周围的原有建筑物影响小，施工速度快，可按施工进度要求确定同时开挖桩孔的数量，必要时各桩孔可同时施工；开挖过程便于检查孔壁及孔底，可以核实桩孔地层土质情况，便于清底，施工质量可靠。桩径和桩深可随承载力的情况而变化，桩端可以人工扩大而获得较大的承载力，满足一柱一桩的要求。特别在施工现场狭窄的市区修建高层建筑时，更显示其优越性。

人工挖孔灌注桩适宜在地下水位以上施工，可用于人工填土层、黏土层、粉土层、砂土层、碎石土层和风化岩层施工，也可在黄土、膨胀土和冻土中使用，适应性较强。在覆盖层较深且具有起伏较大基岩面的山区和丘陵地区，采用不同深度的挖孔灌注桩，技术可靠，受力合理。

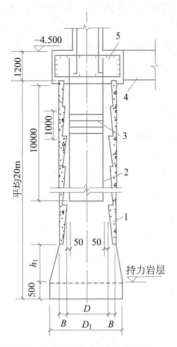

图 2-14 人工挖孔桩构造图（单位：mm）
1—护壁；2—主筋；3—箍筋；
4—地梁；5—桩帽

人工挖孔灌注桩挖孔时，类似于人工挖水井，一般由一人在孔内挖土，故桩的直径除应满足设计承载力要求外，还应满足人在下面操作的要求，故桩径不宜小于 800mm，一般都在 1200mm 以上。桩端可采用扩底或不扩底两种方法，一般桩底都扩大。根据桩端土的情况，扩底直径一般为桩身直径的 1.3～2.5 倍，最大扩底直径可达 4500mm。当采用现浇混凝土时，人工挖孔桩的构造如图 2-14 所示。护壁厚度一般为 $D/10+5$（cm）（其中 D 为桩径），护壁内等距放置 8 根直径 6～8mm、长 1m 的直钢筋，插入下层护壁内，使上下护壁有钢筋拉结，以避免某段护壁出现流砂、淤泥等情况后使摩擦力降低，也不会造成护壁由自重而沉裂的现象。当采用砖砌护壁时应用水泥砂浆砌筑，砂浆应饱满，为增加砌护壁与土壁黏结，在土壁与砌护壁间应填塞水泥砂浆。

1. 施工机具

人工挖（扩）孔灌注桩施工用的机具比较简单，主要有：电动葫芦或手摇辘轳、提土桶及三脚支架（用于材料和弃土的垂直运输以及供施工人员上下工作使用）；护壁钢模板（国内常用）或波纹模板；潜水泵（用于抽出桩孔中的积水）；鼓风机和送风管（用于向桩孔中强制送入新鲜空气）；镐、锹、土筐等挖运土工具，若遇到硬土或岩石，尚需准备风镐；插捣工具（用于插捣护壁混凝土）；应急软爬梯；照明灯、对讲机、电铃等。

2. 施工工艺

为确保人工挖（扩）孔灌注桩施工过程的安全，必须考虑防止土体坍滑的支护措施。支护的方法很多，可采用现浇混凝土、喷射混凝土、波纹钢模板工具式护壁或砖护壁等。

采用现浇混凝土分段护壁的人工挖孔灌注桩的施工流程是：放线定位，开挖土方，测量控制，支设护壁模板，设置操作平台，浇筑护壁混凝土，钢筋笼沉放，排除孔底积水。

当采用砖护壁时，挖土直径应为桩径加二砖壁（即 480mm），第一段挖土完毕后，即砌筑一砖厚砖护壁，一般间隔 24h 后再挖下一段的土，第一段可深些，例如 1～2m，以后各段为 0.5～1m，视土壁独自直立能力而定。先挖半个圆的土，砌半圈护壁，再挖另半圆土，再砌半圈，至此整圈护壁已砌好。砌砖时，上下砖护壁应顶紧，护壁与土壁间灌满砂浆。按半个圆进行挖土，砌护壁可保证施工安全。如此循环施工，直至设计标高。

3. 施工注意事项

（1）施工安全措施

从事挖孔作业的工人必须经健康检查和井下、高空、用电、吊装及简单机械操作等安全作业培训且考核合格后，方可进入施工现场；在施工图会审和桩孔挖掘前，要认真研究钻探资料，分析地质情况，对可能出现流砂、管涌、涌水以及有害气体等情况应制定有针对性的安全防护措施；施工时施工人员必须戴安全帽，穿绝缘胶鞋，孔内有人时，孔上必须有人监督防护；孔周围要设置安全防护栏；护壁要高出地面 200～300mm，以防杂物滚入孔内；每孔必须设置安全绳及应急软爬梯；孔下照明要用安全电压；使用潜水泵必须有防漏电装置；设置鼓风机，以便向孔内强制输送清洁空气、排除有害气体等。

（2）桩孔的质量要求必须保证

开挖前，应从桩中心位置向桩四周引出 4 个桩心控制点，施工过程必须用桩心点来校正模板位置，并应设专人严格校核中心位置及护壁厚度，桩孔中心平面位置偏差要求不宜超过 20mm，桩的垂直度偏差要求不超过 1‰，桩径不得小于设计直径。当挖土至设计深度后，必须由设计人员鉴定后方可浇混凝土。合格后应尽快灌注护壁混凝土，且必须当天一次灌注完毕；护壁混凝土拌合料中宜掺入早强剂；护壁模板拆除后，如发现护壁有蜂窝、漏水现象应及时加以堵塞或导流，防止孔外水通过护壁流入桩孔内。

（3）防止土壁坍落及流砂事故

在开挖过程中，如遇到特别松软的土层、流动性淤泥或流砂时，为防止土壁坍落及流砂，可减少每节护壁的高度（可取 0.3～0.5m）或采用钢护筒、预制混凝土沉井等作为护壁，待穿过松软土层或流砂层后，再按一般方法边挖掘边灌注混凝土护壁，继续开挖桩孔。开挖流砂现象严重的桩孔时可采用井点降水法。

2.3 桩基础工程智能施工

传统的桩基础施工方法对人工、材料和机械的消耗量较大，施工成本较高，并且由于地下环境复杂，施工质量控制和监管存在一定困难。随着信息技术的发展，人们不断探索将 BIM 技术、大数据、物联网、云计算等技术应用于桩基础施工，对传统施工方法和施工工艺进行智能化改造，以此来提高桩基础工程的施工速度、降低成本，提高工程质量。

2.3.1 智能施工工艺

目前，在桩基施工环节主要采用的智能施工方法是通过在传统工艺的基础上，增加传感器、卫星定位系统、数据分析系统等来提高桩基定位、成孔、灌注的工作效率和工程质量，主要的施工方法有以下几种。

1. 智能桩基定位

桩基础在施工过程中的定位是非常重要的环节，定位的准确性直接影响桩基施工质量，传统的桩基定位采用人工测量定位方法，施工速度慢，不能进行实时监控，精度低。基于卫星定位系统的高精度智能静力打桩定位系统为静力压桩、常规打桩、钻孔定位作业等提供高精度定位支持。通过实时获取高精度三维位置信息和方位角数据，在设备终端进行计算获取准确的钻孔实时位置信息，通过显示终端对预设的钻孔位置进行实时偏离纠正，从而实现高效、准确的现场作业。利用高精度定位系统，在钻孔时实现钻机姿态调整与钻杆就位引导，代替了传统的人工放样，提高了施工效率。在此过程中，还可以采用自动化监测手段，对施工过程中桩的入土深度、钻孔深度、桩身垂直度、提钻速率、钻机电流等进行实时监测。如图 2-15 所示。

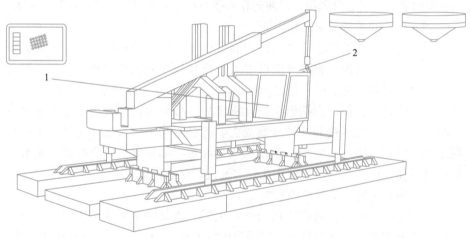

图 2-15　高精度静力压桩
1—显示终端；2—天线

2. 智能成孔

（1）干作业成孔

锤击沉管施工时，将高精度定位定向终端、深度传感器、倾角传感器、锤击数传感器等设备安装在锤击沉管桩机上。通过高精度定位系统监测钻孔位置和贯入度，利用倾角传感器监测桩身垂直度，锤击数传感器监测锤击数，再通过控制终端对以上数据进行采集、处理和展示；并通过控制终端内置的移动通信网络将数据实时上传至工程管理平台，实现锤击沉管施工的远程管理。

（2）泥浆护壁成孔

传统泥浆护壁成孔，泥浆补给工序多依靠人工反复检测泥浆指标，手动向钻孔内补给泥浆，该过程既浪费人工，增加成本，又不能实时掌握泥浆指标，且存在一定的塌孔风险。泥浆护壁桩基智能成孔方法是将钻孔泥浆指标以钻孔内泥浆液体的压力作为控制施工泥浆补给的标准。桩基施工时，在钻孔钢护筒内设置压力传感器，并预设泥浆压力控制指标，当泥浆压力小于预设值时，联动泥浆泵向钻孔内补给泥浆。在桩基钻孔施工时，根据不同的地质情况选择相应的泥浆密度，对应选取泥浆压力指标，作为预设泥浆控制标准。压力传感器与泥浆泵联动，当监测泥浆压力小于预设值时，泥浆泵自动启动，向钻孔内抽灌泥浆；当钻孔内压力大于预设值时，泥浆泵自动关闭，停止向钻孔内灌浆。该方法的具体施工工艺如图 2-16 所示。

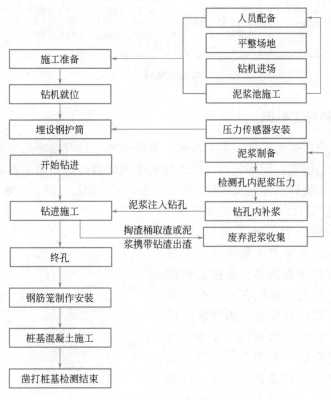

图 2-16　施工工艺流程

3. 智能灌浆

采用传统灌注桩施工方法灌浆时存在以下的问题：

（1）无法准确获知混凝土灌注是否达到了设计标高，需要反复确认以至于施工效率低下；

（2）操作人员的经验参差不齐，即使经验丰富仍存在误差，开挖后作业面高低不平，影响土方开挖及工程进度；

（3）实际操作过程中只能通过混凝土的大量超灌，后又需要截桩，废料运输处理成本高，且不环保低碳。

为了解决以上问题，可以通过在钢筋笼最后一环节增设灌注量传感器，对拖泵灌注量进行监测，达到设计灌注量后，自动停止灌注，减少混凝土用量。同时，开发后端管理平台，建立监测数据库，提供形象进度展示与质量管理功能，实现对指定数据的查询、分析与统计。采用这种智能灌浆技术实时监测准确率高、效率高，以设备和技术代替人员经验，以行业标准数据来解决人员经验的误差，便于管理及提高企业生产效率，如图 2-17 所示。

63

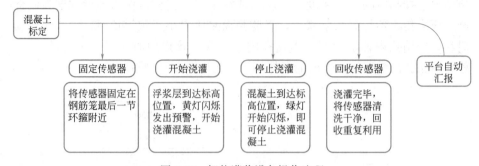

图 2-17 智能灌浆设备操作流程

2.3.2 智能桩工机械

在钻孔灌注桩的多种施工方法中，旋挖法施工具有效率高、低噪声、无污染、适应地层较广泛等优点。旋挖钻机由液压履带式伸缩底盘、主机、自行起落可折叠桅杆、伸缩式钻杆、钻具、滑轮架、油缸及动力头等部件组成。

1. 旋挖钻机红外感应防碰撞系统

旋挖钻机是大型施工机械设备，大型设备施工安全是工程项目施工现场安全管理的重点内容。旋挖钻机因其机身体积较大，司机在施工操作时视线存在盲区，容易引发机械碰撞或撞人事故。为保证机械施工安全，对旋挖钻机进行智能化改造，安装类似于倒车雷达的防碰撞报警系统。在旋挖钻机尾部等司机视线盲区部位安装红外探测仪，机械旋转半径范围内出现人或物，即触发探测仪，司机所在的驾驶室内出现报警提示，从而提高机械操作的安全性，避免现场机械伤害。安装该系统后，降低了旋挖钻机施工操作的碰撞安全事故发生概率，消除了安全隐患，同时也提高了旋挖钻机施工作业的效率，如图 2-18 所示。

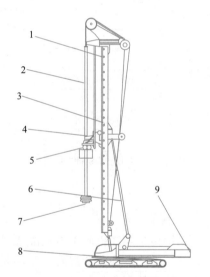

图 2-18 旋挖钻机红外感应防碰撞系统
1—油缸；2—钻杆；3—桅杆；
4—动力头；5—护筒驱动器；6—支撑油缸；
7—钻头；8—主机；9—红外雷达

2. 施工数据无线传输系统

目前施工中常用的旋挖钻机等设备自带的数据采集和显示设备均为封闭系统，未配置能够远程控制的数据采集硬件和相应的软件系统。机械设备在施工过程中产生的数据，如单次进尺深度、单次钻进时间、钻进速率、钻杆垂直度、旋挖钻机发动机油压、旋挖钻机位置坐标等数据只能通过设备内置系统采集，由机械操作人员通过显示屏读取，记录人员现场记录。应用智能化管理技术，首先需要对成孔钻机安装数据采集及发射设备等硬件，并开发网络数据中心，在用户端使用匹配的系统操作软件，可以远程采集设备的相关数据，然后加工处理，在计算机或手机终端实时读取现场施工数据，监控现场施工状态。通过该系统的应用，解决了如下问题：（1）远程实时监控施工状态，减少现场管理人员，降低人工成本；（2）施工机械成孔作业前，预设成孔深度，达到或超过预设深度后，用户端显示界面出现报警提示，防止超钻；（3）施工数据自动保存并能够通过用户操作软件导出，提高施工记录数据的完整性、准确性和及时性；（4）施工参数自动分析，输出分析结果，用以控制桩基成孔质量。如对钻进深度、单次进尺、钻进时间等数据进行分析，显示实时钻进速率，并输出钻进速率曲线，用以判断地下土层是否异常；另外，可对钻杆坐标及位置进行分析，输出钻杆垂直度，以便提醒操作人员及时调整设备，保证桩基垂直度。

孔下摄像机拍摄观察成孔质量及孔底沉渣。旋挖钻机设备干作业成孔后，二次清孔（吊放钢筋笼后进行的沉渣清理）难度大，因此一次清孔后验孔，检测沉渣厚度对控制桩基承载力极为重要。目前桩基施工中孔壁情况及沉渣厚度难以直接测控，为保证桩基施工质量，在成孔后对孔底水位、沉渣和成孔质量，通过孔下摄像（带光源、红外线）进行检查，确保成孔规则。孔底沉渣不超限后，方可浇筑混凝土，以保证桩身完整性和桩基承载力。使用孔下摄像机既可以在验孔时监测孔壁完整性及孔底沉渣情况，同时对于钻孔过程中遇到的特殊土层、地下暗河、孔壁局部塌孔等异常情况也可以采集留存特殊部位桩基施工过程中孔内影像资料，为分析处理问题提供依据，也为桩基工程施工质量留存追溯资料。

2.3.3 桩基施工信息化管理

桩基施工通常由于工期紧，施工作业面多，传统管理方式较难保证桩基施工质量。采用 BIM 技术对桩基施工的各道工序进行精细化管理，详细记录施工数据，严格把控桩基质量。

（1）桩基建模：采用 BIM 相关软件对桩基础工程进行建模，基于 BIM 三维模型进行桩基础施工管理，如图 2-19 所示。

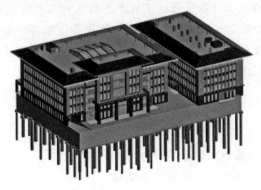

图 2-19　桩基 BIM 模型

（2）桩基施工进度管理

以往项目管理人员在实施进度计划的过程中，运用动态控制原理，不断进行检查，将实际情况与进度计划进行对比，找出计划发生偏差的原因，实时调整进度计划。现应用 BIM 技术对其进行改进，可将编制好的进度文件导入 BIM 管理平台，进度计划与 BIM 模型进行链接，生成带有进度计划的 4D 建筑信息模型。施工过程中将实际进度信息导入 4D 建筑模型，用不同的颜色区分按时完成的桩、提前完成的桩以及滞后完成的桩，以直观显示工程的进展情况。项目部管理人员根据模型显示的进度情况分析产生原因，调整进度计划，对本项目进行动态管理。同时通过软件的施工模拟功能生成虚拟施工动画，发现编制的进度计划存在的问题，如工作任务的时间先后错误等，从而提高了进度计划优化的效率。

（3）桩基施工质量管理

采用 BIM 技术可对桩基施工质量进行跟踪控制。在桩基的施工过程中，将桩基工程的质量管理分解成若干个管控点进行控制管理，而管控点的施工从小处入手，精细化管理每道工序，从而提高桩基整体施工质量。

首先在 BIM 管理平台中根据各工序的质量控制要点编写桩基跟踪管控点。设置好管控点后在软件客户端为每根桩关联桩基跟踪任务，并将任务分配给施工员。现场施工员在桩基施工过程中同步记录每道工序的每个管控点的详细数据，并拍照上传。每根桩的数据及时储存在云端，上传的施工数据可以在手机端或者网页端实时查看，便于项目部管理。如果出现质量问题，云端数据直接定位到数据记录人员，便于及时反馈，确保桩基施工质量。

另外，项目施工过程中用 BIM 技术进行桩长校核，可以精准确定桩长，从而减少钢筋、水泥等材料的浪费，节省施工成本。BIM 管理平台可以记录并存储现场所有的施工数据，每个数据都可以溯源追踪。项目管理人员因此可以对施工过程的每一个步骤进行精细化管理，从而提高工程施工质量，保证桩基施工一次成型，减少返工造成的经济损失。

本章小结

了解预制桩的施工准备工作；了解有关桩基础工程智能施工的施工要点。掌握锤击法施工的全过程和施工要点（打桩设备、顺序、方法和质量控制）；掌握泥浆护壁灌注桩和人工挖孔灌注桩的施工要点；掌握套管成孔灌注桩施工工艺和质量控制方法。

思考题

2-1 什么是桩基础？桩基础的作用是什么？

2-2 简述预制桩和灌注桩的施工过程。

2-3 合理的打桩顺序是什么？打桩时为什么宜用重锤低击？

2-4　打桩过程中可能出现哪些质量事故？如何处理？

2-5　试述泥浆护壁成孔灌注桩和振动沉管灌注桩的施工过程、保证质量的要领及各适用的情况。

2-6　简述护筒冒水、孔壁坍塌、钻孔偏斜、缩颈、断桩及吊脚桩等事故发生的原因和处理方法。

2-7　简述人工挖孔灌注桩的施工过程及注意事项。

2-8　简述智能灌浆设备的操作流程。

第3章
砌体工程

【知识点】

砌筑（砖砌体、砌块）施工工艺与质量要求，砌体冬期施工，脚手架类型与要求，砌体材料的运输，砌体工程智能施工。

【重点】

砖砌体的质量要求，砖墙的砌筑方式与砌筑工艺。

【难点】

脚手架的类型与要求，砖墙的砌筑方式与砌筑工艺。

砌筑是指用砂浆等胶结材料将砖、石、砌块等块材垒砌成坚固砌体的施工。在土木工程中，砖、石砌筑历史悠久，由于具有取材方便，造价低廉，施工工艺简单等特点，我国部分地区仍有较多使用。随着国家可持续发展战略的实施，为了保护环境、节约资源、提高居住舒适度，近年来，以天然材料或工业废料为主制作的各种砌块被广泛推广使用，以砌块代替黏土砖是建筑物墙体改革的一个重要途径。

3.1 烧结普通砖砌筑施工

3.1.1 砌筑材料

砌筑工程所使用的材料包括块材与砂浆。块材为骨架材料，砂浆为黏结材料。

1. 烧结普通砖

烧结普通砖是以黏土、页岩、煤矸石和粉煤灰为主要原料，经过焙烧而成的实心或孔洞率不大于15%的砖。烧结普通砖的规格为240mm×115mm×53mm。

烧结普通砖按照抗压强度划分强度等级，分为MU30、MU25、MU20、MU15、MU10五级。

砌筑砖砌体时，砖应提前1～2d浇水湿润，含水率宜为10%～15%（含水率以水重占干砖质量的百分率计）。施工现场抽查砖的含水率的简化方法可采用现场断砖，砖截面四周融水深度为15～20mm视为符合要求。

2. 灰砂砖和粉煤灰砖

灰砂砖是以石灰和砂为主要原料，粉煤灰砖是以粉煤灰、石灰为主要原料，经坯料制备、压制成型、蒸压养护而成的实心砖。其规格尺寸均为240mm×115mm×53mm，强度等级分为MU25、MU20、MU15、MU10。

3. 烧结多孔砖

烧结多孔砖是以黏土、页岩、煤矸石等为主要原料，经过焙烧而成，孔洞率不小于15%。孔的尺寸小而多，主要适用于承重部位，简称多孔砖。

多孔砖按规格尺寸分为模数多孔砖（M型）和非模数多孔砖（P型）。常用外形尺寸分别为190mm×190mm×90mm和240mm×115mm×90mm。按抗压强度分为MU30、MU25、MU20、MU15、MU10五个等级。

另外，还有以黏土、页岩、煤矸石等为主要原料烧制的空心砖，一般用于非承重墙体。

4. 砌筑砂浆

（1）砂浆的分类

砌筑砂浆按组成材料不同分为水泥砂浆、混合砂浆与非水泥砂浆三种。

砌筑砂浆按拌制方式不同分为：现场拌制砂浆与干拌砂浆（即在工厂内将水泥、钙质消石灰粉、砂、掺加料及外加剂按一定比例干混合制成，现场仅加水机械拌合即成）。

（2）砂浆的技术性能

砌筑砂浆按强度分为M15、M10、M7.5、M5和M2.5五个等级。干拌砌筑砂浆与预拌砌筑砂浆的强度分为：M5、M7.5、M10、M15、M20、M25、M30七个等级。

（3）拌制砂浆材料的质量要求

水泥：水泥进场使用前，应分批对其强度、安定性进行复验。检验批应以同一生产厂家、同编号为一批。水泥砂浆采用的水泥，其强度等级不宜大于32.5级；混合砂浆时，不宜大于42.5级。当在使用中对水泥质量有怀疑或水泥出厂超过3个月（快硬硅酸盐水泥超过1个月）时，应复查试验，并按其结果使用。不同品种的水泥，不得混合使用。

砂：砂浆用砂宜采用中砂。砂应过筛，且不得含有草根等杂物。砂浆用砂的含泥量应满足要求：对强度等级小于M5的水泥混合砂浆，不应超过10%；对水泥砂浆和强度等级不小于M5的水泥混合砂浆，不应超过5%；人工砂、山砂及特细砂，应经试配能满足砌筑砂浆技术条件要求。

掺加料：砂浆中的外掺料包括石灰膏、电石膏、粉煤灰、磨细生石灰粉等。用块状生石灰制作石灰膏时，应采用孔格不大于3mm×3mm的网过滤，在池中熟化时间不得少于7d；磨细生石灰粉的熟化时间不得少于2d。沉淀池中的石灰膏不能干燥、冻结和污染。不得使用脱水硬化的石灰膏。粉煤灰应符合现行国家标准的有关规定。

水：拌制砂浆用水应符合现行行业标准《混凝土用水标准》JGJ 63—2006的规定。

外加剂：凡在砂浆中掺入有机塑化剂、早强剂、缓凝剂、防冻剂等，应经检验和试配符合要求后，方可使用。有机塑化剂应有砌体强度的型式检验报告。

（4）砂浆的拌制与使用

砌筑砂浆应通过试配确定重量配合比。当组成材料有变更时，应重新确定其配合比。施工中当采用水泥砂浆代替水泥混合砂浆时，应重新确定砂浆强度等级。

拌制砂浆时，各组分材料应准确称量。砌筑砂浆应采用机械搅拌，砂浆搅拌机械包括活门卸料式、倾翻卸料式或立式搅拌机，其出料容量一般为200L。搅拌时间自投料完算起，水泥砂浆和水泥混合砂浆不得少于 2min；掺加粉煤灰或外加剂时不得少于 3min；掺加有机塑化剂时应为 3～5min。

拌制砂浆，应先将砂与水泥、粉煤灰干拌均匀，再加外掺料（如石灰膏、黏土膏）和水拌合均匀。外加剂不得直接投入拌制的砂浆中，应先将其按规定浓度溶于水中，在拌合水投入时投入外加剂溶液。

砂浆试块应在砂浆拌合后随机抽取制作，同盘砂浆只应制作一组试块。砌筑砂浆试块强度验收时，其强度合格标准必须符合以下规定：同一验收批砂浆试块抗压强度平均值必须大于或等于设计强度等级所对应的立方体抗压强度；同一验收批砂浆试块抗压强度的最小一组平均值必须大于或等于设计强度等级所对应的立方体抗压强度的 0.75 倍。

当施工中或验收时出现下列情况，可采用现场检验方法对砂浆和砌体强度进行原位检测或取样检测，并判定其强度：砂浆试块缺乏代表性或试块数量不足；对砂浆试块的试验结果有怀疑或有争议；砂浆试块的试验结果，不能满足设计要求。

3.1.2　砌体的组砌形式

（1）对于烧结普通砖砖墙，根据其厚度不同，可采用全顺、两平一侧、全丁、一顺一丁、梅花丁的组砌形式，如图 3-1 所示。

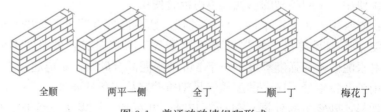

全顺　　　两平一侧　　　全丁　　　一顺一丁　　　梅花丁

图 3-1　普通砖砖墙组砌形式

（2）多孔砖砖墙，M 型多孔砖（方形砖）采用全顺砌法，其手抓孔应平行于墙面，上下皮垂直灰缝相互错开半砖长；P 型多孔砖（矩形砖）宜采用一顺一丁或梅花丁的砌筑形式（图 3-2）。砖柱不得采用包心砌法。上下皮垂直灰缝相互错开 1/4 砖长。多孔砖的孔洞应垂直于受压面砌筑。

（3）空心砖砖墙（图 3-3）应采用孔洞呈水平方向侧砌的方法，上下皮垂直灰缝相互错开 1/2 砖长。在与烧结普通砖砖墙交接处，应每隔 2 皮空心砖

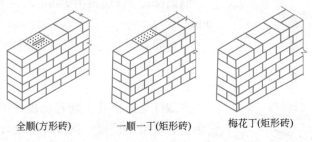

全顺(方形砖)　　　一顺一丁(矩形砖)　　梅花丁(矩形砖)

图 3-2　多孔砖砖墙组砌形式

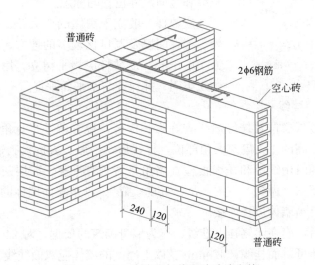

图 3-3　空心砖砖墙与普通砖砖墙交接

设置 2φ6 钢筋作为拉结筋，其长度不小于空心砖长＋240mm。在交接处、转角处不得留槎，空心砖与普通砖应同时砌筑。不得对空心砖墙进行砍凿。

3.1.3　烧结普通砖砌筑施工工艺

砖墙的砌筑施工工艺包括抄平、弹线、摆砖样、立皮数杆、盘角、挂线、砌砖、清理及勾缝等。

1. 抄平

砌墙前，应在基础顶面或楼面上定出各层标高，并用 M7.5 水泥砂浆或 C15 细石混凝土找平，使砖墙底部标高符合设计要求。抄平时，要做到外墙上、下层之间不出现明显的接缝痕迹。

2. 弹线

根据龙门板上给出的轴线及图纸上标注的墙体尺寸，在基础顶面上用墨线弹出墙的轴线和墙的宽度线，并标出门窗洞口位置。二楼以上墙的轴线可以用经纬仪或垂球上引。

3. 摆砖样

摆砖样是在弹线的基面上按照选定的组砌方式用"干砖"试摆，以尽可能减少砍砖，且使砌体灰缝均匀、组砌合理有序。

71

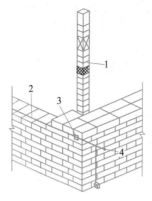

图 3-4　皮数杆及挂线示意图

1—皮数杆；2—准线；

3—竹片；4—圆钉

墙面排砖：（墙长为 Lmm，一个立缝宽初按 10mm）：

丁行砖数　　　$n=(L+10)/125$

条行整砖数　　$N=(L-365)/250$

4. 立皮数杆

皮数杆是指在其上划有每皮砖的厚度以及门窗洞口、过梁、楼板、预埋件等的标高位置的一种木制标杆（图 3-4）。它是砌筑时控制砌体水平灰缝和竖向尺寸位置的标志。

皮数杆一般立于房屋的四大角、内外墙交接处、楼梯间以及洞口比较多的地方，其间距一般为 10～15m。皮数杆应抄平树立，用锚钉或斜撑固定牢固，并保证与水平面垂直。

5. 盘角、挂线

按照干砖试摆位置挂好通线砌好第一皮砖，接着就进行盘角。盘角是先由技术水平较高的工人砌筑大角部位，挂线后，一般工人按线砌筑中间墙体。盘角砌筑应随时用线锤和托线板检查墙角是否垂直平整，砖层灰缝厚度是否符合皮数杆要求，做到"三皮一吊，五皮一靠"。盘角超前墙体的高度不得多于 5 皮砖，且与墙体坡槎连接。

在盘角后，应在墙侧挂上准线，作为墙身砌筑的依据。对 240mm 及其以下厚度的墙体可单面挂线；370mm 及以上厚度的墙体应双面挂线。

6. 砌砖

砌砖的常用方法有"三一"砌筑法和铺浆法两种。"三一"砌筑法是指一铲灰、一块砖、一揉压的砌筑方法。用这种方法砌砖质量高于铺浆法。铺浆法是指把砂浆摊铺一定长度后，放上砖并挤出砂浆的砌筑方法。铺浆的长度不得超过 750mm；当气温高于 30℃时，不得超过 500mm。该法仅允许用于在非抗震区。

砖砌体每日砌筑的高度不宜超过 1.8m；冬期和雨期施工时，砂浆的稠度应适当减小，每日砌筑高度不宜超过 1.2m，且应在收工时覆盖砌体。

7. 清理及勾缝

对于清水砖墙，应及时将灰缝划出深度为 10mm 的沟槽，以便于勾缝施工。对墙面、柱面及落地灰应及时清理。墙面勾缝要求横平竖直、深浅一致、搭接平顺。勾缝宜采用 1∶1.5 的水泥砂浆。缝的形式有凹缝和平缝，其中凹缝深度一般为 4～5mm。内墙也可用原浆勾缝，但必须随砌随勾，并使灰缝光滑密实。

3.1.4　砌筑要求与质量检查

1. 砌体砌筑要求

（1）楼层标高的控制

楼层或楼面标高应在楼梯间吊钢尺，用水准仪直接读取传递。每层楼的墙体砌到一定高度后，用水准仪在各内墙面分别进行抄平，并在墙面上弹出离室内地面高 500mm 的水平线，俗称"结构 50 线"，以控制后续施工各部位的高度。

（2）施工洞口的留设

砖砌体施工时，为了方便后续的装修阶段的材料运输与人员通行，常需要在外墙和内隔墙上留设临时施工洞口。规范规定，洞口侧边距交接处墙面不得小于 500mm，洞口净宽度不应超过 1m。在抗震烈度为 9 度的地区，施工洞口位置应会同设计单位确定。

砌体中的设备管道、沟槽、脚手眼、预埋件等，应在砌筑墙体时按照设计文件和规范的要求预留和预埋，不得在墙体上剔凿打洞。

（3）减少不均匀的沉降

沉降不均匀将导致墙体开裂，施工时要严加注意。若相邻房屋高差较大时，应先建高层部分；分段施工时，砌体相邻施工段的高度差，不得超过一个楼层，也不得大于 4m；施工段的分段位置，宜设在伸缩缝、沉降缝、防震缝构造柱或门窗洞口处；柱和墙上严禁施加大的集中荷载（如架设起重机），以减少灰缝变形而导致砌体沉降。

（4）构造柱施工

构造柱与墙体的连接处应砌成马牙槎，马牙槎应先退后进。预留的拉结钢筋位置正确，施工中不得任意弯折。每一马牙槎高度不应超过 300mm，沿墙高每 500mm 设置 2φ6 水平拉结钢筋，钢筋每边伸入墙内不宜小于 1m，如图 3-5 所示。

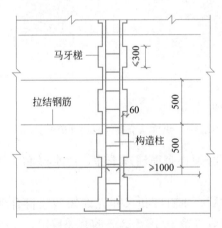

图 3-5　砖墙马牙槎构造示意图（单位：mm）

构造柱的施工程序是先砌墙后浇筑混凝土。构造柱两侧模板必须紧贴墙面，支撑牢固。构造柱混凝土保护层宜为 20mm，且不应小于 15mm。浇灌构造柱混凝土前，应清除落地灰、砖渣等杂物，并将砌体留槎部位和模板浇水湿润。在结合面处先注入 50～100mm 厚与混凝土同成分的水泥砂浆，再分段浇灌、采用插入式振捣棒振捣混凝土。振捣时，应避免触碰砖墙。

2.砖砌体质量要求

（1）横平竖直。砖砌体的灰缝应做到横平竖直，厚薄均匀。水平灰缝的厚度不应小于8mm，也不应大于12mm，宜为10mm。

（2）砂浆饱满。砌体水平灰缝的砂浆饱满度用百格网检查，不得小于80%。竖向灰缝不得出现透明缝、瞎缝和假缝。影响砂浆饱满度的主要因素包括：砖的含水量、砂浆的和易性、砌筑方法等。

（3）上下错缝。砖砌体的砖块之间要错缝搭砌，错缝或搭砌长度一般不小于60mm。240厚承重墙的每层墙的最上一批砖，砖砌体的台阶水平面上及挑出层，应整砖丁砌。

（4）接槎可靠。砖砌体的转角处和交接处应同时砌筑。其他部位的临时间断处应砌成斜槎，斜槎的水平投影长度不应小于高度的2/3，且其高度差不得超过一步脚手架的高度，如图3-6（a）所示。

抗震设防烈度不超过7度的地区，当临时间断处不能留斜槎时，除转角处外，可留凸直槎，且应加设拉结钢筋。其数量为每120mm墙厚放置1ϕ6，且每道不少于2根；间距沿墙高不超过500mm；埋入长度从留槎处算起每边均不应小于500mm，对于抗震设防烈度为6度、7度的地区，不应小于1000mm，末端应有90°弯钩，如图3-6（b）所示。

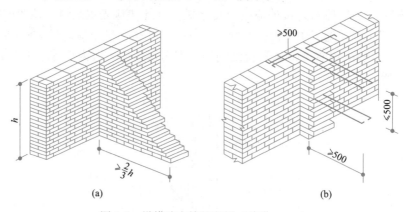

图3-6 纵横墙交接处留槎（单位：mm）

接槎或补砌时，必须将表面清理干净，浇水湿润，并填实砂浆，保持灰缝平直。

（5）砖砌体的位置、垂直度和尺寸允许偏差应符合现行国家标准《砌体结构工程施工质量验收规范》GB 50203的有关规定。

3.2 特殊砌体施工

3.2.1 特殊砌块的分类

砌块代替烧结黏土砖作为建筑物墙体材料，是墙体改革的一个重要途径。砌块是以天然材料或工业废料为原材料制成，主要特点是施工简便，工人的劳动强度较低，生产效率较高。

砌块按使用目的可以分为承重砌块与非承重砌块（包括隔墙砌块和保温砌块）；按是否有孔洞可以分为实心砌块与空心砌块；按砌块大小可以分为小型砌块（块材高度小于380mm）和中型砌块（块材高度380～980mm）；按使用的原材料可以分为普通混凝土砌块、轻骨料混凝土砌块、蒸压加气混凝土砌块等。

1. 普通混凝土小型空心砌块

它是以水泥、砂、石、水为原料制作的，简称普通小砌块，其外形如图3-7（a）所示。

2. 轻骨料混凝土小型空心砌块

它是以水泥、轻骨料、砂、水等预制而成的，其中轻骨料品种包括浮石、煤渣、火山渣、陶粒等，简称轻骨料小砌块，其外形如图3-7（b）所示。

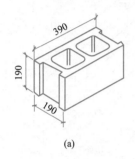

（a）　　　　　　　　　　　　　（b）

图 3-7　混凝土空心砌块

普通小砌块和轻骨料小砌块总称混凝土小型空心砌块，简称小砌块，是替代实心黏土砖的主要材料。按其强度分为MU20、MU15、MU10、MU7.5、MU5五个强度等级。主要规格尺寸为390mm×190mm×190mm。

3. 加气混凝土砌块

它是以水泥、矿渣、砂、石灰等为主要原料，加入发气剂，经搅拌成型、蒸压养护而成的实心砌块。一般长度为600mm，高度为200、250、300mm；其宽度，一种系列从50mm起，以25mm递增，另一种系列从60mm起，以60mm递增。按其抗压强度分为A0.8、A1.5、A2.5、A3.5、A5.0五个强度等级；按其体积密度分为B03、B04、B05、B06、B07五个体积密度级别。

3.2.2　砌块砌筑施工工艺

砌块砌筑施工的主要工艺包括：抄平弹线、基层处理、立皮数杆、砌块砌筑、勾缝，主要要求如下：

1. 基层处理

拉标高准线，用砂浆找平砌筑基层。当最下一皮砌块的水平灰缝厚度大于20mm时，应用豆石混凝土找平。砌筑小砌块时，应清除芯柱用小砌块孔洞底部的毛边。用普通混凝土小砌块砌筑墙体时，防潮层以下应采用不低于C20的混凝土灌实小砌块的孔洞；用轻骨料混凝土和加气混凝土砌块的墙底部，应砌烧结普通砖、多孔砖或普通混凝土小型砌块，也可现浇混凝土坎台，其高度不宜小于 200mm。

2. 砌筑

墙体砌筑应从房屋外墙转角定位处开始，按照设计图和砌块排块图进行施工。

砌块砌体的砌筑形式只有全顺式一种，如图 3-8 所示。为确保砌块砌体的砌筑质量，砌筑时应做到对孔、错缝、反砌。对孔即上皮砌块的孔洞对准下皮砌块的孔洞，上、下皮砌块的壁、肋可较好地传递竖向荷载，保证砌体的整体性及强度。错缝即上、下皮砌块错开砌筑（搭砌），以增强砌体的整体性。反砌即小砌块生产时的底面朝上砌筑，易于铺放砂浆和保证水平灰缝砂浆的饱满度。

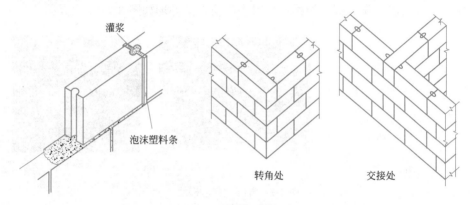

图 3-8　砌块砌筑形式

砌筑砂浆应随铺随砌，水平灰缝砂浆满铺砌块底面；竖向灰缝采取满铺端面法，即将砌块端面朝上铺满砂浆后，上墙挤紧，再灌浆插捣密实。

砌体中的拉结钢筋或网片应置于灰缝正中，埋置长度符合设计要求；门窗框与砌块墙体连接处，应砌入埋有防腐木砖的砌块或混凝土砌块（图 3-9）；水电管线、孔洞、预埋件等应按砌块排块图与砌筑及时配合进行，不得在已砌筑的墙体上凿槽打洞；锯切加气混凝土砌块应采用专用工具。

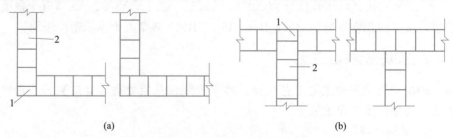

图 3-9　砌块砌体在转角处与交接处错缝砌筑
1—特制连接砌块；2—普通砌块

正常施工条件下，砌块墙体每日砌筑高度宜控制在 1.5m 或一步脚手架高度内。相邻施工段的砌筑高差不得超过一个楼层高度，也不应大于 4m。

填充墙砌至接近梁、板底时应留一定空隙，待间隔 7d 后，再用普通砖斜砌与梁板顶紧。

3. 勾缝

随砌随将伸出墙面的砂浆刮掉，不足处应补浆压实，待砂浆稍凝固后，用原浆做勾缝处理。灰缝宜凹进墙面 2mm。

4. 构造柱、芯柱、圈梁、混凝土带等施工

（1）构造柱、芯柱和抱框的纵向钢筋均应贯通墙身，圈梁、现浇混凝土带钢筋及拉结筋，应与墙、柱可靠连接。构造柱与墙体的连接处应砌成马牙槎。

（2）对于混凝土小型空心砌块砌体，应在外墙转角处、楼梯间四角的纵横墙交接处等部位的三个孔洞，设置素混凝土芯柱；五层以上的房屋，则应为钢筋混凝土芯柱，如图 3-10 所示。

当砌筑砂浆强度大于 1MPa 时，方可进行浇灌芯柱混凝土。浇筑前，应先

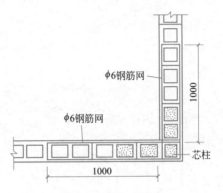

图 3-10　混凝土芯柱（单位：mm）

从柱脚留设的清扫口清除砌块孔洞内的砂浆等杂物，并用水冲洗孔洞内壁，排出积水后，再用混凝土预制块封闭清扫口；先注入适量与芯柱混凝土相同的去石子水泥砂浆，再浇灌混凝土。

芯柱混凝土宜连续浇灌、分层捣实。每次浇筑的高度应不大于 1.5m，混凝土注入芯孔后用小直径插入式振捣棒略加振捣，待 3～5min 多余水分被块体吸收后再进行二次振捣，以保证芯柱灌实。

（3）砌体中的拉结筋或网片应置于灰缝砂浆中间，水平灰缝厚度应大于钢筋直径 4mm 以上。拉结筋两端应设弯钩，砌体外露面砂浆保护层的厚度不应小于 15mm。

3.2.3　砌块砌体质量要求

（1）砌体灰缝砂浆饱满。水平灰缝的饱满度，普通混凝土砌块不得低于砌块净面积的 90%，轻骨料混凝土或加气混凝土砌块不得低于 80%；竖向灰缝饱满度不得小于 80%。

（2）砌体灰缝横平竖直、均匀、密实，厚度或宽度正确。空心砖、小砌块砌体的水平灰缝厚度和竖向灰缝宽度宜为 10mm，一般为 8～12mm；加气混凝土砌块砌体的水平灰缝厚度及竖向灰缝宽度分别宜为 15mm 和 20mm。

（3）墙体转角处和纵横墙交接处应同时砌筑。若临时间断，应留斜槎，其水平投影长度应大于砌筑高度，如图 3-11 所示。

（4）砌块搭接符合要求。小砌块应对孔错缝搭砌，搭接长度不应小于 90mm，个别部位不能满足要求时，应在灰缝中设置拉结钢筋或钢筋网片；加气混凝土砌块搭砌长度不应小于砌块长度的 1/3 和 150mm。

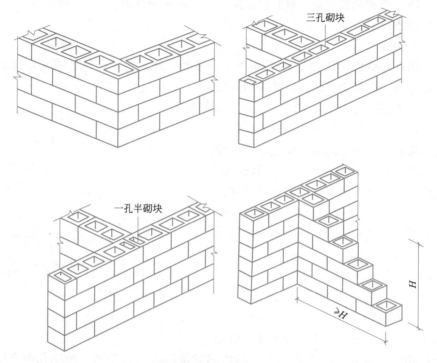

图 3-11　墙体转角处和纵横墙交接处的处理

（5）砌块砌体的轴线偏移、垂直度和一般尺寸的允许偏差应符合规范规定。

3.3　砌体冬期施工

冬期施工时，砌体中的砂浆会在负温下冻结，停止水化作用，从而失去黏结力。经解冻后，砂浆的强度虽仍可继续增长，但其最终强度显著降低；而且由于砂浆的压缩变形增大，使得砌体的沉降量增大，稳定性随之降低。而当砂浆具有 30％以上设计强度，即达到了砂浆允许受冻的临界强度值，再遇到负温也不会引起强度的损失。因此，冬期施工时必须采取有效的措施，尽可能减少对砌体的冻害，以确保砌体工程的质量。冬期施工常用的方法有氯盐砂浆法、冻结法、掺外加剂法和暖棚法，一般多采用氯盐砂浆法。

3.3.1　冬期施工的一般要求

当室外日平均气温连续 5d 稳定低于 5℃时，砌体工程应采取冬期施工措施。

在冬期施工过程中，只有加强管理和采取必要的技术措施才能保证工程质量符合要求。因此，砌体工程冬期施工必须制定完整的冬期施工方案。

冬期施工所用材料应符合下列规定：

（1）石灰膏、电石膏等应防止受冻，如遭冻结，应经融化后使用；

（2）拌制砂浆用砂，不得含有冰块和大于 10mm 的冻结块；

（3）砌体用砖或其他块材不得遭水浸冻。

冬期施工砂浆试块的留置，除应按常温规定要求外，尚应增加不少于 1 组与砌体同条件养护的试块，测试检验 28d 强度。

普通砖、多孔砖和空心砖在气温高于 0℃ 条件下砌筑时，应浇水湿润。在气温低于、等于 0℃ 条件下砌筑时，可不浇水，但必须增大砂浆稠度。抗震设防烈度为 9 度的建筑物，普通砖、多孔砖和空心砖无法浇水湿润时，如无特殊措施，不得砌筑。

拌合砂浆宜采用两步投料法。水的温度不得超过 80℃；砂的温度不得超过 40℃。

砂浆使用温度应符合下列规定：采用掺外加剂法、氯盐砂浆法、暖棚法时，均不应低于 +5℃。

在冻结法施工的解冻期间，应经常对砌体进行观测和检查，如发现裂缝、不均匀下沉等情况，应立即采取加固措施。

3.3.2 氯盐砂浆法

氯盐砂浆法是在拌合水中掺入氯盐（如氯化钠、氯化钙），以降低冰点，使砂浆在砌筑后可以在负温条件下不冻结，继续硬化，强度持续增长，从而不必采取防止砌体沉降变形的措施。采用该法时砂浆的拌合水应加热，砂和石灰膏在搅拌前也应保持正温，确保砂浆经过搅拌、运输，至砌筑时仍具有一定的正温。此种方法施工工艺简单、经济可靠，是砌体工程冬期施工广泛采用的方法。

在采用氯盐砂浆法砌筑时，砂浆的使用温度不应低于 5℃。如设计无要求，当日最低气温等于或低于 -15℃ 时，砌筑承重砌体的砂浆强度等级应按常温施工时提高一级，砌体的每日砌筑高度不宜超过 1.2m。由于氯盐对钢材的腐蚀作用，在砌体中配置的钢筋及钢预埋件，应预先做好防腐处理。

由于掺盐砂浆会使砌体产生析盐、吸湿现象，故氯盐砂浆的砌体不得在下列情况下采用：对装饰工程有特殊要求的建筑物；使用湿度大于 8% 的建筑物；配筋、钢埋件无可靠的防腐处理措施的砌体；接近高压电线的建筑物（如变电所、发电站等）；经常处于地下水位变化范围内以及在地下未设防水层的结构。

3.3.3 冻结法

冻结法是在室外用热砂浆砌筑，砂浆中不使用任何防冻外加剂。砂浆在砌筑后很快冻结，到融化时强度仅为零或接近零，转入常温后强度才会逐渐增长。由于砂浆经过冻结、融化、硬化三个阶段，其强度和黏结力都有不同程度的降低，且砌体在解冻时变形大，稳定性差，故使用范围受到限制。混凝土小型空心砌块砌体、承受侧压力砌体、在解冻期间可能受到振动或动力荷载的砌体以及在解冻时不允许发生沉降的结构等，均不得采用冻结法施工。

79

为了弥补冻结对砂浆强度的损失，如设计未作规定，当日最低气温高于 −25℃时，砌筑承重砌体的砂浆强度等级应提高一级；当日最低气温等于或低于 −25℃时，应提高二级。采用冻结法施下时，为便于操作和保证砌筑质量，当室外空气温度分别为 0~10℃、−25~−11℃、−25℃以下时，砂浆使用时的最低温度分别为 10℃、15℃、20℃。

当春季开冻期来临前，应从楼板上除去设计中未规定的临时荷载，并检查结构在开冻期间的承载力和稳定性是否有足够的保证，还要检查结构的减载措施和加强结构的方法。在解冻期间，应经常对砌体进行观测和检查，如发现裂缝、不均匀沉降、倾斜等情况，应立即采取加固措施，以消除或减弱其影响。

3.3.4　掺外加剂法

砌体工程冬期施工常用的外加剂有防冻剂和微沫剂。砂浆中掺入一定量的外加剂，可改善砂浆的和易性，从而减少拌合砂浆的用水量，以减小冻胀应力；可促使砂浆中的水泥加速硬化及在负温条件下凝结与硬化，从而获得足够的早期强度，提高抗冻能力。

当采用掺外加剂法时，砂浆的使用温度不应低于 5℃。若在氯盐砂浆中掺加微沫剂，应先加氯盐溶液后再加微沫剂溶液，其施工工艺与氯盐砂浆法相同。

3.3.5　暖棚法

暖棚法是利用简易结构和廉价的保温材料，将需要砌筑的砌体和工作面临时封闭起来，进行棚内加热，则可在正温条件下进行砌筑和养护。暖棚法成本较高，因此仅用于较寒冷地区的地下工程、基础工程和量小又急需使用的砌体。

对暖棚的加热，宜优先采用热风机装置。采用暖棚法施工时，砂浆的使用温度不应低于 5℃；块材在砌筑时的温度不应低于 5℃；距离所砌的结构底面 0.5m 处的棚内温度也不应低于 5℃。在暖棚内的砌体养护时间应根据暖棚内温度确定，以确保拆除暖棚时砂浆的强度能达到允许受冻的临界强度。养护时间的规定如下：棚内温度为 5℃时养护时间不少于 6d，棚内温度为 10℃时不少于 5d，棚内温度为 15℃时不少于 4d，棚内温度为 20℃时不少于 3d。

3.4　脚手架与垂直运输

3.4.1　砌筑脚手架

砌筑脚手架，是砌筑过程中堆放材料和工人进行砌筑操作的临时设施，同时也是安全设施。砌筑作业时，劳动生产率会受到砌筑高度的影响。根据科学统计，在距地面 0.6m 时生产效率最高。当砌筑到一定高度后，不搭设脚手架则砌筑工作就无法进行。对于厚度在 240mm 以内的墙体，可砌高度一般为 1.4m；厚度为 360mm 的墙体，可砌高度为 1.2m。每次脚手架的搭设高度称为"一步架高"。

1. 脚手架的基本要求

（1）脚手架的宽度及步距应满足使用要求。

（2）脚手架应坚固、稳定。

（3）搭拆简单，搬运方便，能多次周转使用。

2. 脚手架搭设及使用要求

（1）认真处理好地基，确保其有足够的承载力，避免脚手架沉降。高层或重荷载脚手架应进行基础设计。

（2）所使用的材料与加工质量必须符合规定要求，不得使用不合格品。

（3）要有可靠的安全防护措施。如安全网、安全护栏，防电、避雷、接地设施，脚手板及斜道的防滑措施等。

（4）在以下部位不得设置脚手眼：厚度在 120mm 内的墙体、料石清水墙和独立柱；过梁上部与过梁呈 60°角的三角形范围及过梁净跨 1/2 的高度范围内；宽度小于 1m 的窗间墙；门窗洞口两侧 200mm 和转角处 450mm 的范围内；梁或梁垫下及其左右各 500mm 范围内；设计不允许设置脚手眼的位置。

（5）脚手架搭设后，须经验收方可使用。做好定期检验及大风、雨、雪后的检验。

（6）严格控制使用荷载。结构架不得超过均布荷载 $3kN/m^2$，集中荷载 1.5kN。

（7）当墙体厚度小于或等于 180mm、建筑物高度超过 24m、空斗墙加气块等轻质墙体、砌筑砂浆强度等级在 M1.0 或以下时，均不得采用单排脚手架。

3. 脚手架的分类

脚手架种类很多，按使用材料可分为木脚手架、竹脚手架、金属脚手架等；按构造形式可分为多立杆式、框式、悬吊式、挂式、挑式、爬升式以及用于楼层间操作的工具式脚手架等；按搭设位置可分为外脚手架、里脚手架等。

（1）外脚手架

外脚手架搭设于建筑物外部周围，它既可以用于外墙砌筑，又可以用于外装饰施工。其主要形式分为：多立杆式脚手架和门式脚手架。

1）多立杆式脚手架

多立杆式脚手架主要是由立杆、纵向水平杆（也叫大横杆）、横向水平杆（也叫小横杆）、剪刀撑与脚手板等部件构成。为了防止整片脚手架在风载作用下外倾，脚手架还需设置连墙杆，将脚手架与建筑物主体结构相连，如图 3-12 所示。

根据使用要求，多立杆式脚手架可以搭设成双排式和单排式两种形式。

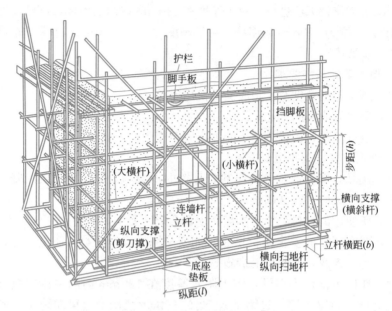

图 3-12 双排多立杆式脚手架的组成

双排式是沿墙外侧设两排立杆，大横杆沿墙外侧垂直于立杆搭设，小横杆的两端支承在大横杆上；单排式是沿墙外侧仅设一排立杆，小横杆一端与大横杆连接，另一端支承在墙上，如图 3-13 所示。

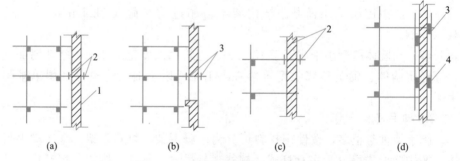

图 3-13 多立杆式脚手架连墙件设置

1—墙体；2—扣件；3—连杆；4—脚手架管

搭设多立杆式脚手架的一般构造要求见表 3-1。

多立杆式外脚手架的一般构造要求（m） 表 3-1

项目名称	结构脚手架		装修脚手架	
	单排	双排	单排	双排
双排脚手架立杆离墙面的距离	—	0.35～0.50	—	0.35～0.50
小横杆里端离墙面的距离 或插入墙体的长度	0.30～0.50	0.10～0.15	0.30～0.50	0.15～0.20
小横杆外端伸出大横杆外的长度	>0.15			

项目名称	结构脚手架		装修脚手架	
	单排	双排	单排	双排
双排脚手架内外立杆横距	1.35~1.80	1.00~1.50	1.15~1.50	0.15~1.20
单单排脚手架立杆与墙面距离				
立杆纵距　单立杆	1.00~2.00			
立杆纵距　多立杆	1.50~2.00			
大横杆间距离(步高)	不大于1.50		不大于1.80	
第一步架步高	一般为1.60~1.80,且不大于2.00			
小横杆间距	不大于1.00		不大于1.50	
剪刀撑	沿脚手架纵向两端和转角处起,每隔10m左右设一组,斜杆与地面夹角为45°~60°,并沿全高度布置			
与结构拉结(联墙杆)	每层设置,垂直距离不大于4.0,水平距离不大于6.0,且在高度段的分界面上必须设置			
护身栏杆和挡角板	设置在作业层,栏杆高1.00,挡角板高0.40			

　　根据连接方式的不同,多立杆式脚手架可以分为钢管扣件式脚手架、钢管碗扣式脚手架与钢管盘扣式脚手架。

　　钢管扣件式多立杆脚手架是由钢管、扣件和底座组成的,钢管通过扣件进行连接,并安放在底座上面。钢管一般采用外径48mm、壁厚3.5mm的焊接钢管。扣件的基本形式有三种(图3-14):直角扣件、回转扣件和对接扣件,分别用于钢管之间的直角连接、呈任意角度的连接和直线连接。

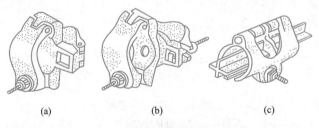

(a)　　　　　　(b)　　　　　　(c)

图3-14　钢管扣件

　　底座有两种,一种采用钢板与钢管做套筒,二者焊接而成(图3-15);另一种采用可锻铸铁铸成,其底板厚10mm、外轮廓直径150mm、插芯直径36mm、高度150mm。

　　钢管碗扣式多立杆脚手架的立杆与水平横杆是依靠特制的碗扣式接头来连接的(图3-16)。

　　碗扣式接头可同时连接4根横杆,横杆可相互垂直亦可组成其他角度,因

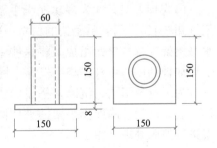

图3-15　脚手架底座(单位:mm)

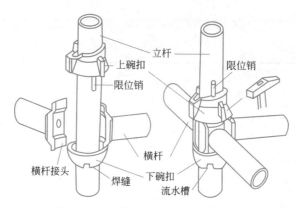

图 3-16　钢管碗扣式脚手架连接示意

而可以搭设各种形式脚手架，特别适用于搭设扇形平面及高层建筑施工。

盘扣式脚手架是指立杆采用套管或插管承插连接，水平杆和斜杆采用杆端和接头卡入连接盘，用楔形插销连接，形成结构几何不变体系的钢管脚手架，如图 3-17 所示。

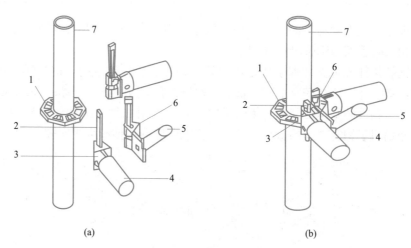

(a)　　　　　　　　　　　　　　(b)

图 3-17　盘扣节点图

1—连接盘；2—插销；3—水平杆杆端扣接头；4—水平杆；5—斜杆；

6—斜杆杆端扣接头；7—立杆

2）门式脚手架

门式脚手架又称为多功能脚手架，是目前国际上采用的最为普遍的脚手架（图 3-18）。门式脚手架的材料一般采用钢管，主要由门式框架、剪刀撑和水平梁架等基本单元组成，将这些基本单元相互连接即形成骨架，在此基础上增加辅助用的栏杆、脚手板等，就构成整片脚手架。

为了避免不均匀沉降，搭设门式脚手架时基座必须夯实找平，并铺设可调节底座；为了确保脚手架的整体刚度，门架之间必须设置剪刀撑和水平梁架进行加固处理（图 3-19）。

门式脚手架的搭设流程为：铺放垫木板→拉线/安放底座→自一端起立门架

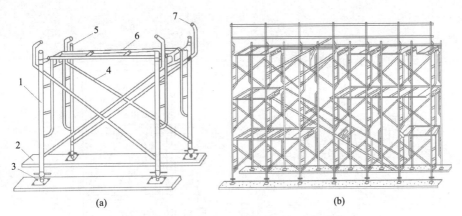

图 3-18 门式脚手架的基本单元与连接示意

1—门架；2—垫板；3—螺旋基脚；4—剪刀撑；5—连接器；6—平架；7—臂扣

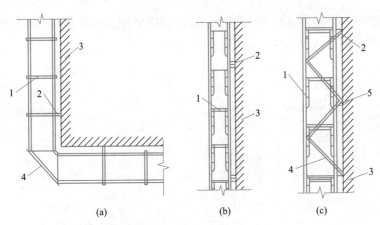

图 3-19 门式钢管脚手架的加固处理

1—门式脚手架；2—附墙管；3—墙体；4—钢管；5—混凝土板

并随即安装剪刀撑→装水平梁架（或脚手板）→装梯子（用于人员上下）→装设连墙杆→重复进行，逐层向上安装→装设顶部栏杆。门式脚手架的拆除顺序应与搭设顺序相反，自上而下进行。

（2）里脚手架

搭设于建筑物内部的脚手架称为里脚手架。里脚手架搭设在各层楼板上，当砌完一层墙体后，即将其转移到上一层楼板上，进行新一层的墙体施工。当采用里脚手架砌筑外墙时，必须沿墙外侧搭设安全网，确保施工安全。

里脚手架主要用于内外墙高度在 1.6m 以上部分的砌筑，在该高度以上，操作工人因够不着而经常出现劳动效率低下甚至无法施工等情形。里脚手架一般由支架和架板两部分构成。支架的形式主要有：折叠式、支柱式、门架式等。为配合不同高度部位的砌筑施工，有些里脚手架的支架设计成两步，或高度可调的形式。无论采用哪种形式，一般不会在墙体上形成脚手眼。

角钢折叠式里脚手架主要用 L40×30 角钢焊接而成，其构造如图 3-20 所示，可搭设成两步架，以适用不同高度处的砌筑施工。

85

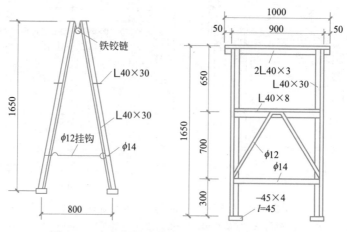

图 3-20 角钢折叠式里脚手架构造（单位：mm）

钢筋里脚手架用 $\phi20$ 钢筋焊接而成，钢管里脚手架用 $\phi36\times2.5$ 钢管焊接而成，其高度及构造相近，如图 3-21 所示。

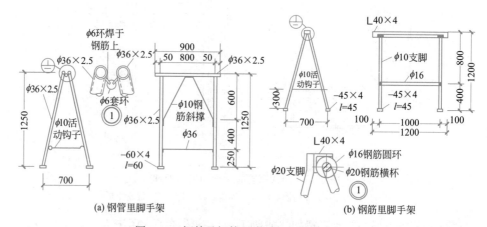

图 3-21 钢筋及钢管里脚手架（单位：mm）

套管式里脚手架主要由立管和插管构成，插管插入立管之中，用销孔及销子调节脚手架高度，插管顶部的支托可搁置方木或钢管以铺设脚手板，如图 3-22 所示。

（3）其他形式脚手架

挑脚手架是由结构标准层外挑出双排脚手架，高度 3~4 层，可作结构用或装饰用，一般应用于高层施工中，如图 3-23 所示。

悬挂式脚手架是在结构顶层设置悬挑构件，悬挂脚手篮，可作装饰用，一般应用于外装修施工中，如图 3-24 所示。

（4）新型脚手架的开发与应用

近年来，随着新技术、新材料的不断发展，一些专业生产脚手架的工程公司采用低合金钢管材料，研制开发出了系列的新型脚手架。这种新型低合金镀锌钢管（Q355B）脚手架与传统的普碳钢管（Q235）脚手架相比，具有重

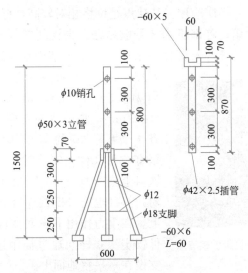

图 3-22 套管式里脚手架（单位：mm）

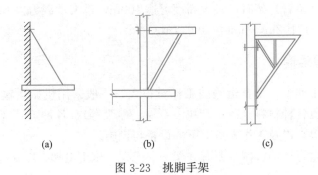

(a)　　　　　　　(b)　　　　　　　(c)

图 3-23 挑脚手架

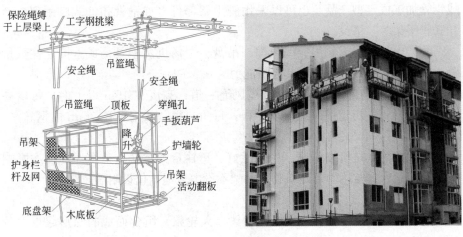

图 3-24 悬挂式脚手架

量轻、强度高、拆装便捷、施工工效高、耐腐蚀等突出优点，已在我国一些大型重点工程中成功推广应用。其缺点是价格相对较高，杆件尺寸固定。

例如国家体育馆、首都机场3号航站楼、央视新楼等工程中应用的低合金结构钢脚手架，其杆件及配件均采用低碳合金结构钢制造，经热镀锌防腐

图 3-25　自锁式模块脚手架节点

处理。有48和60两个系列，60系列的架管为 $\phi60.3\times3.2mm$，48系列的架管为 $\phi48.3\times2.7mm$。脚手架的立杆上每隔0.5m焊接有4个互呈90°的U形扣件，水平杆两端焊接有C形扣件。安装时，用C形扣件上的楔铁自上向下穿过U形扣件连接（图3-25），对角斜杆也通过楔铁连接到立杆的U形扣件上，在重力作用下楔铁会自动旋转与U形扣件锁定。立杆间通过插销连接，可调底座可支设在不平整地面上。

脚手架的水平杆、立杆和对角斜杆分别在横向、纵向和竖向连接，构成一个三维结构单元，再由结构单元重复组合，形成空间稳定架体。该种脚手架搭设双排（单管）架时，最大高度可达100m，最大承载力为6kN，架体最大纵距3m，步距2m，标准横距0.7m。

3.4.2　垂直运输

在砌筑工程中，垂直运输的工作量很大，一般采用机械运输。垂直运输机械是指担负各种材料（砖、砌块、石块、砂浆等）、各种工具（脚手架、脚手板、灰槽等）以及工作人员上下的设备与设施。

常用的垂直运输机械主要有井架、龙门架、施工电梯、塔式起重机等。

1. 井架

井架是砌筑工程中最常使用的垂直运输机械（图3-26），它可以采用型钢或钢管加工成定型产品，也可以采用脚手架部件（如钢管扣件式脚手架、碗扣式脚手架等）搭设。

井架由架体、天轮梁、缆风绳、吊盘、卷扬机及索具构成。按立柱数量分为四柱、六柱和八柱式，其起吊能力为0.5～1t。

当井架高度在15m以下时设缆风绳一道；高度在15m以上时，每增高10m增设一道。每道缆风绳至少4根，每角一根，采用直径9mm的钢丝绳，与地面呈30°～45°夹角拉牢。

井架的优点是价格低廉、稳定性好、运输量大；缺点是缆风绳多、影响施工和交通。通常附着于建筑物的井架不设缆风绳，仅设附墙拉结。

2. 龙门架

龙门架是由两组格构式立杆和横梁（天轮梁）组合而成的门形起重设备（图3-27）。

龙门架采用缆风绳进行固定，卷扬机通过上下导向滑轮（天轮、地轮）

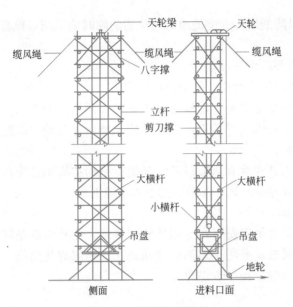

图 3-26　井架构造形式

图 3-27　龙门架构造形式与实际应用

使吊盘在两立杆间沿导轨升降。门架的起重高度一般为 15～30m，起重量为 0.6～1.2t。

门架通常单独设置，依靠缆风绳保证其稳定性。当门架高度在 15m 以下时设一道缆风绳，四角拉住；超过 15m 时，每增高 5～6m 增设一道。对装修用门架，可通过杆件与建筑物拉结。

在采用龙门架施工时，楼面运输通常需穿过若干道内墙，因此在砖混结构内墙上需预留施工洞。需要注意，按照规范要求，应做到：

1）临时施工洞口侧边离交接处墙面不应小于 500mm，洞口净宽度不应超过 1m；

2）抗震设防烈度为9度的地区建筑物的临时施工洞口位置，应会同设计单位确定；

3）洞口顶部应设置过梁；

4）洞口侧边处应留槎，并留设拉结钢筋。

在砖混结构施工中垂直运输机械无论是采用塔式起重机还是龙门架，其安装时间均是在基础工程后期，土方工程完成后才开始，以减少对土方工程施工机械的影响。

龙门架为工具式垂直运输设备，其优点是构造简单、装拆方便；具有停位装置，能保证停位准确，非常适用于中小型工程。

3. 施工电梯

施工电梯是将吊笼安装在专用导轨架外侧，使其沿齿条轨道升降的人货两用垂直运输机械。可用于多高层建筑施工，是高耸建筑物、构筑物施工必不可少的垂直运输设备（图3-28）。

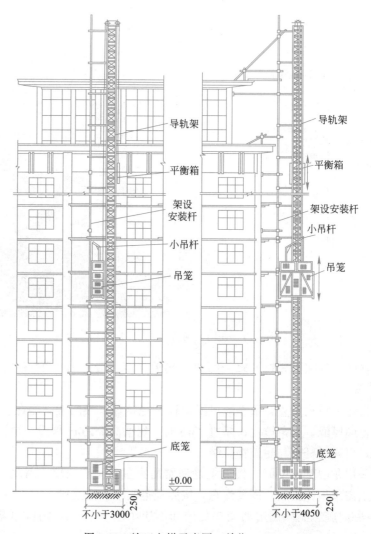

图 3-28　施工电梯示意图（单位：mm）

施工电梯可附着在建筑墙体或其他结构上，随着建筑物、构筑物施工而接高，其高度可达 100～200m 以上，可载运货物 1～2t，或载人 13～25 人。

3.5 砌体工程智能施工

3.5.1 砌体工程排砖优化

砌体工程智能化施工主要是利用现代化信息技术和工具解决在砌体工程施工中所面临的技术性难题。其中，材料浪费问题是砌体工程施工中较为突出的一个问题。因此，在进行砌体工程施工前，需要进行排砖设计，避免后期出现砍砖、部分返工及不合格砌筑等现象，减少浪费。

1. 传统排砖方法

目前，国内普遍采用 CAD（Computer Aided Design）软件进行排砖设计。但在使用 CAD 软件进行排砖时，会存在部分问题，包括：

（1）排砖难度较大，耗时较长；

（2）二维设计的信息是分散的，各专业分包缺乏联系沟通，容易造成部分错漏和返工，造成人力物力的消耗；

（3）传统的二维图纸不能直观地展现出工程实体竣工后排砖的整体效果。

2. 基于 BIM 技术的排砖方法

BIM 技术可以实现二维图纸向三维图纸的转换，利用 BIM 相关软件进行排砖优化设计，避免了人工排砖的烦琐，让排砖过程变得快捷、形象、直观，从而避免现实中因排砖不当而引起的返工损失。基于 BIM 技术的排砖优化设计的具体流程如图 3-29 所示。

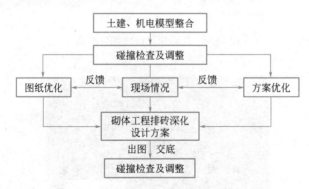

图 3-29 基于 BIM 技术的砌体排砖流程

（1）模型建立及合并

在制定好统一的模型构建规则后，使用 BIM 相关软件对各专业工程的模型进行建立及合并，如土建、机电等工程模型，为后续的排砖设计优化提供基础。

（2）碰撞检查

将各专业工程模型进行合并后，可直接观察到相应的碰撞位置，并根据现场的施工条件对各类碰撞点进行优化设计，包括预留孔洞的留设及门窗洞口的调整等。

（3）砌体排砖优化设计

排砖优化设计是整个流程中最为重要的内容，体现了各构件位置关系、对应尺寸信息及材料种类。

首先，利用碰撞检查后的综合模型，并结合相关规范及排砖施工要求，设置门窗洞口尺寸与位置，检查各构件在尺寸和位置上的合理性。同时，还要仔细复核构造柱、圈梁、块材等信息，包括块材间的错缝搭接长度、水平及竖直方向的灰缝厚度等基本信息。在符合设计和规范的前提下，从便捷性和经济性出发，对生成的排砖结果做进一步的优化。最后，在排砖模型深化后出具墙体位置编号图、墙体排砖图和砌体用量需求表，具体操作界面和应用成果如图 3-30 和图 3-31 所示。

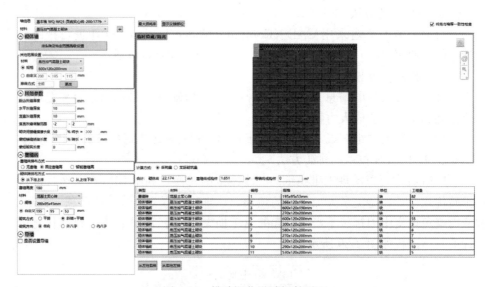

图 3-30　排砖深化设计插件界面

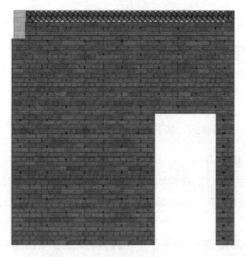

图 3-31　砌块材料排砖示意图

（4）施工交底

在完成砌体工程排砖优化设计方案的编制与审批后，可利用三维信息模型，对项目管理人员及施工操作人员进行交底。

3.5.2　砌体工程智能施工机械

目前，数字化技术在砌体工程施工过程中也得到了一定应用，其中较为具体的应用方面就是"建筑机器人（Construction Robot）"。作为机器人的一种，建筑机器人是指在建筑行业用于工程施工、装饰、修缮、检测等环节的机器人。其诞生及应用是人类期望机器能够替代或协助人类完成相应作业、改善建筑业工作环境、提高工作效率。在砌体工程施工阶段，最常用的建筑机器人包括砌筑机器人、搬运机器人以及外骨骼机器人等。

1. 砌筑机器人

砌筑机器人是专用于内墙体砌筑施工作业的机器。其目的在于利用现代化智能机器设备来替代或半替代人工实现块体材料的场内运输、切割加工以及砌筑施工等，从而更有效地提高劳动效率。

同时，也为了能更有效地实现对于砌筑过程中块体材料的"抓取"等动作，现有砌筑机器人多由工业机械手臂改装而成，一般具有"移动平台＋递送系统＋机械臂＋感应系统"的体系结构。按照运动方式的不同，砌筑机器人有轨道式、轮胎式等。按照自动化程度又可以分为自动和半自动两种。

（1）自动化砌筑机器人

自动化砌筑机器人是一种能够自主进行砌筑工作的机器人，其核心包括配备夹具的工业手臂、块材传递系统以及位置反馈系统。其工作原理是操作人员预先将电子图纸提前录入机器的控制系统，并在程序及块材均准备完好的情况下开始正常运转，利用机械手臂对块材按照"三一"砌筑法的流程进行，直至砌筑工作全部完成。在工作环节中，其机械臂前端所带有的感应装置会获取周围环境信息，用于检测砌筑的进程以及实现机器人的自身定位，以确保机器能完成各种环境下的砌筑任务。

同时，为了能够实现高度"自动化"，自动化砌筑机器人所用机械臂多采用多段伸缩臂，以增加机械的灵活性。其移动平台也有着更多的选择，包括履带式、轮胎式等。

（2）半自动化砌筑机器人

对比全自动砌筑机器人来讲，半自动化砌筑机器人具备自动化机器人的基本结构功能，包括移动、递送和识别等功能，如图 3-32 所示。但在具体施工过程中，还需要工人加以配合，例如投送块材进入递送系统、清理砌筑墙体溢出的砂浆等。此外，对于依赖轨道进行移动的砌筑机器人，工人还需铺设机器设备的运行轨道。因此，半自动化砌筑机器人并不能完全意义上地替代人工，而在于配合工人提高砌筑作业的效率，属于半自动化工作的模式。

（3）搬运机器人

在施工过程中，材料的搬运是必不可少的一项工作，往往需要耗费相当

图 3-32　半自动化砌筑机器人工作
1—传送装置；2—机械手臂；3—块材

一部分时间对材料进行转移、运输。尤其是在砌筑工程施工中，部分材料的运输具有大批量、重复性强的特点。由此，为了将工人从这种重复的工作中解放出来，能够进行材料短距离运输的搬运机器人便孕育而生。

搬运机器人是可以进行自动化搬运作业的工业机器人，包括移动平台、机械抓手、控制和感应系统。其中搬运作业即指用一种设备对材料进行抓取，从材料的存放点移动至作业位置的过程，位置的选择可由操作人员进行设定。

（4）外骨骼机器人

外骨骼机器人是融合传感、控制、信息融合、移动计算，为操作者提供一种可穿戴的机械结构，简单来讲，就是指套在人体外面的机器人，也称"可穿戴的机器人"。这一装置被广泛应用在抢险救灾、康复医疗、探测越野等领域，近年来引入工程建设领域。

在工程建设领域，外骨骼机器人尚处于研发阶段。考虑到施工作业繁重、现场危险源众多，而目前施工各环节仍不能完全由机器人来替代，为了提高作业效率以及减少施工安全事故，外骨骼机器人在工程建设领域的应用具有非常大的潜力。在砌筑工程中工人可穿戴外骨骼机器人抓举大中型块材以及转移运输砌筑材料，减轻工人劳作。

3.5.3　砌体工程施工安全智能监控

出于降低砌体工程施工中安全风险隐患的目的，目前，初步建立起用于施工现场的智能化安全监督系统，同时具备预测和控制的功能。其主要应用方面有施工电梯安全监督系统和脚手架安全监督系统。

1. 施工电梯安全监督系统

在进行施工电梯的操作及使用过程中，存在的较大监督空白，不利于现场安全管理。因此，对施工电梯传动系统进行升级改造，引入 5G、物联网等技术，建立安全管理平台，其能有效实现对施工电梯运行的安全监督和信息快速分析处理。将与施工电梯相关的人员流动和潜在危险源进行实时监测，一旦发现问题，安全管理平台会发出警报，提示相关人员进行处理。安全管理平台相当于一个集成的处理分析平台。在整个安全监督的环节中，对于数据的采集尤为关键。现阶段，施工电梯运行的监督系统多使用黑匣子对各感应装置采集的信息进行收集，然后通过无线的方式上传至服务器。经过平台处理后，监督人员可以较为直观地通过运行监督系统掌握设备运行状况和预警信息。其中，应用于施工电梯安全监督的各感应装置布置如图 3-33 所示。

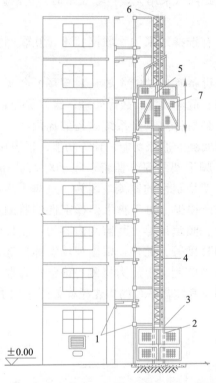

图 3-33　施工电梯安全监督感应装置布置示意图

1—附墙架水平倾角传感器；2—杆件腐蚀检测器；3—导轨架垂直度倾角传感器；4—螺栓扭矩传感器；5—防坠安全器；6—风速传感器；7—其他（载重传感器等）

施工电梯安全监督系统主要功能包括：

（1）查看设备实时运行数据，显示最新的设备动态数据和警示信息，如载重和搭载人数、支架受力及倾斜等情况；

（2）查看设备警示信息，包括防坠安全器（吊笼意外超速下降时起平稳制停作用）、高度限位器（防止吊笼运行超出设定高度）等；

（3）查看具体工作报告的详细信息；

（4）查看开关机记录，显示设备的操作记录；

（5）查看设备信息，包括产权单位、检测单位、基本资料、具体技术参数，让监督人员对设备进行全方位的掌控。

2. 脚手架安全监督系统

脚手架安全监督系统同施工电梯安全监督管理系统相似，是指基于物联网、传感器、有线或无线传输等技术搭建的现场安全管理系统。其组网设备包括各类传感器（压力计、倾斜计、风力计及温度计等）、摄像机、黑匣子（现场数据采集设备）、上级服务器等。其主要功能包括：

（1）目标检测：目标检测功能是针对各类传感器、检测设备功能而言的。在实际应用中，应根据施工现场的实际情况，选择适宜的传感器或巡检设备。

（2）数据采集：数据采集功能是要求在施工现场内要根据各类设备的传输能力，主要是传输距离（采用无线传输技术时），在施工现场内合理设置数据采集站。

（3）数据传输：有选择地采用物联网技术、互联网技术、有线传输和无线传输通道。

（4）设备管理：设备管理功能主要是对现场的各类监控、监测设备进行管理。包括工作状态、危险预警、故障管理、维修保养管理等内容。

（5）历史追踪：是指针对平台系统监控的场内各类活动、各类设备的状态及质量，都具有可回溯的追踪功能、预警功能、报表功能等。

一般来讲，对于脚手架的安全监督，除了对人员和材料堆放监督以外，更为重要的是对脚手架稳定性的监测，因为一旦脚手架出现坍塌等事故，将会造成巨大的人身财产损失。对于脚手架稳定性的监测主要通过相关传感器来完成，包括压力计、倾角计等。其监测内容为：立杆的轴力、支架及模板的沉降量、杆件倾斜程度等。此外，根据现场实际情况的不同，可以选择更多的监测指标，如风力监测、土压力检测、锚索拉力监测等，以达到对脚手架的全方位实时监测。其监督平台的构建流程如图3-34所示。

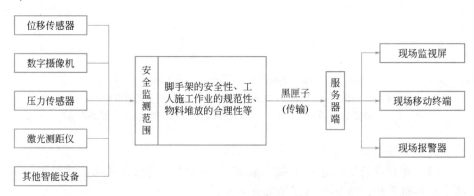

图3-34 脚手架安全监督平台构建流程

本章小结

了解砌体材料的性能、脚手架形式、垂直运输机械的选择和砌砖施工的组织方法；了解砌块的种类、规格及砌筑工艺；了解砌体常见质量通病及其防治措施；了解砌体冬期施工方法；了解目前应用于砌体工程施工的智能化技术和装备。掌握砌块排列组合及错缝搭接要求；掌握砖砌体施工工艺、质量要求及保证质量和安全的技术措施。

思考题

3-1 对砌筑砂浆的原材料各有什么要求？

3-2 砂浆的流动性、保水性的含义是什么？它对砌筑工程施工有何影响？

3-3 对砂浆的制备与使用有何要求？

3-4 砖砌体施工前应做好哪些技术准备工作，皮数杆的作用是什么？

3-5 砖砌体工程的质量要求有哪些？砖墙临时间断处的接槎方式有哪两种，有何要求？

3-6 简述墙体内钢筋混凝土构造柱的施工要点。

3-7 试述填充墙砌体施工的工艺过程，并简述其施工要点。

3-8 冬期施工中的砌体材料各应符合什么要求？

3-9 冬期施工常用的方法有哪些，其中采用氯盐砂浆法时应注意哪些问题？

3-10 简述施工电梯智能监督系统的主要功能。

第4章
混凝土结构工程

【知识点】

钢筋连接和钢筋配料；模板构造、搭设与拆除；混凝土施工配合比换算，混凝土搅拌机类型及选用、搅拌制度的确定，混凝土运输的要求及方法，混凝土振捣设备及使用，施工缝留置及处理；大体积混凝土的浇筑，混凝土冬期施工原理与方法；先张法施工工艺及技术措施，后张法施工工艺及技术措施，无黏结预应力混凝土结构施工工艺以及目前所用到的有关混凝土结构工程智能施工的技术。

【重点】

组合钢模板的组成与配板设计；混凝土拌制、运输、浇筑的要求，施工缝的留设；大体积混凝土的浇筑；先张法和后张法的施工工艺过程、质量控制与技术措施，预应力损失及弥补的方法。

【难点】

钢筋下料长度的计算；组合钢模板的配板设计；混凝土振捣设备及使用，施工缝留置及处理，大体积混凝土的浇筑；预应力混凝土的应力损失及弥补的方法。

混凝土结构工程在土木工程施工中占有十分重要的地位，它对整个工程的工期、成本、质量都有极大的影响。混凝土结构工程由模板工程、钢筋工程和混凝土工程三部分组成，在施工中三个工种之间要密切配合，合理组织施工，才能确保工程质量和工期。

混凝土结构工程按施工方法分为现浇混凝土结构工程和装配式混凝土结构工程。

混凝土结构工程的施工工艺过程如图4-1所示。

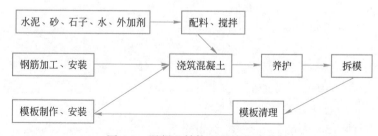

图4-1 混凝土结构工程施工工艺

4.1 钢筋工程

4.1.1 混凝土工程用钢筋的一般规定

钢筋进场应具有产品合格证、出厂试验报告，每捆（盘）均应有标牌。进场时必须进行验收，合格后方可使用，验收内容包括查对标牌，全数的外观检查及根据进场批次和产品的抽样检验方案抽取试件作力学性能检验。钢筋在加工过程中，发现脆断、焊接性能不良或力学性能显著不正常等现象时，应对该批钢筋进行化学成分检验或其他专项检验。

4.1.2 高效钢筋在工程中的应用

高效钢筋有热轧带肋钢筋、冷轧带肋钢筋、钢筋焊接网、用于现代预应力混凝土的低松弛高强度钢绞线，另外还有预应力用高强碳素钢丝、冷拔低碳钢丝、热处理钢筋、精轧螺纹钢筋。除此之外，还有通过技术工艺处理后，适合一般建筑板类或中小型梁类构件中使用的冷轧扭钢筋和双钢筋。

《钢筋混凝土用钢 第 2 部分：热轧带肋钢筋》GB/T 1499.2—2018 是在原标准《钢筋混凝土用钢 第 2 部分：热轧带肋钢筋》GB/T 1499.2—2007 基础上，结合我国生产和使用具体条件而修订的，取消 335MPa 级钢筋，增加了 600MPa 级钢筋，增加了带 E 的钢筋牌号。推广 400MPa、500MPa 级热轧带肋钢筋作为纵向受力的主导钢筋。HPB300 钢筋的推荐公称直径限制在 14mm 以下。

1. HRB400 级钢筋

热轧钢筋分为普通热轧钢筋（HRB）和细晶粒热轧钢筋（HRBF）。热轧带肋钢筋的公称直径范围为 6～50mm，推荐钢筋公称直径为 6、8、10、12、16、20、25、32、36、40、50mm。

HRB400 级钢筋的主要特点有：强度高、安全储备大、经济效益显著、机械性能好、焊接性能好、抗震性能良好、使用范围广、规格齐全。

2. 钢筋焊接网

钢筋焊接网是以冷轧带肋钢筋或冷拔光面钢筋为母材，在工厂的专用焊接设备上生产和加工而成的网片或网卷，用于钢筋混凝土结构，以取代传统的人工绑扎。钢筋焊接网被认为是一种新型、高效、优质的混凝土结构用建筑钢材，是建筑钢筋三大分类（光圆钢筋、带肋钢筋和焊接网）之一。

钢筋焊接网这种新型配筋形式，具有提高工程质量、节省钢材、简化施工、缩短工期等特点，特别适用于大面积混凝土工程，有利于提高建筑工业化水平。焊接网的应用不仅仅是工艺上的转变，而是钢筋工程施工方式的转变，即由手工化向工厂化、商品化的转变。

焊接网按钢筋的牌号、公称直径、长度和间距分为定型焊接网和定制焊接网两种。

焊接网两个方向均为单根钢筋时，较细钢筋的公称直径应不小于较粗钢筋的公称直径的 0.6 倍。当纵向钢筋采用并筋时，纵向钢筋的公称直径应不小于横向钢筋公称直径的 0.7 倍，也不大于横向钢筋公称直径的 1.25 倍。

定型焊接网在两个方向上的钢筋牌号、公称直径、长度和间距可以不同，但同一方向上应采用同一牌号和公称直径的钢筋并具有相同的长度和间距。定制焊接网采用的钢筋及长度和间距应根据设计和施工要求，由供需双方协商确定。

4.1.3 钢筋的连接

钢筋连接方式有焊接连接、机械连接和绑扎连接。

1. 焊接连接

钢筋采用焊接代替绑扎，可节约钢材，改善结构受力性能，提高工效，降低成本。

热轧钢筋的对接连接，应采用闪光对焊、电弧焊、电渣压力焊或气压焊；钢筋骨架和钢筋网片的交叉焊接，宜采用电阻点焊；钢筋与钢板的 T 形连接，宜采用电弧焊或埋弧压力焊。电渣压力焊应用于柱、墙、烟囱等现浇混凝土结构中竖向受力钢筋的连接，不得用于梁、板等结构中水平钢筋的连接。

钢筋的焊接效果与钢材的可焊性和焊接工艺有关。在相同焊接工艺条件下，能获得良好焊接质量的钢材，则称之为在这种焊接工艺条件下的可焊性好。钢筋的可焊性与其含碳量及合金元素数量有关，含碳量增加，则可焊性降低；含锰量增加，也影响焊接效果；而含适量的钛，可改善焊接性能。当环境温度低于 $-5℃$，即为钢筋低温焊接，这时应调整钢筋焊接工艺参数，使焊缝和热影响区缓慢冷却。当风力超过 4 级时，应有挡风措施。当环境温度低于 $-20℃$ 时，不得进行焊接。

2. 机械连接

钢筋机械连接方法分类及适用范围见表 4-1。

钢筋机械连接方法及适用范围   表 4-1

机械连接方法		适用范围	
		钢筋级别	钢筋直径(mm)
钢筋套筒挤压连接		HRB400，RRB400	16～40
钢筋锥螺纹套筒连接		HRB400，RRB400	16～40 16～40
钢筋全效粗直螺纹套筒连接		HRB400	16～40
钢筋滚压直螺纹套筒连接	直接滚压	HRB400，RRB400	16～40
	挤肋滚压		16～40
	剥肋滚压		16～50

钢筋机械连接是通过连接件的机械咬合作用或钢筋端面的承压作用，使两根钢筋能够传递力的连接方法。钢筋机械连接头质量可靠，现场操作简单，

施工速度快，无明火作业，不受气候影响，适应性强，而且可用于可焊性较差的钢筋。

在应用钢筋机械连接时，应由技术提供单位提交有效的型式检验报告。钢筋连接工程开始前及施工过程中，应对每批进场钢筋进行接头工艺检验。

常用的机械连接接头有挤压套筒接头、锥螺纹套筒接头和直螺纹套筒接头等。

机械连接接头的现场检验按验收批进行。对于同一施工条件下采用同一批材料的同等级、同形式、同规格的接头，以500个为一个检验批，不足500个也作为一个检验批。对每一个检验批，必须随机截取3个试件作单向拉伸试验，按设计要求的接头性能A、B、C等级进行检验和评定。

3. 绑扎连接

纵向钢筋的绑扎连接是采用20～22号铁丝（火烧丝）或镀锌铁丝（铅丝），其中22号铁丝只用于绑扎直径12mm以下的钢筋，将两根满足规定搭接长度要求的纵向钢筋绑扎连接在一起。钢筋绑扎连接时，用铁丝将搭接部分的中心和两端扎牢。绑扎连接也可用于钢筋骨架和钢筋网片交叉点。

4. 钢筋连接的要求

纵向受力钢筋的连接方式应符合设计要求，同一根纵向受力钢筋不宜设置两个及两个以上接头。钢筋的接头宜位于受力较小处，而且接头末端至钢筋弯起点的距离不应小于钢筋直径的10倍。

当纵向受力钢筋采用焊接接头或机械连接接头时，设置在同一构件内的接头宜相互错开。在长度为35d（d为被连接的纵向受力钢筋中较大的直径）且不小于500mm的连接区段内，纵向受力钢筋的接头面积百分率应符合设计要求；如设计无具体要求，应符合下列规定：

（1）在受拉区不宜大于50%；

（2）接头不宜设置在有抗震设防要求的框架梁端、柱端的箍筋加密区；当无法避开时，对等强度高质量机械连接接头，不应大于50%；

（3）直接承受动力荷载的结构构件中，不宜采用焊接接头；当采用机械连接接头时，不应大于50%。

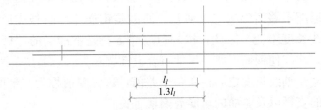

图 4-2　钢筋绑扎搭接接头连接区段及接头面积百分率

注：图中所示搭接接头同一连接区段内的搭接钢筋为两根，当各钢筋直径相同时，接头面积百分率为50%。

当纵向受力钢筋采用绑扎搭接接头时，设置在同一构件内相邻纵向受力钢筋的绑扎搭接接头宜相互错开。在长度为1.3l_l（l_l为搭接长度，如图4-2

所示）连接区段内，纵向受力钢筋的接头面积百分率应符合设计要求；如设计无具体要求，应符合下列规定：

（1）对梁类、板类及墙类构件，不宜大于 25%；

（2）对柱类构件，不宜大于 50%；

（3）当工程中确有必要增大接头面积百分率时，对梁类构件，不应大于 50%；对其他构件，可根据实际情况放宽。

4.1.4　钢筋配料计算

钢筋配料是根据构件配筋图计算构件各钢筋的直线下料长度、总根数及钢筋总重量，然后编制钢筋配料单，作为备料加工的依据。

设计图中注明的钢筋尺寸（不包括弯钩尺寸）是钢筋的外轮廓尺寸，称为钢筋的外包尺寸。外包尺寸的大小是根据构件尺寸、钢筋形状及混凝土保护层厚度（表 4-2）确定的。混凝土保护层厚度是从混凝土表面到最外层钢筋（包括箍筋、构造筋、分布筋等）的外缘之间的距离。

钢筋的混凝土保护层厚度（mm）　　　　表 4-2

环境类别	板、墙、壳	梁、柱、杆
一	15	20
二 a	20	25
二 b	25	35
三 a	30	40
三 b	40	50

注：1. 混凝土强度等级不大于 C25 时，表中保护层厚度数值应增加 5mm。

2. 钢筋混凝土基础宜设置混凝土垫层，基础中钢筋的混凝土保护层厚度应从垫层顶面算起，且不应小于 40mm。

3. 设计使用年限为 50 年的混凝土结构，最外层钢筋的保护层厚度应符合表 4-2 的规定；设计使用年限为 100 年的混凝土结构，最外层钢筋的保护层厚度不应小于表 4-2 中数值的 1.4 倍。

钢筋加工前直线下料时，如果下料长度按外包尺寸的总和来计算，则加工后钢筋尺寸大于设计要求的外包尺寸，那么，或使弯钩太长造成浪费，或造成保护层厚度不够而影响施工质量。原因是钢筋弯曲时外皮伸长、内皮缩短，只有轴线长度不变。因此，按外包尺寸下料是不准确的，只有按轴线长度下料加工，才能使钢筋形状、尺寸符合设计要求。

外包尺寸与轴线长度之间存在一个差值，这一差值称为"量度差值"，其大小与钢筋的直径以及弯曲的角度等因素有关。

钢筋下料时，其下料长度等于各段外包尺寸之和减去弯曲处的量度差值，再加上末端弯钩的增长值。

1. 钢筋弯钩下料长度及钢筋弯折量度差值

（1）90°弯折的量度差值

90°弯折时，HPB300 级钢筋圆弧弯曲直径 $D=2.5d$，HRB400 级钢筋弯

曲直径 $D=4d$。

HPB300 级钢筋 90°弯折时的量度差值如图 4-3(a) 所示。

中心线长：
$$ACB=\frac{\pi}{4}(D+d)=2.75d$$

量度长度：
$$A'C'+C'B'=2\left(\frac{D}{2}+d\right)=4.5d$$

量度差值：
$$4.5d-2.75d=1.75d\approx2d$$

同理，HRB400 级钢筋 90°弯折时的量度差值为 $2d$。

结论是，HPB300 级、HRB400 级钢筋 90°弯折时，均扣除量度差值 $2d$。

（2）180°弯钩下料长度

HPB300 级钢筋末端需作 180°弯钩，其圆弧弯曲直径 D 不应小于钢筋直径 d 的 2.5 倍，平直部分长度不宜小于钢筋直径 d 的 3 倍。用于轻骨料混凝土结构时，其弯曲直径 D 不应小于钢筋直径 d 的 3.5 倍。

当弯曲 180°（图 4-3b）：
$$AE'=ABC+CE=\frac{\pi}{2}(D+d)+3d$$

当 D（弯曲直径）$=2.5d$，代入上式，$AE'=8.5d$：
$$AF=\frac{D}{2}+d=2.25d$$

故每个弯钩应加长度为：$AE'-AF=8.5d-2.25d=6.25d$

结论是，HPB300 级钢筋作 180°弯钩时，每个下料长度加 $6.25d$。

（3）45°弯折的量度差值

弯起钢筋中间部位弯折时，弯曲直径 $D=5d$，如图 4-3（c）所示。

中心线长：
$$ACB=\frac{\pi}{8}(D+d)=2.36d$$

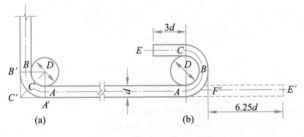
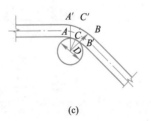

图 4-3　钢筋弯钩及弯曲后尺寸图

（a）弯 90°；（b）弯 180°；（c）弯 45°

量度长度：
$$A'C'+C'B'=2A'C'=2\left(\frac{D}{2}+d\right)\tan22°30'=2.87d$$

量度差值：
$$2.87d-2.36d=0.51d\approx0.5d$$

结论是，每个 45°弯折时的扣除量度差值为 $0.5d$。

同上方法可推得圆弧弯曲直径 $D=5d$ 时，钢筋135°、60°、30°弯折时扣除量度差值分别为 $3d$、$0.9d$、$0.3d$。

（4）对钢箍下料长度的计算，多数仍按与其他钢筋相同的方法，注外包尺寸。箍筋多用较细的钢筋弯成，箍筋的弯钩形式，有抗震要求的结构，应按图4-4（a）加工；如设计无要求时，可按图4-4（b）、（c）加工；其弯钩实际应增加长度各施工现场有所不同。表4-3中的数据可供计算参考。

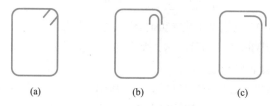

图 4-4 箍筋示意图

(a) 135°/135°；(b) 90°/180°；(c) 90°/90°

箍筋两个弯钩增加长度（mm）   表 4-3

受力钢筋直径	箍筋直径				
	5	6	8	10	12
10～25	80	100	120	140	180
28～32		120	140	160	210

2. 钢筋配料单

【例题 4-1】 某建筑物第一层共有5根 L_1 梁，混凝土强度等级为C30，混凝土保护层厚度 $c=20$mm，钢筋为HPB300，梁的配筋如图4-5所示。

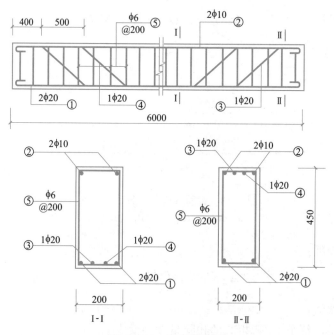

图 4-5 L_1 梁钢筋详图

L_1 梁的配料单如表 4-4 所示。

【解】：表 4-4 中钢筋下料长度计算方法如下：

①号钢筋端头保护层厚 20mm，则钢筋外包尺寸为：6000－2×20＝5960mm。

下料长度为：5960＋2×6.25d＝6210mm

②号钢筋端头保护层厚 20mm，则钢筋外包尺寸为：6000－2×20＝5960mm。

下料长度为：5960＋2×6.25d＝6085mm

③号钢筋端头平直段长度为 400－20＝380mm；斜段长为：（梁高－2 倍保护层－2 倍箍筋直径）×1.41＝（450－2×20－2×6）×1.41＝562mm；中间直线段长为：6000－2×（400＋398）＝4404mm。

实际工作中，③号与④号钢筋常并为一种规格（端头平直段改为一端 880mm，另一端 380mm），调头绑扎，④号钢筋下料长度为（880＋562）×2＋3404－4×0.5d＋2×6.25d＝6498mm。

④号钢筋的外包尺寸，其宽度为梁宽减两个保护层厚度。

其宽度为：200－2×20＝160mm

其高度为：450－2×20＝410mm

⑤号钢的下料长度为（160＋410）×2－3×2d＋100＝1168mm。

据此，编制配料单，见表 4-4，供钢筋加工班组进行备料加工。

钢筋配料单 表 4-4

构件名称	钢筋编号	简图	直径（mm）	钢号	下料长度（mm）	单位根数	合计根数	质量（kg）
L₁梁（共5根）	①	⎣ 5960 ⎦	20	φ	6210	2	10	153.5
	②	⎣ 5960 ⎦	10	φ	6085	2	10	37.5
	③	380 562 4404 562 380 / 398	20	φ	6498	1	5	79.8
	④	880 3404 880	20	φ	6498	1	5	79.8
	⑤	410 / 160	6	φ	1168	31	155	40.2

注：合计 φ6：40.2kg；φ10：37.5kg；φ20：313.1kg。

钢筋加工前，根据图纸按不同构件提出配料单，作为钢筋加工的依据，同时也是签发工程任务单和限额提料的依据。

为了加工方便，每一编号钢筋都要写一块加工牌，如图 4-6 所示。牌中应注明工程名称、构件编号、钢筋规格、总加工根数、下料长度及简图尺寸。钢筋加工完毕后，应将加工牌扎在钢筋上，以便识别。

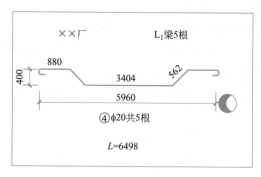

图 4-6 钢筋加工牌

4.1.5 钢筋的加工与骨架安装

钢筋加工的形状、尺寸必须符合设计要求。钢筋表面应洁净、无损伤，油渍、漆污和铁锈等应在使用前清除干净。带有颗粒状或片状老锈的钢筋不得使用。

钢筋的加工包括调直、除锈、剪切、弯曲等工作。

钢筋加工的允许偏差应符合表 4-5 的要求。

钢筋加工的允许偏差（mm）   表 4-5

项目	允许偏差
受力钢筋顺长度方向全长的净尺寸	±10
弯起钢筋的弯折位置	±20
箍筋内净尺寸	±5

钢筋绑扎和安装之前，先熟悉施工图纸，核对成品钢筋的级别、直径、形状、尺寸和数量是否与配料单、料牌相符，研究钢筋安装和有关工种的配合顺序，准备绑扎用的铁丝、绑扎工具、绑扎架等。

为了缩短钢筋安装的工期，减少钢筋施工中的高空作业，在运输、起重等条件允许的情况下，钢筋网和钢筋骨架的安装应尽量采用先预制绑扎，后安装的方法。

钢筋绑扎程序是：画线→摆筋→穿箍→绑扎→安装垫块等。画线时应注意间距、数量，标明加密箍筋位置。板类摆筋顺序一般先排主筋后排副筋；梁类一般先排纵筋。排放有焊接接头和绑扎接头的钢筋应符合规范规定。有变截面的箍筋，应事先将箍筋排列清楚，然后安装纵向钢筋。

控制混凝土的保护层可用水泥砂浆垫块或塑料卡等。水泥砂浆垫块的厚度应等于保护层厚度。制作垫块时，应在垫块中埋入 20 号铁丝，以便使用时把垫块绑在钢筋上。常用的塑料卡形状有塑料垫块和塑料环圈两种，如图 4-7 所示。塑料垫块用于水平构件（如梁、板），在两个方向均有槽，以便适应两种保护层厚度；塑料环圈用于垂直构件（如柱、墙），在两个方向均有凹槽，

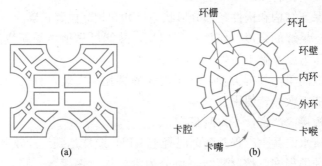

图 4-7　控制混凝土保护层用的塑料卡

（a）塑料垫块；（b）塑料环圈

以便适应两种保护层厚度。

　　钢筋安装完毕后应进行检查验收，其位置偏差应符合表 4-6 的要求。

钢筋安装位置的允许偏差和检验方法　　　　　　　表 4-6

项目			允许偏差（mm）	检验方法
绑扎钢筋骨架	长		±10	钢尺检查
	宽、高		±5	钢尺检查
受力钢筋	间距		±10	钢尺量两端、中间各一点，取最大值
	排距		±5	
	保护层厚度	基础	±10	钢尺检查
		柱、梁	±5	钢尺检查
绑扎钢筋、横向钢筋间距			±20	钢尺量连续三档，取最大值
钢筋弯起点位置			20	钢尺检查
预埋件	中心线位置		5	钢尺检查
	水平高差		3	钢尺和塞尺检查

4.2　模板工程

4.2.1　模板系统的组成与基本要求

　　模板结构由模板和支撑两部分构成。

　　模板是新浇混凝土结构或构件成型的模型，使硬化后的混凝土具有设计所要求的形状和尺寸；支撑部分的作用是保证模板形状和位置，并承受模板和新浇筑混凝土的重量以及施工荷载。

　　尽管模板结构是钢筋混凝土工程施工时所使用的临时结构物，但它对钢筋混凝土工程的施工质量和工程成本影响很大。因此，在钢筋混凝土结构施

107

工中，对模板结构有以下基本要求：

（1）应保证结构和构件各部分形状、尺寸和相互位置正确。

（2）具有足够的强度、刚度和稳定性，并能可靠地承受新浇混凝土的自重荷载、侧压力以及施工过程中的施工荷载。

（3）构造简单，装拆方便，便于钢筋的绑扎和安装，有利于混凝土的浇筑及养护，能多次周转使用。

（4）模板接缝严密，不得漏浆。

（5）对清水混凝土工程及装饰混凝土工程，应能达到设计效果。

模板的种类很多，按材料分，可分为木模板、钢模板、胶合板模板、钢木模板、塑料模板、铝合金模板等。最常用的是木模板、钢模板等。

按结构的类型分为：基础模板、柱模板、楼板模板、楼梯模板、墙模板、壳模板和烟囱模板等多种。

按施工方法分类，有现场装拆式模板、固定式模板和移动式模板。

钢模板的一次投资较大，但周转次数多。特别是组合钢模板，可以拼装成适应各种结构形式的多种尺寸，且构造合理，浇筑成型的混凝土构件表面光滑，棱角整齐，装拆方便，得到广泛使用。

4.2.2　定型组合钢模板

组合钢模板由一定模数的平面模板、角模板、支承件和连接件组成，是一种工具式模板。组合钢模板的特点是通用性强，可以组拼成不同形状、不同尺寸的结构模板，施工中装拆方便，既可以现场直接拼装，也可以预拼成大模板、台模等，再用起重机吊运安装。

组合钢模板的部件主要由钢模板、连接件和支承件三部分组成。

1. 钢模板的类型及规格

钢模板主要包括平面模板（图 4-8）和转角模板等（图 4-9）。

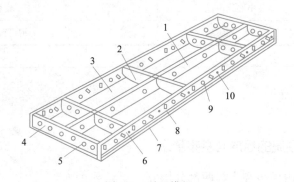

图 4-8　平面模板

1—中纵肋；2—中横肋；3—面板；4—横肋；5—插销孔；6—纵肋；7—凸棱；
8—凸鼓；9—U 形卡孔；10—钉子孔

钢模板面板厚度一般为 2.3mm 或 2.5mm，肋板厚度一般为 2.8mm。肋板上设有 U 形卡孔，钢模板采用模数制设计。

平面模板宽度以 100mm 为基础，以 50mm 为模数进级；长度以450mm 为基础，以 150mm 为模数进级；肋板高 55mm。平面模板利用 U 形卡和 L 形插销等可拼装成大块模板。U 形卡孔两边设凸鼓，以增加 U 形卡的夹紧力。边肋倾角处有 0.3mm 的凸棱，可增强模板的刚度并使拼缝严密。平面模板的规格长度有：450mm、600mm、750mm、900mm、1200mm、1500mm；宽度有：100mm、150mm、200mm、250mm、300mm；高度为 55mm。

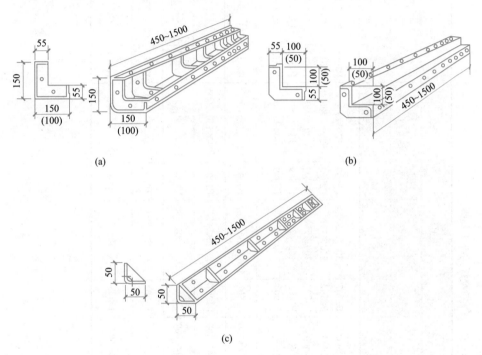

图 4-9　转角模板（单位：mm）
(a) 阴角模板；(b) 阳角模板；(c) 连接角模板

转角模板有阴角模板、阳角模板和连接角模板三种，主要用于结构的转角部位。转角模板的长度与平面模板相同，其中阴角模板的宽度有 150mm×150mm、100mm×150mm 两种；阳角模板的宽度有 100mm×100mm、50mm×50mm 两种；连接角模板的宽度为 50mm×50mm。

钢模板的规格编码如表 4-7 所示。

2. 组合钢模板连接配件

组合钢模板的连接件包括：U 形卡、L 形插销、钩头螺栓、对拉螺栓、紧固螺栓和扣件等，如图 4-10 所示。

钢模板规格编码表

表 4-7

模板名称		模板长度（mm）														
		450		600		750		900		1200		1500	
		代号	尺寸	代号	尺寸	代号	尺寸	代号	尺寸	代号	尺寸	代号	尺寸
平面模板（代号 P）	宽度（mm） 300	P3004	300×450	P3006	300×600	P3007	300×750	P3009	300×900	P3012	300×1200	P3015	300×1500
	250	P2504	250×450	P2506	250×600	P2507	250×750	P2509	250×900	P2512	250×1200	P2515	250×1500
	200	P2004	200×450	P2006	200×600	P2007	200×750	P2009	200×900	P2012	200×1200	P2015	200×1500
	150	P1504	150×450	P1506	150×600	P1507	150×750	P1509	150×900	P1512	150×1200	P1515	150×1500
	100	P1004	100×450	P1006	100×600	P1007	100×750	P1009	100×900	P1012	100×1200	P1015	100×1500
阴角模板（代号 E）		E1504	150×150×450	E1506	150×150×600	E1507	150×150×750	E1509	150×150×900	E1512	150×150×1200	E1515	150×150×1500
		E1004	100×150×450	E1006	100×150×600	E1007	100×150×750	E1009	100×150×900	E1012	100×150×1200	E1015	100×150×1500
阳角模板（代号 Y）		Y1004	100×100×450	Y1006	100×100×600	Y1007	100×100×750	Y1009	100×100×900	Y1012	100×100×1200	Y1015	100×100×1500
		Y0504	50×50×450	Y0506	50×50×600	Y0507	50×50×750	Y0509	50×50×900	Y0512	50×50×1200	Y0515	50×50×1500
连接角模板（代号 J）		J0004	50×50×450	J0006	50×50×600	J0007	50×50×750	J0009	50×50×900	J0012	50×50×1200	J0015	50×50×1500

110

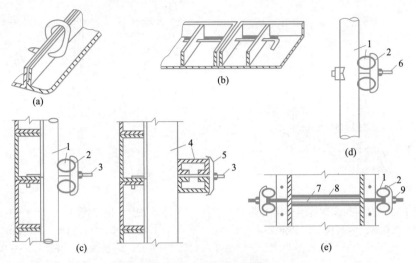

图 4-10 钢模板连接件

（a）U 形卡连接；（b）L 形插销连接；（c）钩头螺栓连接；

（d）紧固螺栓连接；（e）对拉螺栓连接

1—圆钢管楞；2—3 形扣件；3—钩头螺栓；4—内卷边槽钢钢楞；5—蝶形扣件；

6—紧固螺栓；7—对拉螺栓；8—塑料套管；9—螺母

3. 组合钢模板的支承件

组合钢模板的支承件包括钢楞、柱箍、梁卡具、钢管架、扣件式钢管脚手架、平面可调桁架等。

钢楞，又称龙骨，主要用于支承钢模板并提高其整体刚度。钢楞的材料有钢管、矩形钢管、内卷边槽钢、槽钢、角钢等。

柱箍用于直接支承和夹紧各类柱模的支承件，有扁钢（图 4-11）、角钢、槽钢等形式。

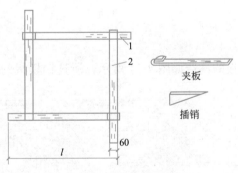

夹板

插销

图 4-11 扁钢形柱箍图

1—插销；2—夹板

梁卡具又称梁托架，是一种将大梁、过梁等钢模板夹紧固定的装置，并承受混凝土的侧压力，其种类较多。图 4-12 所示为扁钢与圆钢管组合梁卡具。

钢管架又称钢支撑，用于大梁、楼板等水平模板的垂直支撑。钢管支柱由内外两节钢管组成，可以伸缩以调节支柱高度。其规格形式较多，目前常用的有 CH 型和 YJ 型两种（图 4-13）。

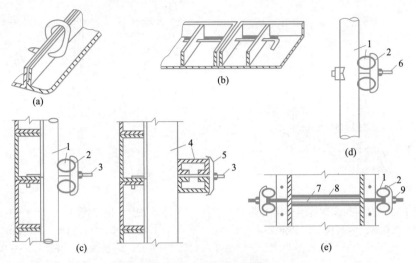111

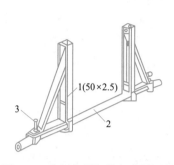

图 4-12 扁钢和圆钢管组合梁工具
1—三角架；2—底座；3—固定螺栓

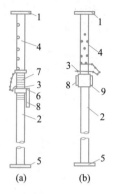

图 4-13 钢管架
(a) CH 型；(b) YJ 型
1—顶板；2—套管；3—插销；4—插管；5—底座；
6—转盘；7—螺管；8—手柄；9—螺旋套

扣件式钢管脚手架主要用作层高较大的梁、板等水平模板的支架，由钢管、扣件、底座和调节杆等组成。

钢管一般采用外径 ϕ48mm、壁厚 3.5mm 的焊接钢管，长度有 2000、3000、4000、5000、6000mm 几种。另配 200、400、600、800mm 长的短钢管，供接长调距使用。

扣件是连接固定钢管脚手架的重要部件，按用途的不同可分为直角扣件、回转扣件和对接扣件等。

底座安装在主杆的下部，起着将荷载传至基础的作用，有可调式和固定式两种。

调节杆用于调节支架的高度，可调高度为 100～350mm，分螺栓杆和螺管杆两种。

4. 模板的构造及安装

(1) 基础模板

阶梯式基础模板的构造如图 4-14 所示，所选钢模板的宽度最好与阶梯高

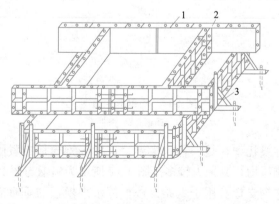

图 4-14 基础模板
1—扁钢连接件；2—T 形连接件；3—角钢三角撑

度相同。基础阶梯高度如不符合钢模板宽度的模数时，可加镶木板。上层阶梯外侧模板较长，需用两块钢模板拼接。除用两根 L 形插销外，上下可加扁铁并用 U 形卡连接。上层阶梯内侧模板长度应与阶梯等长，与外侧模板拼接处上下应加 T 形扁钢板连接；下层阶梯钢模板的长度最好与下层阶梯等长，四角用连接角模拼接。杯形基础杯口处应在模板的顶部中间装杯芯模板。基础模板一般在现场拼装。

（2）柱模板

柱模板的构造如图 4-15 所示，由四块拼板围成，四角由连接角模连接。每块拼板由若干块钢模板组成，柱的顶部与梁相接处需留出与梁模板连接的缺口，用钢模板组合往往不能满足要求，该接头部分常用木板镶拼。当柱较高时，可根据需要在柱中部设置混凝土浇筑孔，浇筑孔的盖板可用钢模板或木板镶拼。柱模板下端也应留垃圾清理孔。

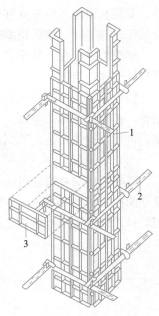

图 4-15　柱模板
1—平面钢模板；2—柱箍；
3—浇筑孔盖板

柱模板安装有现场拼装和场外预拼装后到现场安装两种形式。现场拼装是根据已弹好的柱边线按配板图从下向上逐圈安装，直至柱顶，校正垂直度后即可装设柱箍等支承杆件，以保证柱模板的稳定。场外预拼装就是在场外设置钢模板拼装平台，可预拼成四片然后运到现场就位，用连接角模连成整体，最后安设柱箍。也可在平台上拼装成整体，上好柱箍等加固杆，运到现场整体安装。

（3）梁、楼板模板

梁模板由底模板及两片侧模组成。底模与两侧模间用连接角模连接，侧模顶部则用阴角模板与楼板相接。梁侧模承受混凝土侧压力，可根据需要在两侧模间设对拉螺栓或设卡具。整个梁模板用支柱（或钢管架）支承（图 4-16）。

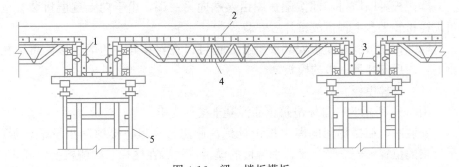

图 4-16　梁、楼板模板
1—梁模板；2—楼板模板；3—对拉螺栓；4—伸缩式桁架；5—门式支架

梁模板一般在拼装平台上按配板图拼成三片，用钢楞加固后运到现场安装。安装底模前，应先立好支柱（或钢管架），调整好支柱顶标高，并以水平及斜向拉杆加固，然后将梁底模板安装在支柱顶上，最后安装梁侧模板。

梁模板也可在拼装平台上将三片钢模板用钢楞、对拉螺栓等加固后，运到现场整体吊装就位。

楼板模板由平面钢模拼装而成，用支柱（或钢管架）支承。为减少支柱用量，扩大板下施工空间，可用平面可调桁架支承。楼板模板的安装可以散拼，也可以整体安装。其周边用阴角模板与梁或墙模板相连接。

（4）墙模板

墙模板由两片模板组成，每片模板由若干块平面模板拼成（图4-17）。这些平面模板可以横拼或竖拼，外面用竖、横钢楞加固，并用斜撑保持稳定，用对拉螺栓保持两片模板之间的距离（墙厚）并承受浇筑时混凝土的侧压力。

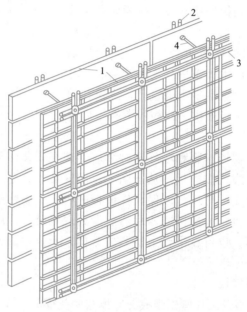

图 4-17 墙模板
1—墙模板；2—竖楞；3—横楞；4—对拉螺栓

墙模板可以散拼，即按配板图由一端向另一端，由下向上逐层拼装。也可以在拼装平台上预拼成整片后安装。

墙的钢筋可以在模板安装前绑扎，也可以在安装好一边的模板后再绑扎钢筋，最后安装另一边的模板。

（5）楼梯模板

图4-18所示为一整体浇筑钢筋混凝土楼梯模板。

安装时，在楼梯间的墙上按设计标高画出楼梯段、楼梯踏步及平台板、平台梁的位置。先立平台梁、平台板的模板，然后在楼梯基础侧板上钉托木，楼梯模板的斜楞钉在基础梁和平台梁侧板外的托木上。在斜楞上面铺钉楼梯底模。下面设杠木和斜向顶撑，用拉杆拉结。再沿楼梯边立外帮板，用外帮板上的横挡木、斜撑和固定夹木将外帮板钉固在杠木上。再在靠墙的一面把

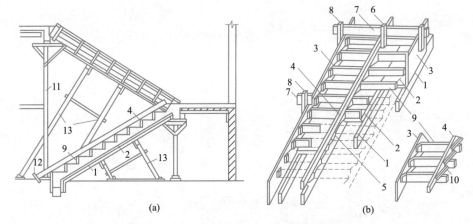

图 4-18 整体浇筑钢筋混凝土楼梯模板示意图

1—楞木；2—底模；3—边侧模；4—反扶梯基；5—三角木；6—吊木；7—横楞；
8—立木；9—踢脚板；10—顶木；11—立柱；12—木桩；13—斜撑

反三角板立起，反三角板的两端可钉于平台梁和梯基的侧板上，然后在反三角板与外帮板之间逐块钉上踏步侧板，踏步侧板一头钉在外帮板的木档上，另一头钉在反三角板上的三角木块（或小木条）侧面上。如果梯段较宽，应在梯段中间再加反三角板，以免发生踏步侧板凸肚现象。为了确保梯板符合要求的厚度，在踏步侧板下面可以垫若干小木块，在浇筑混凝土时随时取出。

4.2.3 组合钢模板配板设计

为了保证模板架设工程质量，做好组合钢模板施工准备工作，在施工前应进行配板设计，并画出模板配板图，以指导安装。

（1）绘制模板放线图。模板放线图就是每层模板安装完毕后的平面图，图中应根据施工时模板放线的需要，将各有关施工图中对模板施工有用的尺寸综合起来，统一绘制，对比较复杂的结构，如现浇楼梯，尚需画出剖面图。图 4-19 为某一框架结构一个角部的模板放线图，图中标高均为以下层楼面的装饰层顶面标高为±0.000 的相对标高，实线为结构模板的边线。

（2）根据模板放线图画出各构件的模板展开图。展开图的画法，一般是从结构平面图的左下角开始，以逆时针方向将构件模板面展开，以箭头表示展开方向，如图 4-20 所示。

（3）绘制模板配板图。根据已画出的模板展开图，选用最适当的各种规格的钢模板进行布置。

配板的原则是：在选择钢模板规格及配板时，尽量选用大尺寸的钢模板，以减少安装及拆除模板的工作量；配板时，宜尽量横排，也可以纵排。端头拼接时，可采用错缝拼接，也可以齐缝拼接（图 4-21）；构造比较复杂的构件接头部位或无适当的钢模板可配置时，宜用木板镶拼，但数量应尽量减少；使用 U 形卡拼接的钢模板，连接孔需对齐；配板图上应注明预埋件、预留孔、对拉螺栓位置。

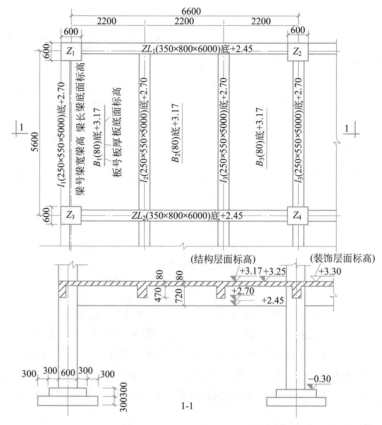

图 4-19 框架结构模板放线图（l_2、l_3 长度为 5375mm）

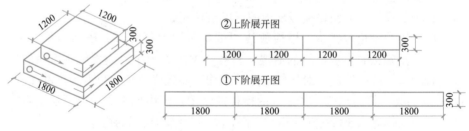

图 4-20 阶梯形基础模板面展开图（单位：mm）

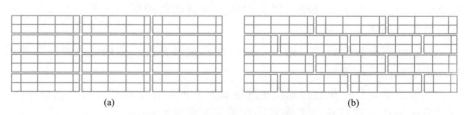

图 4-21 钢模板的齐缝拼接与错缝拼接

（a）齐缝拼接；（b）错缝拼接

（4）根据配板图进行支承件的布置。首先根据结构形式、跨度、支模高度、荷载及施工条件等确定支模方案，然后可根据模板配板图进行支承件的布置，如柱箍的间距、对拉螺栓布置、钢楞间距、支柱或支承桁架的布置等。

（5）列出模板和配件的规格、数量清单。

4.2.4　模板的拆除

1. 拆除模板时的混凝土强度

现浇结构的模板及其支架拆除时的混凝土强度应符合设计要求，当设计无具体要求时，应满足下列要求：在混凝土强度能保证其表面及棱角不因拆除模板而损坏后，侧模方可拆除；在混凝土强度符合表 4-8 规定后，底模方可拆除。

底模拆模时所需混凝土强度　　　　　表 4-8

结构类型	结构跨度（m）	按设计的混凝土立方体抗压强度标准值的百分率计（%）
板	≤2	≥50
	>2,≤8	≥75
	>8	≥100
梁、拱、壳	≤8	≥75
	>8	≥100
悬臂构件	—	≥100

已拆除模板及其支架的结构，在混凝土强度符合设计的混凝土强度等级的要求后，方可承受全部使用荷载；当施工荷载所产生的效应比使用荷载的效应更为不利时，必须经过核算，加设临时支撑。

2. 模板拆除的顺序和方法

模板的拆除顺序一般是先拆非承重模板，后拆承重模板；先拆侧模板，后拆底模板。

框架结构模板的拆除顺序一般是柱→楼板→梁侧板→梁底板。

拆除大型结构的模板时，必须事前制订详细方案。

4.2.5　模板早拆体系

模板早拆体系适用于框架结构、剪力墙结构住宅及公用建筑结构的梁、板结构等厚度不小于 100mm 且混凝土强度等级不低于 C20 的现浇水平结构构件施工。

钢筋混凝土水平结构构件拆模时对混凝土强度的要求与其跨度大小有直接关系，用早拆装置，保留部分模架，人为将结构跨度减小，从而实现小跨度条件下混凝土强度达到一定数值时早期拆模的目的。

模板早拆体系利用结构混凝土早期形成的强度、早拆装置及支架格构的布置，在缩小的结构跨度内，实施两次拆除，第一次拆除部分模架，形成单向板或双向板支撑布局，所保留的模架待混凝土构件达到现行国家标准《混凝土结构工程施工质量验收规范》GB 50204 拆模条件时再拆除。

对模板早拆体系用的模板要符合以下基本要求：①模板块要规整，拼缝小，面板要平整光洁，施工质量能达到清水混凝土质量要求；②模板的刚度大，周转使用的次数多，一般应能重复使用80~100次以上；③模板自重要轻，为便于安装与拆卸，自重不应大于27kg/m²，单块自重不宜大于30kg。

1. 模板早拆体系的安装与拆除

① 模板早拆体系的安装

施工前要认真熟悉施工方案，进行技术交底，培训作业人员。严格按照方案要求进行支模，严禁随意支搭。

模板安装前，立杆位置要准确，立杆、横杆形成的支撑格构要方正，构配件连接牢固。支撑格构体系必须设置双向扫地杆。

安装现浇水平结构的上层模板及其支架时，常温施工在施工层下应保留不少于两层支撑，特殊情况可经计算确定。上、下层支架的立杆应对准，并铺设垫板。垫板平整，无翘曲，保证荷载有效通过立柱进行传递。

图4-22　早拆模板体系示意图

早拆装置处于工作状态时，立杆须处于垂直受力状态。

调节丝杠插入立杆孔内的安全长度要符合施工方案的最小要求，不能任意上调。

铺设模板前，利用早拆装置的调节丝杠将主次楞及早拆柱头板调整到指定标高，避免虚支，保证拆模后支撑处的顶板平整。

模板铺设按施工方案执行，位置应准确，确保模板能够实现早拆。

框架结构的早拆支撑架构体系宜和框架柱进行可靠连接。

结构梁底支架应形成能提前拆除梁侧模的结构支架，梁下支架应符合支模方案的要求。

模板早拆体系安装的允许偏差应符合表4-9的规定。图4-22为安装好的早拆模板体系示意图。

模板早拆体系安装允许偏差表			表4-9
序号	项目	允许偏差	检验方法
1	支撑立柱垂直度允许偏差	≤层高的1/300	吊线、钢尺检查
2	上下层支撑立杆偏移量允许偏差	≤30mm	钢尺检查
3	早拆柱头板与次楞间高差	≤2mm	水平尺+塞尺检查

② 早拆模板二次顶撑工艺

在多层工程连续施工中，比如在住宅工程施工时，由于单层的建筑面积较小，施工周期较快，要连续搭设多层垂直支撑，这样最下面的支撑所承受上面传下来的荷载较大，存有安全隐患。为减少连续多层架设垂直支撑时最下面1~2层垂直支撑所承受的荷载，通常是在支撑的原位暂时将支撑顶部与楼板脱开，使钢筋及早发挥作用并承受楼板自重，然后再将支撑顶部与楼板顶紧。这种做法称为二次顶撑工艺，它不同于以往将支撑全部拆除后再搭设支撑的二次支撑方法。

早拆模板施工的二次顶撑工艺，一般是在一个大循环作业最后完成的那一层实施二次顶撑作业。实施时，利用早拆托座的多种功能，在垂直支撑原封不动的情况下安全操作，其工艺流程是：

调节（松动）早拆托座的螺母，使顶板离开楼板10～20mm→停留一段时间（10～20min）→调节（拧紧）早拆托座的螺母使顶板顶紧楼板→待楼板混凝土强度达到规范要求后再拆除支撑。

二次顶撑操作，一般应分为小区段顺次进行，区段要适中不宜太大。操作时，要使用力矩扳手，确保螺母的拧紧程度一致。上下层立柱应对齐，并在同一个轴线上。

③ 模板早拆体系的拆除

混凝土试块的留置，除按现行国家标准《混凝土结构工程施工质量验收规范》GB 50204 规定要求留置外，尚应增设不少于1组与混凝土同条件养护的试块，用于检验第一次拆模时的混凝土强度。

现浇钢筋混凝土楼板第一次拆模强度由同条件养护试块试压强度确定，当试块强度不低于10MPa时才可以拆模，且常温施工阶段现浇钢筋混凝土楼板第一次拆模时间不得早于混凝土初凝后3d。

上层竖向构件模板拆除运走后，在施工层无过量堆积荷载方可进行下层模板拆除。

支撑结构在模板早拆前应形成空间稳定结构。在第一次拆模前，不应受到拆除拉杆一类的扰动，更不能使结构先期承担部分自身荷载。模板第一次拆除过程中，严禁扰动保留部分模架及构配件的支撑原状，严禁拆掉再回顶的操作方式。

模板拆除时，用锤子敲击早拆柱头上的支承板，则模板和模板梁将随同方形管下落115mm，模板和模板梁便可卸下来，保留立柱支撑梁板结构（图4-23）。当混凝土强度达到施工方案要求后，调低可调支座，解开碗扣接头，

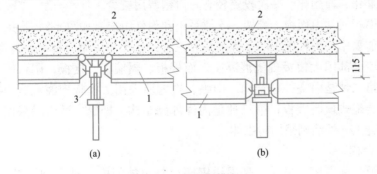

图 4-23　早期拆模方法

（a）支模状态；（b）拆模状态

1—横板主梁；2—现浇楼板；3—早拆柱头

即可拆除立柱和柱头。采用早拆模板体系可加快模板与支撑的周转，节省模板和支撑，具有良好的经济效益。

2. 模板早拆体系的质量要求

对于模板早拆体系的质量要求，除遵照现行国家标准《混凝土结构工程施工质量验收规范》GB 50204 外，尚应做到：

① 支撑系统和模板的架设、安装及拆除，要按照本工法中的工艺流程、操作要点与注意事项，结合具体情况组织实施。

② 在小跨度范围内实施早期拆模，应当在与楼板混凝土同条件养护的试块强度大于等于 50％设计强度时方可进行。

③ 垂直支撑（立杆）的拆除应根据规范规定的拆模强度进行。

④ 如果在早拆柱头顶板或模板支承梁上面安装胶合板条与板带时，一定要安装平实，在浇灌混凝土之前应进行逐一检查验收，使混凝土在浇灌后均匀受力，防止板条部位在浇灌混凝土后产生下陷等情况。

⑤ 进行早期拆除模板时，要按早拆模板施工方案中规定的拆模顺序有序进行，严禁先拆除后顶撑的做法。

⑥ 支上层立柱时，要与下层立柱对中对正。上层顶板施工中吊装材料要轻放，避免集中超载，防止过大冲击造成楼板出现裂缝。

4.2.6　大模板与台模、隧道模

1. 大模板

大模板（即大面积模板、大块模板）技术是建造高层建筑的重要手段，其特点是采用工具式大型模板，以工业化方法，在施工现场按照设计位置浇筑混凝土承重墙体。

大模板区别于其他模板的主要标志是：高度相当于楼层的净高；宽度根据建筑平面、模板类型和起重能力而定，一般相当于房间的净宽。

对大模板体系的基本要求是：具有足够的强度和刚度，周转次数多，维护费用少；板面光滑平整，每平方米板面重量较轻，每块模板的重量不得超过起重机能力；支模、拆模、运输、堆放能做到安装方便；尺寸构造尽可能做到标准化、通用化；一次投资较省，摊销费用较少。

大模板通常由面板、骨架、支撑系统和附件组成，如图 4-24 所示。

目前采用大模板施工的工程主要有三种结构类型：第一种是全现浇结构，即内外墙全部用大模板现浇混凝土，而楼板、隔墙板、楼板、阳台等均预制吊装；第二种是内浇外挂结构，即纵、横内墙采用大模板现浇混凝土，外墙则采用装配式预制墙板；第三种是内浇外砌结构，即纵、横内墙采用大模板现浇混凝土，外墙则采用砖砌体。

2. 台模

台模又称飞模、桌模，是现浇钢筋混凝土楼板的一种大型工具式模板。一般是一个房间一块台模，在施工中可以整体脱模和转运，利用起重机从浇筑完的楼板下吊出，转移至上一楼层。台模适用于各种结构的现浇混凝土楼

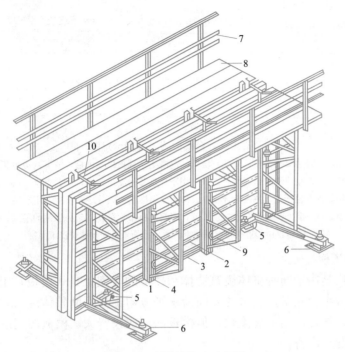

图 4-24 大模板构造示意图

1—面板；2—水平加劲肋；3—支撑桁架；4—竖楞；5—调整水平度的螺旋千斤顶；

6—调整垂直度的螺旋千斤顶；7—栏杆；8—脚手板；9—穿墙螺栓；10—固定卡具

板的施工，单座台模面板的面积从 $2\sim6m^2$ 直到 $60m^2$ 以上。台模的优点是整体性好，混凝土表面容易平整，施工进度快。

台模由台面、支架、支腿与调节装置、走道板、安全栏杆及配合套附件等组成（图 4-25）。台面可用木板、胶合板或钢板制成；台模的支架有立柱式、桁架式、悬架式等，要求有良好的整体性。支承支架的支腿上要有螺旋或液压调节装置，以便调节台模的高度，满足支模及拆模的需要。支腿应能折起，使支架上的附着滚轮落地，以使台模能沿楼地面滚动。

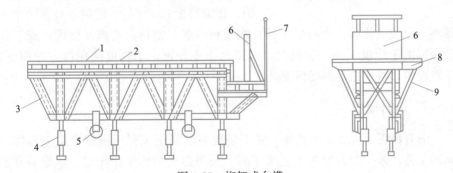

图 4-25 桁架式台模

1—台面；2—小楞；3—桁架式支架；4—支腿调节装置；5—滚轮；

6—加梁模板；7—栏杆；8—可折式台面模板；9—拆模临时支撑

台模的安装、拆除及转移施工过程如图 4-26 所示。

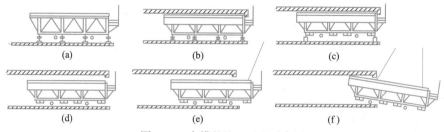

图 4-26　台模的施工过程示意图

（a）安装就位，支好边梁外侧模板；（b）浇筑的混凝土达到拆模强度后，放下两边可折式模板，拆
去边梁外侧模板，放松支腿和台面模板；（c）用千斤顶临时支承台模，折上支腿；（d）用千斤顶降
低台模，使滚轮落在楼板上，移去千斤顶；（e）将台模推出约三分之一长度，用起重机吊索吊住支
架的一端吊点；（f）推出台模约三分之二长度，用起重机吊索吊住支架另一端的吊点，然后将台模
全部推出，由起重机将台模吊至上一层楼面重新安装就位浇筑混凝土

3. 隧道模

隧道模是用于同时整体浇筑墙体和楼板的大型工具式模板，相当于将台
模和大模板组合起来，能将各开间沿水平方向逐段逐间整体浇筑。故施工的
建筑物整体性好，施工速度快，但模板的一次投资大，模板的起吊和转运需
要较大的起重设备。

隧道模有全隧道模（整体式隧道模）和双拼式隧道模两种。整体式隧道
模自重大，推移时多需铺设轨道，目前已较少应用；双拼式隧道模应用较广
泛，特别在内浇外挂和内浇外砌的高、多层建筑中应用较多。

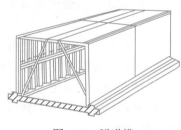

图 4-27　隧道模

双拼式隧道模由两个半隧道模对拼而
成。两个半隧道模的宽度可以不同，再增加
一块插板，即可组合成各种开间需要的宽度
（图 4-27）。半隧道模的竖向墙模板和水平
楼板模板之间用斜撑连接。在半隧道模下部
设置行走装置，在模板长度方向，沿墙模板
设两个行走轮，在模板宽度方向设一个行走
轮。在墙模板的两个行走轮附近设置两个千
斤顶，模板就位后，这两个千斤顶将模板顶起，使行走轮离开楼板，施工荷
载全部由千斤顶承担。脱模时，松动两个千斤顶，半隧道模在自重作用下，
下降脱模，行走轮落到楼板上。

4.2.7　滑升模板

滑升模板（又称滑动模板）施工是现浇混凝土工程中机械化施工程度较
高的工艺。采用滑升模板工艺施工时，按照建筑物的平面布置，从地面开始
沿墙、柱、梁等构件的周边，一次装设高为 1.2m 左右的模板，随着在模板内
不断浇筑混凝土和绑扎钢筋，利用提升设备将模板不断向上提升。由于出模
的混凝土自身强度能承受本身的重量和上部新浇混凝土的重量，所以能保持
其已获得的形状而不会塌落和变形。这样，随着滑升模板的不断上升，在模

板内分层浇筑混凝土，连续成型，逐步完成建筑物构件的混凝土浇筑。滑升模板装置如图 4-28 所示。

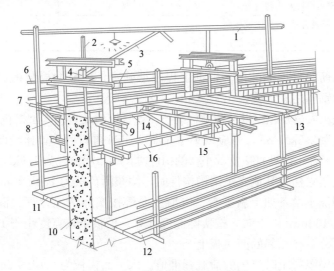

图 4-28　滑升模板装置示意图

1—支架；2—支承杆；3—油管；4—千斤顶；5—提升架；6—栏杆；7—外平台；
8—外挑架；9—收分装置；10—混凝土墙；11—外吊平台；12—内吊平台；
13—内平台；14—上围圈；15—桁架；16—横板

滑升模板施工从 20 世纪初创始以来，主要用于筒壁构筑物（烟囱、水塔等）施工。随着技术的进步，这项工艺应用的范围也不断扩大。滑升结构物的类型，已由构筑物发展到高层和超高层建筑物；滑升结构的截面形式，也由等截面发展到变截面，又由变截面发展到变坡变径。

滑升模板系统主要由模板系统、操作平台系统和提升系统三大部分组成。

4.2.8　模板结构的设计

在土木工程施工过程中，常用的木模板和定型组合钢模板，在其经验适用范围内一般不需进行设计验算。对重要结构的模板、特殊形式的模板或超出经验适用范围的一般模板，应进行设计或验算，以确保工程质量和施工安全，防止浪费。

模板结构的设计包括模板结构形式以及模板材料的选择、模板及支撑系统各部件规格尺寸的确定以及节点设计等。模板系统是一种特殊的工程结构，模板及其支撑应根据工程结构形式、荷载大小，地基土类别、施工设备和材料供应等条件进行设计。

1. 荷载计算

（1）模板及支架的自重标准值。其可根据模板设计图纸计算确定，肋形楼板及无梁楼板的自重标准值可参考表 4-10 确定。

（2）新浇筑混凝土自重标准值。普通混凝土为 $24kN/m^2$，其他混凝土根据实际重力密度确定。

123

楼板模板及其支架自重标准值（kN/m^2）　　　　　表 4-10

模板构件	木模板	定型组合钢模板
平板模板及小楞自重	0.30	0.50
楼板模板自重(包括梁模板)	0.50	0.75
楼板模板及其支架自重(楼层高度 4m 以下)	0.75	1.10

（3）钢筋的自重标准值。根据工程图纸确定，一般梁板结构每立方米钢筋混凝土的钢筋用量，楼板 1.1kN/m^2，梁 1.5kN/m^2。

（4）施工人员及施工设备荷载标准值。计算模板及直接支承模板的小楞时，均布活荷载为 2.5kN/m^2，另应以集中荷载 2.5kN 再行验算，比较两者所得的弯矩值取其大者；计算直接支承小楞的构件时，均布活荷载为 1.5kN/m^2。

计算支架立柱及其他支承结构构件时，均布活荷载为 1.0kN/m^2；

对大型浇筑设备如上料平台、混凝土泵等按实际情况计算。混凝土堆集料高度超过 100mm 以上时，按实际高度计算。模板单块宽度小于 150mm 时，集中荷载可分布在相邻的两块板上。

（5）振捣混凝土时产生的荷载标准值。水平面模板为 2.0kN/m^2；垂直面模板（作用范围在新浇筑混凝土侧压力的有效压头高度之内）为 4.0kN/m^2。

（6）新浇筑混凝土对模板的侧压力标准值。混凝土浇筑速度越快，则侧压力越大；混凝土温度增高，凝结速度快，则侧压力变小；混凝土密度与坍落度越大，侧压力也越大；掺有缓凝作用的外加剂，会使侧压力增大；机械捣实比手工捣实所产生的侧压力要大。

（7）倾倒混凝土时对垂直面模板产生的水平荷载标准值按表 4-11 采用。

倾倒混凝土时产生的水平荷载标准值（kN·m^2）　　　　　表 4-11

项次	向模板内供料方法	水平荷载
1	用溜槽、串桶或导管	2.0
2	用容量大于 0.2m^3 及小于 0.8m^3 的运输器具倾倒	2.0
3	用容量 0.2~0.8m^3 的运输器具倾倒	4.0
4	用容量大于 0.8m^3 的运输器具倾倒	6.0

注：作用范围在有效压头高度以内。

上述各项荷载应根据不同的结构构件，按表 4-12 规定进行荷载组合。

计算横板及其支架时的荷载组合　　　　　表 4-12

项次	计算模板结构的类型	荷载组合	
		计算承载能力	验算刚度
1	平板及薄壳的模板和支架	(1)+(2)+(3)+(4)	(1)+(2)+(3)
2	梁和拱模板的底板和支架	(1)+(2)+(3)+(5)	(1)+(2)+(3)
3	梁、拱、柱(边长≤300mm)、墙(厚≤100mm)的侧面模板	(5)+(6)	(6)
4	厚大结构、柱(边长＞300mm)、墙（厚＞100mm)的侧面模板	(6)+(7)	(6)

注：表中荷载（1）、（2）、（3）项为恒荷载标准值；（4）、（5）、（6）、（7）项为活荷载标准值，荷载名称见模板荷载的标准值的相应编号。

计算模板及其支撑时的荷载设计值，应采用荷载标准值乘以相应的荷载分项系数求得，荷载分项系数应按表 4-13 采用。

荷载分项系数 表 4-13

项次	荷载类别	γ_f
(1)(2)(3)(6)	模板及支撑自重、新浇筑混凝土自重、钢筋自重、新浇筑混凝土对模板侧面的压力	1.2
(4)(5)(7)	施工人员及施工设备荷载、振捣混凝土时产生的荷载、倾倒混凝土时产生的荷载	1.4

2. 模板结构设计有关技术规定

计算模板和支架的强度时，考虑到模板是一种临时性结构，可根据相应结构设计规范中规定的安全等级为第三级的结构构件来考虑。计算钢模板、木模板及支架时，都应遵守相应结构的设计规范。

计算模板刚度时，允许的变形值为：结构表面外露的模板，为模板构件计算跨度的 1/400；结构表面隐蔽的模板，为模板构件计算跨度的 1/250；模板支架的压缩变形值或弹性挠度，为相应的结构计算跨度的 1/1000。

为防止模板及其支架在风荷载作用下倾覆，应从构造上采取有效的防倾覆措施。

4.3 混凝土工程

混凝土工程的施工过程有混凝土的制备、运输、浇筑和养护等。混凝土工程质量的优劣直接影响钢筋混凝土结构的承载能力、耐久性和整体性。要保证混凝土工程的质量，关键是保证混凝土工程各施工工艺过程的质量。

4.3.1 混凝土的配料与制备

1. 混凝土施工配合比

混凝土的制备就是根据设计计算的混凝土配合比，把水泥、砂、石和水等混凝土组分通过搅拌的手段混合，获得均质的混凝土。

在施工中，为了确保拌制混凝土的质量，必须及时进行施工配合比的换算。

施工现场的砂、石含水率随季节、气候不断变化。如果不考虑现场砂、石含水率而按实验室配合比投料，其结果是改变了实际砂、石用量和用水量而造成各种原材料用量间的比例不符合原来配合比的要求。为保证混凝土工程的质量，保证按配合比投料，施工时要按砂、石实际含水率对实验室配合比进行修正。调整以后的配合比称为施工配合比。

设原实验室配合比为水泥：砂：石子 $= l : x : y$，水灰比为 $\dfrac{W}{C}$。

现场测得砂含水率为 W_x，石子含水率为 W_y。

125

则施工配合比为水泥：砂：石子$= l : x(1+W_x) : y(1+W_y)$。

【例题 4-2】 混凝土实验室配合比为 $1 : 2.28 : 4.47$，水灰比 $\dfrac{W}{C}=0.63$，每立方米混凝土水泥用量 $C=285$kg，现场实测砂含水率 3%，石子含水率 1%。计算施工配合比和水灰比。

【解】 施工配合比为：

$$1 : x(1+W_x) : y(1+W_y)$$
$$=1 : 2.28(1+0.03) : 4.47(1+0.01)$$
$$=1 : 2.35 : 4.51$$

按施工配合比，每立方米混凝土各组成材料用量为：

水泥 $C'=C=285$kg

砂 $G'_砂 =285×2.35=669.75$kg

石 $G'_石 =285×4.51=1285.35$kg

用水量 $W'=W-G_砂 W_x-G_石 W_y$（$G_砂$、$G_石$ 为按实验室配合比计算每立方米混凝土砂、石用量）

$$W'=0.63×285-2.28×285×0.03-4.47×285×0.01$$
$$=179.55-19.49-12.74=147.32\text{kg}$$

施工水灰比为：$\dfrac{147.32}{285}=0.52$。

2. 混凝土搅拌机

混凝土搅拌机按其工作原理，可分为自落式和强制式两大类，见表 4-14。

混凝土搅拌机类型表   表 4-14

分类	鼓筒式	锥形反转出料式	双锥形倾翻出料式
自落式			
强制式			

选择搅拌机时要根据工程量大小、混凝土的坍落度、骨料尺寸等而定。既要满足技术上的要求，又要考虑经济效果及节约能源。

搅拌机的主要工艺参数为工作容量。工作容量可以用进料容量或出料容量表示。

进料容量又称为干料容量，是指该型号搅拌机可装入的各种材料体积之总和。搅拌机每次搅拌出的混凝土的体积，称为出料容量。出料容量与进料容量之比称为出料系数。即：

$$出料系数=\frac{出料容量}{进料容量}$$

出料系数一般取 0.65。

例如，J_1-400A 型混凝土搅拌机，进料容量为 400L，出料容量为 260L，即每次可装入干料体积 400L，每次可搅拌出混凝土 260L。即 0.26m³。

3. 搅拌制度

为了拌制出均匀优质的混凝土，除合理地选择搅拌机外，还必须正确地确定搅拌制度，即一次投料量、搅拌时间和投料顺序等。

（1）一次投料量

不同类型的搅拌机都有一定的进料容量。搅拌机不宜超载过多，如自落式搅拌机超载 10%，就会使材料在搅拌筒内无充分的空间进行拌合，影响混凝土拌合物的均匀性，并且在搅拌过程中混凝土会从筒中溅出。故一次投料量宜控制在搅拌机的额定容量以下。但亦不可装料过少，否则会降低搅拌机的生产率。施工配料就是根据施工配合比以及施工现场搅拌机的型号，确定现场搅拌时原材料的一次投料量。搅拌时一次投料量要根据搅拌的出料容量来确定。

【例题 4-3】 按【例题 4-2】已知条件不变，采用 400L 混凝土搅拌机，求搅拌时的一次投料量。

【解】 400L 混凝土搅拌机每次可搅拌混凝土：

$$400×0.65=260=0.26m³$$

则搅拌时一次投料量为：

水泥： $285×0.26=74.1kg$ （取 75kg）

砂： $75×2.35=176.25kg$

石子： $75×4.51=338.25kg$

水： $75×0.63-75×2.28×0.03-75×4.47×0.01=38.77kg$

搅拌混凝土时，根据计算出的各组成材料的一次投料量，按重量投料。混凝土原材料每盘称量的偏差不得超过规范相应的规定限制。

（2）搅拌时间

从原材料全部投入搅拌筒时起到开始卸出时止所经历的时间称为搅拌时间。为获得混合均匀、强度和工作性能都有能满足要求的混凝土，所需的最短搅拌时间称最小搅拌时间。一般情况下，混凝土的匀质性是随着搅拌时间的延长而增加的，因而混凝土的强度也随着提高。但搅拌时间超过某一限度后，混凝土的匀质性便无显著的改进了，混凝土的强度也增加很少。故搅拌时间过长，不但会影响搅拌机的生产率，而且对混凝土强度的提高也无益处。甚至由于水分的蒸发和较软弱骨料颗粒经长时间的研磨破碎变细，还会引起混凝土工作性能的降低，影响混凝土的质量。混凝土搅拌的最短时间与搅拌机的类型和容量等因素有关，应符合表 4-15 的规定。该最短时间是按一般常用搅拌机的回转速度确定的，不允许用超过混凝土搅拌机说明书规定的回转速度进行搅拌以缩短搅拌延续时间。原因是当自落式搅拌机搅拌筒的转速达到某一极限时，筒内物料所受的离心力等于其重力，物料就粘在筒壁上不会落下而不能产生搅拌作用。

混凝土搅拌的最短时间　　　　　　表 4-15

混凝土坍落度 （mm）	搅拌机机型	搅拌机出料量（L）		
		≤250	250～500	>500
≤30	强制式	60	90	120
	自落式	90	120	150
>30	强制式	60	60	90
	自落式	90	90	120

注：1. 掺有外加剂时，搅拌时间应适当延长。

　　2. 全轻混凝土宜采用强制式搅拌机搅拌。轻砂混凝土可用自落式搅拌机搅拌，搅拌时间均应延长 60～90s。

　　3. 轻骨料宜在搅拌前预湿。采用强制式搅拌机搅拌的加料顺序：先加粗细骨料和水泥搅拌 60s，再加水继续搅拌。采用自落式搅拌机的加料顺序：先加 1/2 的用水量，然后加粗细骨料和水泥，均匀搅拌 60s，再加剩余用水量继续搅拌。

　　4. 当采用其他形式搅拌设备时，搅拌的最短时间应按设备说明书的规定或经试验确定。

（3）投料顺序

按照原材料加入搅拌筒内的投料顺序的不同，常用的有一次投料法和两次投料法等。

一次投料法是将砂、石、水泥装入料斗，一次投入搅拌机内，同时加水进行搅拌。为了减少水泥的飞扬和粘罐现象，对自落式搅拌机，常采用的投料顺序是：先倒砂子（或石子），再倒水泥，然后倒入石子（或砂子），将水泥夹在砂、石之间，最后加水搅拌。

二次投料法又分为预拌水泥砂浆法和预拌水泥净浆法。预拌水泥砂浆法是先将水泥、砂和水加入搅拌筒内进行搅拌，成为均匀的水泥砂浆后，再加入石子搅拌成均匀的混凝土。预拌水泥净浆法是先将水泥和水充分搅拌成均匀的水泥净浆后，再加入砂和石子搅拌成混凝土。试验表明，二次投料法的混凝土与一次投料法相比，混凝土强度可提高约 15%。在强度相同的情况下，要节约水泥约 15%～20%。

4.3.2　混凝土的运输

1. 对混凝土运输的要求

混凝土由拌制地点运往浇筑地点有多种运输方法。选用时应根据建筑物的结构特点，混凝土的总运输量与每日所需的运输量，水平及垂直运输的距离，现有设备的情况以及气候，地形与道路条件等因素综合考虑。不论采用何种运输方式，都应满足下列要求：

（1）在运输过程中应保持混凝土的均匀性，避免产生分离、泌水、砂浆流失、流动性减小等现象。混凝土运至浇筑地点，应符合浇筑时规定的坍落度（表 4-16）。当有离析现象时，必须在浇筑前进行二次搅拌。

混凝土浇筑时的坍落度（mm）	表 4-16

结构种类	坍落度
基础或地面等的垫层、无配筋的大体积结构(挡土墙、基础等)或配筋稀疏的结构	10～30
板、梁和大型及中型截面的柱子等	30～50
配筋密列的结构(薄壁、斗仓、筒仓、细柱等)	50～70
配筋特密结构	70～90

注：1. 本表系采用机械振捣混凝土时的坍落度，当采用人工捣实混凝土时其值可适当增大；

2. 当需要配制大坍落度混凝土时，应掺用外加剂；

3. 曲面或斜面结构混凝土的坍落度应根据实际需要另行选定；

4. 轻骨料混凝土的坍落度，宜比表中数值减少 10～20mm。

（2）混凝土应以最少的转运次数和最短的时间，从搅拌地点运至浇筑地点，使混凝土在初凝前浇筑完毕。

（3）混凝土的运输应保证混凝土的灌筑量。对于采用滑升模板施工的工程和不允许留施工缝的大体积混凝土的浇筑，混凝土的运输必须保证其浇筑工作能连续进行。

2. 混凝土的运输方法

混凝土运输分为地面运输、垂直运输和楼地面运输三种情况。

混凝土地面运输如果采用预拌（商品）混凝土，运输距离较远时，多采用自卸汽车或混凝土搅拌运输车。混凝土如来自工地搅拌站，则多用载重 1t 的小型机动翻斗车，近距离亦用双轮手推车，有时也用皮带运输机。

混凝土垂直运输，多采用塔式起重机、混凝土泵、快速提升斗和井架等。用塔式起重机时，混凝土多放在吊斗中，这样可直接浇筑。

混凝土楼面运输，一般以双轮手推车为主。也可用小型机动翻斗车，如用混凝土泵，则用布料杆布料。

常用的双轮手推车容积为 0.07～0.1m³，载重约 200kg。当用于楼面水平运输时，由于已立好模板，扎好钢筋，因此需铺设手推车行走的跳板。跳板应用木制或钢制马凳架空，以免压弯钢筋，跳板的布置应与混凝土浇筑的方向相配合，应使小车尽可能达到楼面各点，一面浇筑，一面拆迁，直到整个楼面混凝土浇完为止。

混凝土搅拌运输车是长距离运输混凝土的工具（图 4-29）。混凝土搅拌运输车是在载重汽车或专用运输底盘上安装混凝土搅拌筒的组合机械，兼有载送和搅拌混凝土的双重功能，可以在运送混凝土的同时对其进行搅拌或扰动，从而保证了所运送的混凝土的均匀性，并可适当地延长运距（或运输时间），在运输过程中慢速转动进行拌合。运至浇筑地点后，搅拌筒反转即可卸出混凝土。

干料运输和半干料运输主要应用于运输距离长、浇筑作业面分散的工程，以免由于运输时间过长而对混凝土质量产生不利的影响。

塔式起重机既能完成混凝土的垂直运输，又能完成一定的水平运输，在其工作幅度内，能直接将混凝土从装料地点吊升到浇筑地点送入模板内，中

129

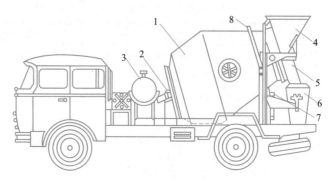

图 4-29 混凝土搅拌输送车外形示意图

1—搅拌筒；2—轴承座；3—水箱；4—进料斗；5—卸料槽；

6—引料槽；7—托轮；8—轮圈

间不需转运，在现浇混凝土工程施工中应用广泛。用塔式起重机运输混凝土时，应配以混凝土浇灌料斗（图 4-30）联合使用。浇灌料斗的形式多样，按其形状分有圆形、圆弧形和方形；按装料时的工作方式分有立式和卧式。确定料斗容量大小时，应考虑到机动翻斗车或混凝土搅拌运输车的容量、混凝土的浇筑速度等因素，结合目前施工现场常用混凝土搅拌机的容量和塔式起重机的起重能力（最大幅度时的起重量）等，常配有容量为 0.4、0.8、1.2、$1.6m^3$ 四种料斗。要求斗门的开关必须灵活方便，斗门敞开的大小可自由调节，以便控制混凝土的出料数量。

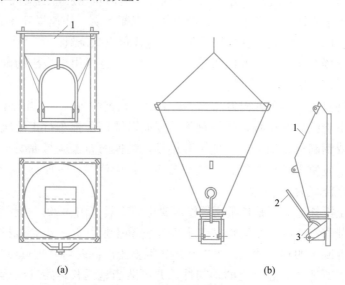

图 4-30 混凝土浇灌料斗

（a）立式料斗；（b）卧式料斗

1—入料口；2—手柄；3—卸料口的扇形口

采用井架作垂直运输时，常把混凝土装在双轮手推车内推送到井架升降平台上（每次可装 2~4 台手推车），提升到楼层上，再将手推车沿铺在楼面上的跳板推到浇筑地点。

3. 混凝土泵运输

混凝土泵是在压力推动下沿管道输送混凝土的一种设备。它能一次连续完成混凝土的水平运输和垂直运输，配以布料杆还可以进行混凝土的浇筑。它具有工效高、劳动强度低、施工现场文明等特点，是发展较快的一种混凝土运输方法。

（1）泵送混凝土的主要设备

混凝土泵按其机动性，可分为固定式泵、装有行走轮胎可牵引转移的混凝土泵（拖式混凝土泵）和装在载重汽车底盘上的汽车式混凝土泵。目前一般采用液压柱塞式混凝土泵。

混凝土输送管是混凝土泵送设备的重要组成部分。管道配置与敷设是否合理，直接影响到泵送效率，有时甚至影响泵送作业的顺利完成。泵送混凝土的输送管道由耐磨锰钢无缝钢管制成，包括直管、弯管、接头管及锥形管（过渡管）等各种管件，有时在输送管末端配有软管，以利于混凝土浇筑和布料。

混凝土布料杆是完成输送、布料、摊铺混凝土入模的最佳机具。它具有能使劳动消耗量减少、生产效率提高、劳动强度降低和浇筑施工速度加快等特点。

混凝土布料杆可分为汽车式布料杆（混凝土泵车布料杆）和独立式布料杆两种。

① 汽车式布料杆是把混凝土泵和布料杆都装在一台汽车的底盘上（图4-31）。工作特点是转移灵活，工作时不需另铺管道。

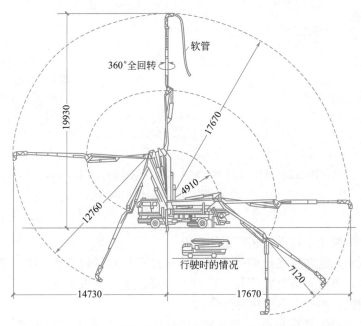

图 4-31　三折叠式布料杆泵车浇筑范围示意图（单位：mm）

② 独立式布料杆种类较多。大致分为移置式布料杆、管柱式布料杆或塔

架式布料杆，以及附装在塔式起重机上的布料杆。目前在高层建筑施工中应用较多的是移置式布料杆，其次是管柱式布料杆。

移置式布料杆是一种两节式布料杆，由底架支腿、转台、平衡臂、平衡重、臂架、水平管、变管等组成（图4-32）。

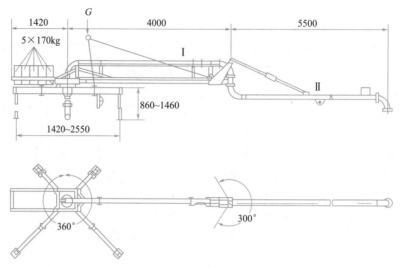

图 4-32　移置式布料杆（单位：mm）

管柱式布料杆是由多节钢管组成的立柱、三节式臂架、泵管、转台、回转机构、操作平台、爬梯、底座等构成（图4-33）。

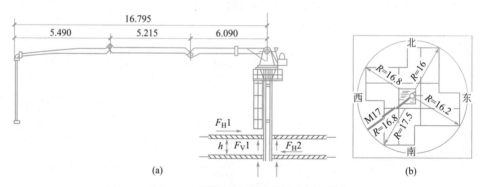

图 4-33　M17-125 型管柱式布料杆示意图（单位：m）

(a) 布料杆示意图；(b) 布料杆工作范围图

F_H—水平反力；F_V—垂直反力；h—楼层高度

（2）混凝土泵送设备和管道的布置

混凝土泵的布置场地应平整坚实，道路通畅，供料方便，其位置应靠近浇筑地点，方便布管，接近排水设施，保证供水、供电方便。在混凝土泵的作业范围内，不得有高压线等障碍物。

混凝土输送管应根据工程和施工场地特点、混凝土浇筑方案进行布置。管线长度宜短，少用弯管和软管，以减少压力损失。输送管的铺设应保证安全施工，便于清洗管道、排除故障和装拆维修。在同一条管线中，应采用相同管径的混凝土输送管。

在垂直向上配管时，为防止管中混凝土在重力作用下产生反流现象，应在混凝土泵和垂直管之间设置一段地面水平管，其长度不小于垂直管长度的1/4，且不宜小于15m，或遵守产品说明书的规定。在泵机Y形管出料口3～6m处的输送管根部尚应设置截止阀。

向地下泵送混凝土时，混凝土在重力作用下向下移动，容易产生离析，堵塞管道。所以，泵送施工地下结构物时，地上水平管轴线应与Y形管出料口轴线垂直。在倾斜向下配管时，应在斜管上端设排气阀，当高差大于20m时，应在斜管下端设5倍高差长度的水平管；如条件限制，可增加弯管或环形管，满足5倍高差长度的要求。

（3）泵送混凝土对原材料及配合比的要求

混凝土能否在输送管内顺利流通，是泵送工作能否顺利进行的关键，故混凝土必须具有良好的被输送性能。混凝土在输送管道中的流动能力称为可泵性。可泵性好的混凝土与管壁的摩擦阻力小，在泵送过程中不会产生离析现象，混凝土的性能不会发生改变。为使混凝土拌合物能在泵送过程中不产生离析和堵塞，具有足够的匀质性和胶结能力以及良好的可泵性，在选择泵送混凝土的原材料和配合比时，应尽量满足下列要求：

① 粗骨料的选择：当水灰比一定时，宜优先选用卵石。所选用的粗骨料的最大粒径 d_{max} 与输送管内径 D 之间应符合以下要求：

对于碎石宜为：$D \geqslant 3d_{max}$；

对于卵石宜为：$D \geqslant 2.5d_{max}$。

如用轻骨料，则用吸水率小者为宜，并用水预湿，以免在压力作用下强烈吸水，使坍落度降低，而在管道中形成堵塞。

② 砂宜用中砂。通过0.315mm筛孔的砂应不小于15%。砂率宜控制在40%～50%。如粗骨料为轻骨料时，还可适当提高。

③ 水泥用量不宜过小，否则混凝土容易产生离析。最少水泥用量视输送管径和泵送距离而定，一般混凝土中的水泥用量不宜少于300kg/m³。

④ 混凝土坍落度是影响混凝土与输送管壁间摩阻力大小的主要因素，较低的坍落度不但会增大输送阻力，造成混凝土泵送困难，而且混凝土不容易被吸入泵内，影响泵送效率；过大的坍落度在输送过程中容易造成离析，同时影响浇筑后混凝土的质量。泵送混凝土适宜的坍落度为8～18cm。泵送高度大时还可以加大。

⑤ 水灰比的大小对混凝土的流动阻力有较大的影响，泵送混凝土的水灰比宜为0.5～0.6。

⑥ 在混凝土中掺外加剂，可以显著提高混凝土的流动性，减少输送阻力，防止混凝土离析，延缓混凝土凝结时间。适于泵送混凝土使用的外加剂有减水剂和加气剂。

4. 泵送混凝土施工

（1）在编制施工组织设计和绘制施工总平面图时，应妥善选定混凝土泵或布料杆的合适位置。当与混凝土搅拌运输车配套使用时，要使混凝土搅拌运输车便于进出施工现场，便于就位向混凝土泵喂料，能满足铺设混凝土输送管道的各项具体要求，在整个施工过程中，尽可能减少迁移次数；混凝土泵机的基础应坚实可靠，无坍塌，不得有不均匀沉降，就位后应固定牢靠。

（2）混凝土泵的输送能力应满足施工速度的要求。混凝土的供应必须保证输送混凝土的泵能连续工作，故混凝土搅拌站的供应能力至少应比混凝土泵的工作能力高约 20％。

（3）输送管道的布置原则是尽量使输送距离最短，故输送管线宜直，转弯宜缓，接头应严密。如管道向下倾斜，应防止混入空气，产生阻塞。由于拆管工作方便迅速，故水平输送混凝土时，应尽量先输送最远处的混凝土，使管道随着混凝土浇筑工作的逐步完成而由长变短。垂直输送混凝土时，应先经一般水平管输送后才可向上输送。在垂直管道的底部，应设置混凝土止推基座，避免混凝土泵的冲击力传递到管道上。另外，底部还需装设一个截止阀，防止停泵时混凝土倒流。

（4）泵送混凝土前，应先泵送清水清洗管道。再按规定程序试泵，待运转正常后再交付使用。启动泵机的程序是：启动料斗搅拌叶片→将润滑浆（水泥素浆）注入料斗→打开截止阀→开动混凝土泵→将润滑浆泵入输送管道→往料斗内装入混凝土并进行泵送。每浆泵送完毕时，必须认真做好机械清洗和管道冲洗工作。

（5）在泵送作业过程中，要经常注意检查料斗的充盈情况，不允许出现完全泵空的现象，以免空气进入泵内，防止活塞出现干磨现象。要注意检查水箱中的水位，检查液压系统的密封性，拧紧有泄露的接头。发现有骨料卡住料斗中的搅拌器或有堵塞现象时（泵机停止工作，液压系统压力达到安全极限），应立即进行短时间的反泵。若反泵不能消除堵塞时，应立即停泵，查找堵塞部位并加以排除。

4.3.3　混凝土的浇筑与捣实

混凝土的浇筑工作包括布料摊平、捣实、抹平修整等工序。浇筑工作的好坏对于混凝土的密实性与耐久性，结构的整体性及构件外形的正确性，都有决定性的影响，因此是混凝土工程施工中保证工程质量的关键性工作。

1. 混凝土浇筑的一般规定

在混凝土浇筑前，应检查模板的标高、位置、尺寸、强度和刚度是否符合要求，接缝是否严密；检查钢筋和预埋件的位置、数量和保护层厚度等，并将检查结果填入隐蔽工程记录表中；清除模板内的杂物和钢筋上的油污；对模板的缝隙和孔洞应予堵严，对木模板应浇水湿润，但不得有积水。

在地基或基土上浇筑混凝土时，应清除淤泥和杂物，并应有排水和防水措施。对干燥的非黏性土，应用水湿润；对未风化的岩石，应用水清洗，但其表面不得留有积水。

在降雨雪时，不宜露天浇筑混凝土。当需浇筑时，应采取有效措施，确保混凝土质量。

混凝土的浇筑，应由低处往高处分层浇筑。每层的厚度应根据捣实的方法、结构的配筋情况等因素确定，且不应超过表 4-17 的规定。

混凝土浇筑层厚度（mm）   表 4-17

捣实混凝土的方法		浇筑层的厚度
插入式振捣		振捣器作用部分长度的 1.25 倍
表面振动		200
人工捣固	在基础、无筋混凝土或配筋稀疏的结构中	250
	在梁、墙板、柱结构中	200
	在配筋密列的结构中	150
轻骨料混凝土	插入式振捣	300
	表面振动（振动时需加荷）	200

在浇筑竖向结构混凝土前，应先在底部填以 50～100mm 厚与混凝土内砂浆成分相同的水泥砂浆；浇筑中不得发生离析现象；当浇筑高度超过 3m 时，应采用串筒、溜管或振动管使混凝土下落。

在一般情况下，梁和板的混凝土应同时浇筑。较大尺寸的梁（梁的高度大于 1m）、拱和类似的结构，可单独浇筑。在浇筑与柱和墙连成整体的梁和板时，应在柱和墙浇筑完毕后停歇 1～1.5h，使混凝土拌合物初步沉实后，再继续浇筑上面的梁板结构的混凝土。

在混凝土浇筑过程中，应经常观察模板、支架、钢筋、预埋件和预留孔洞的情况，当发现有变形、移位时，应及时采取措施进行处理。

混凝土浇筑后，必须保证混凝土均匀密实，充满模板整个空间；新、旧混凝土结合良好；拆模后，混凝土表面平整光洁。

为保证混凝土的整体性，浇筑混凝土应连续进行。当必须间歇时，其间歇时间宜缩短，并应在前层混凝土凝结之前将次层混凝土浇筑完毕。间歇的最长时间与所用的水泥品种、混凝土的凝结条件以及是否掺用促凝或缓凝型外加剂等因素有关。混凝土连续浇筑的允许间歇时间则应由混凝土的凝结时间而定。混凝土运输、浇筑及间歇的全部时间不得超过表 4-18 的规定，否则应留设施工缝。

混凝土运输、浇筑和间歇的允许时间（min）   表 4-18

混凝土强度等级	气温	
	不高于 25℃	高于 25℃
不高于 C30	210	180
高于 C30	180	150

注：当混凝土中掺有促凝或缓凝型外加剂时，其允许时间应根据试验结果确定。

2. 施工缝的留置

如果由于技术上的原因或设备、人力的限制，混凝土的浇筑不能连续进

135

行，中间的间歇时间需超过混凝土的初凝时间，则应留置施工缝。施工缝的留设位置应事先确定。该处新旧混凝土的结合力较差，是结构中的薄弱环节，因此，施工缝宜留置在结构受剪力较小且便于施工的部位。施工缝的留设位置应符合下列规定：

柱的施工缝宜留置在基础的顶面、梁和吊车梁牛腿的下面、吊车梁的上面、无梁楼板柱帽的下面（图 4-34）。

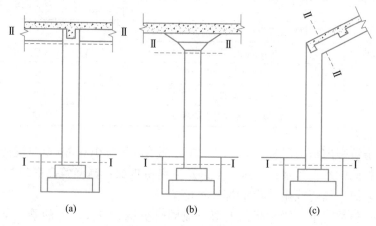

图 4-34　柱子施工缝位置

与板连成整体的大截面梁，施工缝应留置在板底面以下 20～30mm 处。当板下有梁托时，施工缝应留置在梁托下部。

单向板的施工缝可留置在平行于板的短边的任何位置。

有主次梁的楼板宜顺着次梁方向浇筑，施工缝应留置在次梁跨度的中间 1/3 范围内（图 4-35）。

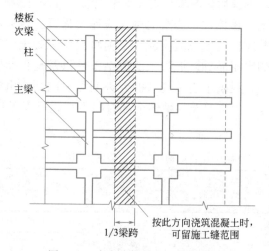

图 4-35　有主次梁楼板施工缝留置

墙的施工缝留置在门洞口过梁跨中 1/3 范围内，也可留在纵横墙的交接处。

双向受力板、大体积混凝土结构、拱、穿拱、薄壳、蓄水池、斗仓、多层刚架及其他结构复杂的工程，施工缝的位置应按设计要求留置。

施工缝所形成的截面应与结构所产生的轴向压力相垂直，以发挥混凝土传递压力好的特性。所以，柱、梁的施工缝截面应垂直于结构的轴线，板、墙的施工缝应与板面、墙面垂直、不得留斜槎。

在施工缝处继续浇筑混凝土时，为避免使已浇筑的混凝土受到外力振动而破坏其内部已形成的凝结结晶结构，必须待已浇筑混凝土的抗压强度不小于 $1.2N/mm^2$ 时才可进行。

继续浇筑前，在已硬化的混凝土表面上，应清除水泥薄膜和松动石子以及软弱混凝土层，并充分湿润和冲洗干净，且不得有积水，先在施工缝处铺一层水泥浆或与混凝土内成分相同的水泥砂浆，即可继续浇筑混凝土。混凝土应细致捣实，使新旧混凝土紧密结合。

3. 混凝土的捣实

混凝土的捣实就是使入模的混凝土完成成型与密实的过程，从而保证混凝土结构构件外形正确，表面平整，混凝土的强度和其他性能符合设计的要求。

混凝土浇筑入模后应立即进行充分的振捣，使新入模的混凝土充满模板的每一角落，排出气泡，使混凝土拌合物获得最大的密实度和均匀性。

混凝土的振捣分为人工振捣和机械振捣：

人工振捣是利用捣棍或插钎等用人力对混凝土进行夯、插，使之密实成型。只有在采用塑性混凝土，而且缺少机械或工程量不大时才采用人工捣实。人工捣实的劳动强度大，而且混凝土的密实性较差。因此，必须特别注意分层浇筑，并增加捣插次数，插匀、插全。重点捣好主钢筋的下面、钢筋密集处、粗骨料多的地点、模板的阴角处、钢筋与模板间等部位。

采用机械捣实混凝土，早期强度高，可以加快模板的周转，提高生产率，并能获得高质量的混凝土，应尽可能采用。

振动捣实机械按其工作方式不同可分为内部振动器、表面振动器、外部振动器等几种。

内部振动器又称插入式振动器，是施工现场使用最多的一种，适用于基础、柱、梁、墙等深度或厚度较大的结构构件的混凝土捣实。

根据振动棒激振原理的不同，插入式振动器分为偏心轴式和行星滚锥式（简称行星式）两种（图4-36）。

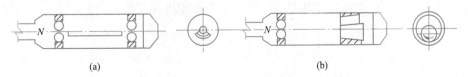

(a)　　　　　　　　　　　　(b)

图 4-36　振动棒的激振原理示意图

(a) 偏心轴式；(b) 行星滚锥式

偏心轴式内部振动器，是利用安装在振动棒中心具有偏心质量的轴，将在作高速旋转时所产生的离心力，通过轴承传递给振动棒壳体，使振动棒产生圆振动。目前，为提高效率，要求振动器的振动频率达 10000 次/min 以上。偏心轴式内部振动器靠齿轮加速，则软轴和轴承的寿命将显著降低，因此已逐渐被行星滚锥式内部振动器所取代。

行星滚锥式内部振动器，是利用振动棒中一端空悬的转轴，在它旋转时，除自转外还使其下垂端的圆锥部分沿棒壳内的圆锥面作公转滚动，从而形成滚锥体的行星运动而驱动棒体产生圆振动。转轴滚锥沿滚道每公转一周，振动棒壳体即可产生一次振动（图 4-37）。

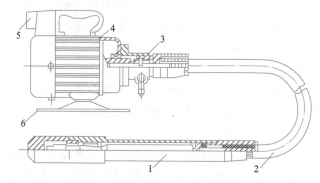

图 4-37　电动软轴行星式内部振动器

1—振动棒；2—软轴；3—防逆装置；4—电动机；5—电器开关；6—支座

使用插入式振动器时，要使振动棒垂直插入混凝土中。为使上下层混凝土结合成整体，振动棒插入下层混凝土的深度不应小于 5cm。振动棒插点间距要均匀排列，以免漏振。振实普通混凝土的移动间距，不宜大于振捣器作用半径的 1.5 倍；捣实轻骨料混凝土的移动间距，不宜大于其作用半径；振捣器与模板的距离，不应大于其作用半径的 1/2，并避免碰撞钢筋、模板、芯管、吊环、预埋件等。各插点的布置方式有行列式与交错式两种（图 4-38）。振动棒在各插点的振动时间应视混凝土表面呈水平不显著下沉，不再出现气泡，表面泛出水泥浆为止。

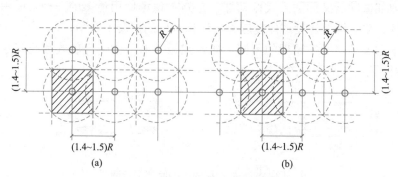

图 4-38　内部振捣器混凝土布置方式

（a）行列式；（b）交错式

表面振动器又称平板振动器，是由带偏心块的电动机和平板组成。平板振动器是放在混凝土表面进行振捣，适用于振捣楼板、地面、板形构件和薄壳等薄壁构件。当采用表面振动器时，要求振动器的平板与混凝土保持接触，其移动间距应保证振动器的平板能覆盖已振实部分的边缘，以保证衔接处混凝土的密实性。

外部振动器又称附着式振动器，它是直接固定在模板上，利用带偏心块的振动器产生的振动力，通过模板传递给混凝土，达到振实的目的。适用于振捣断面较小或钢筋较密的柱、梁、墙等构件。附着式振动器的振动效果与模板的重量、刚度、面积及混凝土构件的厚度有关。当采用附着式振动器时，其设置间距应通过试验确定。

4.3.4 混凝土的养护

混凝土的养护方法很多，常用的是对混凝土试块的标准条件下的养护，对预制构件的热养护，对一般现浇混凝土结构的自然养护。

4.3.5 混凝土的质量检查

1. 混凝土在拌制、浇筑和养护过程中的质量检查

（1）首次使用的混凝土配合比应进行开盘鉴定，其工作性能应满足设计要求。开始时应至少留置一组标准养护试件作强度试验，以验证配合比；

（2）混凝土组成材料的用量，每工作班至少抽查两次，要求每盘称量偏差符合要求；

（3）每工作班混凝土拌制前，应测定砂、石含水率，并根据测试结果调整材料用量，提出施工配合比；

（4）混凝土的搅拌时间，应随时检查；

（5）在施工过程中，还应对混凝土运输浇筑及间歇的全部时间、施工缝和后浇带的位置、养护制度进行检查。

2. 混凝土强度检查

为了检查混凝土强度等级是否达到设计要求，或混凝土是否已达到拆模、起吊强度及预应力构件混凝土是否达到张拉、放张预应力筋时所规定的强度，应制作试块，做抗压强度试验。

3. 现浇混凝土结构的外观检查

（1）外观质量的一般规定。现浇结构的外观质量缺陷，应由监理（建设）单位、施工单位等各方根据其对结构性能和施工性能影响的严重程度，按表4-19确定。

（2）外观质量。现浇结构的外观质量不应有严重缺陷。对已出现的严重缺陷，应由施工单位提出技术处理方案，并经监理（建设）单位认可后进行处理。对经处理的部位，应重新检查验收。

现浇结构的外观质量不宜有一般缺陷。对已出现的一般缺陷，应由施工单位按技术处理方案进行处理，并重新检查验收。

现浇结构外观的主要质量缺陷 表4-19

名称	现象	严重缺陷	一般缺陷
露筋	构件内钢筋未被混凝土包裹而外露	纵向受力钢筋有露筋	其他钢筋有少量露筋
蜂窝	混凝土表面缺少水泥砂浆，石子外露	构件主要受力部位有蜂窝	其他部位有少量蜂窝
孔洞	混凝土中孔穴深度和长度均超过保护层厚度	构件主要受力部位有孔洞	其他部位有少量孔洞
夹渣	混凝土中夹有杂物且深度超过保护层厚度	构件主要受力部位有夹渣	其他部位有少量夹渣
疏松	混凝土中局部不密实	构件主要受力部位有疏松	其他部位有少量疏松
裂缝	缝隙从混凝土表面延伸至内部	构件主要受力部位有影响结构性能或使用功能的裂缝	其他部位有少量不影响结构性能或使用功能的裂缝
连接部位缺陷	构件连接处混凝土缺陷及连接钢筋、连接件松动	连接部位有影响结构传力性能的缺陷	连接部位有基本不影响结构传力性能的缺陷
外形缺陷	缺棱掉角、棱角不直、翘曲不平、飞边凸肋等	清水混凝土构件有影响使用功能或装饰效果的外形缺陷	其他混凝土构件有不影响使用功能的外形缺陷
外表缺陷	构件表面麻面、掉皮、起砂、沾污等	具有重要装饰效果的清水混凝土构件有外表缺陷	其他混凝土构件有不影响使用功能的外表缺陷

（3）尺寸偏差。现浇结构不应有影响结构性能和使用功能的尺寸偏差。混凝土设备基础不应有影响结构性能和设备安装的尺寸偏差。

对超过尺寸允许偏差且影响结构性能和安装、使用功能的部位，应由施工单位提出技术处理方案，并经监理（建设）单位认可后进行处理。对经处理的部位，应重新检查验收。

现浇结构拆模后的尺寸偏差应符合表4-20的规定。

现浇结构尺寸允许偏差和检验方法 表4-20

项目		允许偏差（mm）	检验方法
轴线位置	基础	15	钢尺检查
	独立基础	10	
	墙、柱、梁	8	
	剪力墙	5	
垂直度	层高 ≤5m	8	经纬仪或吊线、钢尺检查
	层高 >5m	10	经纬仪或吊线、钢尺检查
	全高（H）	$H/1000$ 且≤30	经纬仪、钢尺检查

项目		允许偏差（mm）	检验方法
标高	层高	±10	水准仪或拉线、钢尺检查
	全高（H）	±30	
截面尺寸		+8，−5	钢尺检查
表面平整度		8	2m靠尺和塞尺检查
预留洞中心线位置		15	钢尺检查

注：检查轴线、中心线位置时，应沿纵、横两个方向量测，并取其中的较大值。

混凝土设备基础拆模后的尺寸偏差应符合表 4-21 的规定。

混凝土设备基础尺寸允许偏差和检验方法 　　　　表 4-21

项目		允许偏差（mm）	检验方法
坐标位置		20	钢尺检查
不同平面的标高		0，−20	水准仪或拉线、钢尺检查
平面外形尺寸		±20	钢尺检查
凸台上平面外形尺寸		0，−20	钢尺检查
凹穴尺寸		+20，0	钢尺检查
平面水平度	每米	5	水平尺、塞尺检查
	全长	10	水准仪或拉线、钢尺检查
垂直度	每米	5	经纬仪或吊线、钢尺检查
	全高	10	经纬仪或吊线、钢尺检查
预埋地脚螺栓	标高（顶部）	+20，0	水准仪或拉线、钢尺检查
	中心距	+2	钢尺检查
预埋地脚螺栓孔	中心线位置	10	钢尺检查
	深度	+20，0	钢尺检查
	孔垂直度	10	吊线、钢尺检查
预埋活动地脚螺栓锚板	标高	+20，0	水准仪或拉线、钢尺检查
	中心线位置	5	钢尺检查
	带槽锚板平整度	5	钢尺、塞尺检查
	带螺纹孔锚板平整度	2	钢尺、塞尺检查

注：检查坐标、中心线位置时，应沿纵、横两个方向量测，并取其中的较大值。

（4）现浇结构常见外观质量缺陷原因与修理方法有如下几种：

1）露筋。露筋是指混凝土内部主筋、副筋或箍筋局部裸露在结构构件表面，产生露筋的原因是：钢筋保护层垫块过少或漏放，或振捣时产生位移，致使钢筋紧贴模板；结构构件截面小，钢筋过密，石子卡在钢筋上，使水泥浆不能充满钢筋周围，混凝土配合比不当，产生离析，靠模板部位缺浆或漏浆；混凝土保护层太小或保护层处混凝土漏振或振捣不实；木模板未浇水润

141

湿，吸水黏结或拆模过早，以致缺棱、掉角，导致露筋。修整时，对表面露筋，应先将外露钢筋上的混凝土残渣及铁锈刷洗干净后，在表面抹 1∶2 或 1∶2.5 的水泥砂浆，将露筋部位抹平；当露筋较深时，应凿去薄弱混凝土和凸出的颗粒，洗刷干净后，用比原混凝土强度等级高一级的细石混凝土填塞压实，并加强养护。

2) 蜂窝。蜂窝是指结构构件表面混凝土由于砂浆少，石子多，局部出现酥松，石子之间出现孔隙类似蜂窝状的孔洞，造成蜂窝的主要原因是：材料计量不准确，造成混凝土配合比不当；混凝土搅拌时间不够，未拌合均匀，和易性差，振捣不密实或漏振，或振捣时间不够；下料不当或下料过高，未设串筒使石子集中，使混凝土产生离析等。如混凝土出现小蜂窝，可用水洗刷干净后，用 1∶2 或 1∶2.5 的水泥砂浆抹平压实；对于较大的蜂窝，应凿去蜂窝处薄弱松散的颗粒，刷洗干净后，再用比原混凝土强度等级提高一级的细骨料混凝土填塞，并仔细捣实；较深的蜂窝，如清除困难，可埋压浆管、排气管，表面抹砂浆或灌筑混凝土封闭后，进行水泥压浆处理。

3) 孔洞。孔洞是指混凝土结构内部有尺寸较大的空隙，局部没有混凝土或蜂窝特别大，钢筋局部或全部裸露。产生孔洞的原因是：混凝土严重离析，砂浆分离，石子成堆，严重跑浆，又未进行振捣，混凝土一次下料过多、过厚、下料过高，振动器振动不到，形成松散孔洞；在钢筋较密的部位，混凝土下料受阻，或混凝土内掉入工具、木块、泥块、冰块等杂物，混凝土被卡住。混凝土若出现孔洞，应与有关单位共同研究，制定补强方案后方可处理，一般修补方法是将孔洞周围的松散混凝土和软弱浆膜凿除，用压力水冲洗，充分润湿后用比原混凝土强度等级提高一级的细石混凝土仔细浇灌、捣实。为避免新旧混凝土接触面上出现收缩裂缝，细石混凝土的水灰比宜控制在 0.5 以内，并可掺入水泥用量的万分之一的铝粉。

4) 裂缝。结构构件在施工过程中由于各种原因在结构构件上产生纵向的、横向的、斜向的、竖向的、水平的、表面的、深进的或贯穿的各类裂缝。裂缝的深度、部位和走向随产生的原因而异，裂缝宽度、深度和长度不一，无规律性，有的受温度、湿度变化的影响闭合或扩大。裂缝的修补方法，按具体情况而定，对于结构承载力无影响的一般性细小裂缝，可将裂缝部位清洗干净后，用环氧浆液灌缝或表面涂刷封闭；如裂缝开裂较大时，应沿裂缝凿八字形凹槽，洗净后用 1∶2 或 1∶2.5 的水泥砂浆抹补，或干后用环氧胶泥嵌补；由于温度、干燥收缩、徐变等结构变形变化引起的裂缝，对结构承载力影响不大，可视情况采用环氧胶泥或防腐蚀涂料涂刷裂缝部位，或加贴玻璃丝布进行表面封闭处理；对有结构整体、防水防渗要求的结构裂缝，应根据裂缝宽度、深度等情况，采用水泥压力灌浆或化学注浆的方法进行裂缝修补，或表面封闭与注浆同时使用；严重裂缝将明显降低结构刚度，应根据情况采用预应力加固或用钢筋混凝土围套、钢套箍或结构胶粘剂贴钢板加固等方法处理。

4.4 特殊条件下的混凝土施工

4.4.1 大体积混凝土施工工艺

土木工程大体积混凝土的特点：结构厚实，混凝土量大，工程条件复杂，钢筋分布集中，管道与埋设件较多，整体性要求高，一般都要求连续浇筑，不留施工缝，水泥水化热使结构产生温度和收缩变形，应采取相应的措施，尽可能减少温度变形引起的开裂，因此，大体积混凝土经常出现的问题不是力学上的结构强度，而是控制混凝土温度变形裂缝，从而提高混凝土的抗渗、抗裂、抗侵蚀性能，以提高建筑结构的耐久年限。

1. 大体积混凝土的温度裂缝

大体积混凝土的温度裂缝分为两种：表面裂缝和贯穿裂缝。

混凝土随着温度的变化而发生膨胀或收缩，称为温度变形。对大体积混凝土施工阶段来说，裂缝是由于温度变形而引起的，在混凝土浇筑初期，水泥产生大量的水化热，使混凝土的温度很快上升。而大体积混凝土结构物一般断面较厚，且表面散热条件好，热量可向大气中散发；而混凝土内部由于散热条件较差，水化热聚集在内部不易散失，因此产生内外温度差，形成内约束。结果在混凝土内部产生压应力，面层产生拉应力。当拉应力超过混凝土该龄期的抗拉强度时，混凝土表面就产生裂缝。工程实践表明，混凝土内部的最高温度多数发生在混凝土浇筑后的最初 3～5d。大体积混凝土常见的裂缝大多数是发生在早期的不同深度的表面裂缝。

混凝土浇筑数日后，水泥水化热基本释放，混凝土从最高温度逐渐降温。降温的结果引起混凝土的收缩，同时由于混凝土中多余水分的蒸发等引起的混凝土体积收缩变形，受到地基和结构边界条件的约束不能自由变形，而导致产生较大的外部约束拉应力。当该温度应力超过混凝土该龄期的抗拉强度时，则从约束面开始向上开裂成收缩裂缝。据有关资料介绍，由外约束应力产生的裂缝常为垂直裂缝，且发生在结构断面的中点，并靠近基岩，说明水平拉应力是引起这种裂缝的主要应力。若水平拉应力过大，严重时可能导致混凝土结构产生贯穿裂缝，破坏了结构的整体性、耐久性和防水性，影响正常使用。为此，应尽一切可能杜绝贯穿裂缝的发生。

2. 防止大体积混凝土裂缝的技术措施

（1）合理选择混凝土的配合比

尽量选用水化热低的水泥（如矿渣水泥、火山灰水泥等），并在满足设计强度要求的前提下，尽可能减少水泥的用量，以减少水泥的水化热。

（2）骨料

混凝土中粗细骨料级配的好坏，对节约水泥和保证混凝土具有良好的和易性关系很大。粗骨料采用碎石和卵石均可，应采用连续级配或合理的掺配比例。其最大粒径不得大于钢筋最小净距的 3/4。细骨料宜选用中砂或粗砂。

143

对砂、石料的含泥量必须严格控制不超过规定值。否则会增加混凝土的收缩，引起混凝土抗拉强度降低，对混凝土的抗裂不利，因此，石子的含泥量不得超过 1%，砂子的含泥量不得超过 3%。

（3）外加剂的应用

在混凝土中掺入外加剂或外掺料，可以减少水泥用量，降低混凝土的温升，改善混凝土的和易性和坍落度，满足可泵性的要求。常用的外加剂有木质素磺酸钙，它属于阴离子表面活性剂，对水泥颗粒有明显的分散效应，并能使水的表面张力降低而引起加气作用。在泵送混凝土中掺入水量 0.2% ～ 0.3%的外加剂，不仅使混凝土的和易性有明显的改善，同时可减少 10%的拌合水，节约 10%左右的水泥，从而降低了水化热。在混凝土中掺入少量磨细的粉煤灰（粉煤灰的掺量一般以 15% ～ 25%为宜），可以减少水泥的用量；并可改善混凝土的和易性，对降低混凝土的水化热有良好的作用，同时，还有明显的经济效益。

如在混凝土中掺入适量的微膨胀剂或膨胀水泥，可使混凝土得到补偿收缩，减少混凝土的温度应力。

（4）大体积混凝土的浇筑

应根据整体连续浇筑的要求，结合结构尺寸的大小、钢筋疏密、混凝土供应条件等具体的情况，合理分段分层进行，常选用以下三种方案（图 4-39）。

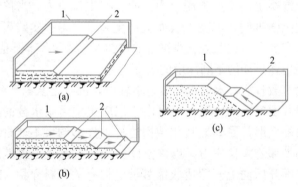

图 4-39　大体积混凝土浇筑方案
(a) 全面分层；(b) 分段分层；(c) 斜面分层
1—模板；2—新浇筑的混凝土

① 全面分层。图 4-39 (a) 为全面分层浇筑方案。在整个模板内，将结构分成若干个厚度相等的浇筑层，浇筑区的面积即为结构平面面积。浇筑混凝土时从短边开始，沿长边方向进行浇筑，要求在逐层浇筑过程中，第二层混凝土要在第一层混凝土初凝前浇筑完毕。为此要求每层浇筑都要有一定的速度（称浇筑强度），其浇筑强度可按下式计算：

$$Q = \frac{HF}{T_1 - T_2} \tag{4-1}$$

式中　Q——混凝土浇筑强度（m^3/h）；

　　　　H——混凝土分层浇筑时的厚度（m）；

F——混凝土浇筑区的面积（m²）；

T_1——混凝土的初凝时间（h）；

T_2——混凝土的运输时间（h）。

如果按式（4-1）计算所得的浇筑强度很大，相应需要配备的混凝土搅拌机、运输和振捣设备量也较大。所以，全面分层方案一般适用于平面尺寸不大的结构。

② 分段分层。图 4-39（b）为分段分层方案。当采用全面分层方案时浇筑强度很大，现场混凝土搅拌机、运输和振捣设备均不能满足施工要求时，可采用分段分层方案。浇筑混凝土时结构沿长边方向分成若干段，分段浇筑。每一段浇筑工作从底层开始，当第一层混凝土浇筑一段长度后，便回头浇筑第二层，当第二层浇筑一段长度后，回头浇筑第三层，如此向前呈阶梯形推进。分段分层方案适于结构厚度不大而面积或长度较大时采用。

③ 斜面分层。图 4-39（c）为斜面分层方案。采用斜面分层方案时，混凝土一次浇筑到顶，由混凝土自然流淌而形成斜面。混凝土振捣工作从浇筑层下端开始逐渐上移。斜面分层方案多用于长度较大的结构。

（5）混凝土浇筑温度

大体积混凝土的浇筑应在室外气温较低时进行，混凝土浇筑温度不宜超过 28℃。混凝土表面和内部温度差，应控制在设计要求的温差之内，如设计无明确要求时，温差不宜超过 25℃。

根据施工季节的不同，大体积混凝土的施工可分别采用降温法和保温法施工。夏季主要用降温法施工，即在搅拌混凝土时掺入冰水，一般温度可控制在 5~10℃。在浇筑混凝土后采用冷水养护降温，但要注意水温和混凝土温度之差不超过 20℃，或采用覆盖材料养护。冬季可以采用保温法施工，利用保温模板和保温材料防止冷空气侵袭，以达到减少混凝土内外温差的目的。

（6）混凝土测温

为了掌握大体积混凝土的温升和降温的变化规律，以及各种材料在各种条件下的温度影响，需要对混凝土进行温度监测和控制。必须选择具有代表性和可比性的位置布置测温点，并且应制定严格的测温制度进行混凝土内部不同深度和表面温度的测量，测温时宜采用热电偶或半导体液晶显示温度计。在测温过程中，当发现混凝土内外温差超过 25℃时，应及时加强保温或延缓拆除保温材料，以防止混凝土产生过大的温差应力和裂缝。

4.4.2 混凝土冬期施工

根据当地多年气温资料，室外日平均气温连续 5d 稳定低于 5℃时，混凝土结构工程应采取冬期施工措施，并应及时采取气温突然下降的防冻措施。

1. 混凝土冬期施工原理

混凝土强度的高低和增长速度，取决于水泥水化反应的程度和速度。水泥的水化反应必须在有水和一定的温度条件下才能进行，其中温度决定着水化反应速度的快慢。混凝土的强度只有在正温养护条件下，才能持续不断地增长，并且随着温度的增高，混凝土强度的增长速度加快，当温度降低，水化反应变慢，混凝土强度增长将随温度的降低而逐渐变缓。试验表明，只要混凝土中有液相水存在，即使在负温条件下，水泥的水化反应并没有停止，但水化反应速度大大降低。新浇筑的混凝土内，当温度为−1℃时，大约有80％的水处于液相状态，−3℃时大约还有10％的水处于液相状态，而当温度低于−10℃时，液相水极少，水化反应接近于停止状态。在负温下，随着温度的降低，混凝土中大量的水要转变为冰，使体积膨胀约9％，混凝土结构有遭受冻害的可能。

混凝土的早期受冻是指混凝土浇筑后，在硬化中的初龄期混凝土的早期受冻而损害了混凝土的一系列性能。混凝土在浇筑后如早期遭受冻害，恢复正温养护后，其强度会继续增长，但与同龄期标准养护条件下的混凝土相比，其强度都有不同程度的降低。强度损失的大小因其浇筑后遭受冻害的程度不同而异：

标准养护1d后受冻害的混凝土，已获得早期强度为12％左右的设计强度等级，其强度损失为60％左右的强度等级；标准养护5d后遭受冻害的混凝土，已获得早期强度为40％左右的设计强度等级，其强度损失为30％左右的设计强度等级；标准养护7d后遭受冻害的混凝土，已获得早期强度为60％左右的强度等级，其强度损失为20％左右的设计强度等级。

混凝土遭受冻害前，如果具备了能抵抗冻胀应力的强度，混凝土的强度损失就较小，甚至不损失，其内部结构不至于遭到破坏，因此，混凝土在冬期施工中，如果不可避免地会遭受冻结时，则必须采取措施，防止其浇筑后立即受冻，应使其在冻结前能先经过一定时间的预养护，保证其达到足以抵抗冻害的"临界强度"后才遭冻结。混凝土允许受冻临界强度是指新浇筑混凝土在受冻前达到的某一初始强度值，然后遭到冻害，当恢复正温养护后，混凝土强度仍会继续增长，经28d后，其后期强度可达设计强度的95％以上，这一受冻前的初始强度值叫做混凝土允许受冻临界强度。

根据大量试验资料，经综合分析计算后，规定了冬期浇筑的混凝土受冻前，其抗压强度不得低于混凝土允许受冻临界强度值：硅酸盐水泥或普通硅酸盐水泥配制的混凝土，为设计的混凝土强度标准值的30％；矿渣硅酸盐水泥配制的混凝土，为设计的混凝土强度标准值的40％；C15混凝土，不得小于$5.0N/mm^2$。

2. 混凝土冬期施工方法的选择

混凝土冬期施工方法分三类：混凝土养护期间不加热的方法、混凝土养护期间加热的方法和综合方法。混凝土养护期间不加热的方法包括蓄热法、掺化学外加剂法；混凝土养护期间加热的方法包括电热法、蒸汽加热法和暖棚法；综合方法即把上述两种方法综合应用，如目前最常用的综合蓄热法，即在蓄热法基础上掺合外加剂（早强剂或防冻剂），或进行短时加热等综合措施。

混凝土冬期施工方法在混凝土硬化过程中，为杜绝早期受冻，要考虑自然气温、结构类型和特点、原材料、工期限制、能源条件和经济指标。对工期不紧和无特殊限制的工程，从节约能源和降低冬期施工费用考虑，应优先选用养护期间不加热的施工方法或综合方法；在工期紧、施工条件不允许时才考虑选用混凝土养护期间加热的方法，一般要经过技术经济比较确定。

3. 混凝土冬期施工对材料的要求

（1）水泥

混凝土所用水泥品种和性能决定于混凝土养护条件、结构特点和结构在使用期间所处的环境。为了缩短养护时间，一般应选用硅酸盐水泥或普通硅酸盐水泥，用蒸汽养护混凝土时，应选用硅酸盐水泥。水泥的强度等级不宜低于 42.5，最小水泥用量不宜少于 $300kg/m^3$，水灰比不应大于 0.6，并加入早强剂。

（2）骨料

冬期施工中，对骨料除要求没有冰块、雪团外，还要求清洁、级配良好、质地坚硬，不应含有易被冻裂的矿物质，在掺用含有钾、钠离子防冻剂的混凝土中，不得混有活性骨料（蛋白石、玉髓等）。

（3）拌合水

拌合水中不得含有导致延缓水泥正常凝结硬化及引起钢筋和混凝土腐蚀的离子。凡是一般饮用的自来水及洁净的天然水，都可以作拌制混凝土用水。

（4）外加剂

混凝土中掺入适量外加剂，能改善混凝土的工艺性能，提高混凝土的耐久性，并保证其在低温期的早强及负温下的硬化，防止早期受冻，可以减少混凝土的用水量，阻止钢筋锈蚀。目前，冬期施工中常用的外加剂有定型产品和现场自行配制两种，有防冻剂、早强剂、减水剂、阻锈剂和引气剂等。

4. 混凝土材料的加热

冬期施工混凝土原材料一般需要加热，加热时应优先采用加热水的方法，加热温度根据热工计算确定，但不得超过表 4-22 的规定。如将水加热到最高温度还不能满足混凝土温度的要求，再考虑加热骨料。从材料的热学特点看，水的热容量比砂、石大得多，因此加热水是最经济、最有效的方法，在自然气温不低于 -8℃ 时，为减少加热工作量，一般只加热水就能满足拌合物的温度要求。

拌合水及骨料最高温度（℃）　　　　　　　　　　表 4-22

项目	拌合水	骨料
强度等级小于 52.5 的普通硅酸盐水泥、矿渣硅酸盐水泥	80	60
强度等级等于或大于 52.5 的硅酸盐水泥、普通硅酸盐水泥	60	40

在任何情况下均不准加热水泥。水泥在使用前应存放在棚内预温，对混凝土达到规定的温度是有利的。

混凝土拌合物的温度应根据气温和施工时的热损失确定。混凝土拌合物的理论温度，可按公式（4-2）计算：

$$T_0 = [0.9(m_{ce}T_{ce} + m_{sa}T_{sa} + m_g T_g) + 4.2T_w(m_w - W_{sa}m_{sa} - W_g m_g)$$
$$+ C_1(W_{sa}m_{sa}T_{sa} + W_g m_g T_g) - C_2(W_{sa}m_{sa} + W_g M_g)]$$
$$\div [4.2m_w + 0.9(m_{ce} + m_{sa} + m_g)]$$

(4-2)

式中　　　　　T_0——混凝土拌合物的温度（℃）；

m_w，m_e，m_{sa}，m_g——水、水泥、砂、石的用量（kg）；

T_w，T_{ce}，T_{sa}，T_g——水、水泥、砂、石的温度（℃）；

W_{sa}，W_g——砂、石的含水率（%）；

C_1，C_2——水的比热容［kJ/（kg·k）］及冰的溶解热（kJ/kg）。当骨料温度＞0℃时，$C_1 = 4.2$，$C_2 = 0$；当骨料温度≤0℃时，$C_1 = 2.1$，$C_2 = 335$。

5. 混凝土的搅拌、运输和浇筑

（1）冬期施工时，为了加强搅拌效果，宜选择强制式搅拌机。为确保混凝土的质量，还必须确定适宜的搅拌制度。冬期搅拌混凝土的合理投料顺序应与材料加热条件相适应。一般是先投入骨料和加热的水，待搅拌一定时间后，水温降低到 40℃左右时，再投入水泥继续搅拌到规定时间，要绝对避免水泥假凝，投料量要与搅拌机的规格、容量相匹配，在任何情况下均不宜超载。为满足各组成材料间的热平衡，冬期拌制混凝土的时间可适当延长。拌制有外加剂的混凝土时，搅拌时间应取正常温度搅拌时间的 1.5 倍。

对搅拌好的混凝土，应经常检查其温度及和易性，若有较大差异，应检查材料加热温度、投料顺序或骨料含水率是否有误，以便及时调整。

（2）混凝土拌合物出机后应及时运到浇筑地点，在运输过程中要注意防止混凝土热量散失、表面冻结、混凝土离析、水泥砂浆流失、坍落变化等现象。在运输距离长、倒运次数多的情况下，要改善运输条件，加强运输工具的保温覆盖，运输途中混凝土温度不能降低过快。如混凝土从运输到浇筑过程中发生冻结现象时，必须在浇筑前进行人工二次加热拌合，为防止混凝土坍落度的变化，运输工具除保温防风外，还必须严密、不漏浆、不吸水，并应经常清除容器中粘附的硬化混凝土残渣并及时清除冰雪冻块。

混凝土拌合物出机运输到浇筑地点，温度会逐渐降低，通过热工计算可求出运输中混凝土温度降低值。

（3）混凝土的浇筑要保证混凝土的匀质性和密实性，要保证结构的整体性，尺寸准确，钢筋、预埋件位置正确，拆模后混凝土表面要平整、光洁。

冬期不得在强冻胀性地基土上浇筑混凝土，在弱冻胀性地基土上浇筑时，地基土应进行保温，以免遭冻。

用人工加热养护的整体式结构，其浇筑程序及施工缝的设置，应能防止较大的温度应力，如混凝土的加热温度超过 40℃时，应采取相应措施。

浇筑基础大体积混凝土时，施工前要对地基进行保温以防止冻胀。新拌混凝土的入模温度以 7～12℃为宜，混凝土内部温度与表面温度之差不得超过 20℃，必要时应做保温覆盖。

浇筑装配式结构接头的混凝土（或砂浆），应先将结合处的表面加热到正温。浇筑后的接头混凝土（或砂浆）在温度不超过45℃的条件下，应养护至设计要求强度，当设计无要求时，其强度不得低于设计的混凝土强度标准值的75%。

6. 混凝土的蓄热养护法

混凝土的蓄热养护法就是利用加热原材料（水泥除外）或混凝土所获得的热量及水泥水化释放出来的热量，通过适当的保温材料覆盖，防止热量过快散失，延缓混凝土的冷却速度，保证混凝土能在正温环境下硬化并达到抗冻临界强度或预期强度要求的一种施工方法。

蓄热养护法需对原材料进行加热，混凝土结构本身不需加热，施工简便，易于控制，不需外加热源，造价低，是混凝土工程冬期施工应用最为广泛的方法。

当室外最低温度不低于－15℃时，地面以下的工程或表面系数［表面系数指结构冷却的表面积（m^2）与其全部体积（m^3）的比值］不大于$15m^{-1}$的结构，应优先采用蓄热法养护。只有当混凝土在一定龄期内采用蓄热法养护达不到要求时，可考虑采用蒸汽法、暖棚法、电热法等其他养护方法。

当施工条件（结构尺寸、材料配比、浇筑后的温度和养护期间的预测气温）确定以后，先初步选定保温材料的种类、厚度和构造，然后计算出混凝土冷却到0℃的延续时间和混凝土在此期间的平均温度。

在混凝土中掺用早强型外加剂，可尽早使混凝土达到临界强度；加热混凝土原材料，提高混凝土的入模温度，既可延缓冷却时间，又可提高混凝土硬化速度；采用高效保温材料，如聚苯乙烯泡沫塑料和岩棉；采用快硬早强水泥，以提高混凝土的早期强度等措施都可应用于蓄热法施工中，以增强其养护效果。

7. 综合蓄热法施工

综合蓄热法的主要工艺是通过高效能的保温围护结构，使加热拌制的混凝土缓慢冷却，并利用水泥水化热和掺入相应的外加剂来提高混凝土的早期强度，增强减水和防冻效果；或采用短时加热等综合措施，使混凝土温度在降至冰点前达到预期强度。

按照施工条件，综合蓄热法可分为低蓄热养护和高蓄热养护两种形式。低蓄热养护主要以使用早强水泥或掺低温早强剂或防冻剂等的冷法施工，使混凝土在缓慢冷却至0℃前达到临界强度；高蓄热养护则除掺外加剂外，还进行短期的外加热，使混凝土在养护期间达到临界强度或设计要求强度。

综合蓄热法施工适用于在日平均气温不低于－10℃或极端最低气温不低于－16℃的条件下施工。

高层建筑的剪力墙、大模工艺、滑模工艺，框架结构的梁、板、柱，混合结构的圈梁、组合柱以及厚大体积的地下结构等，均可采用综合蓄热法施工。具体选用低蓄热养护或高蓄热养护则由施工条件和气温条件决定。

8. 混凝土的加热养护方法

当混凝土在一定龄期内采用蓄热法养护达不到要求时，可采用加热养护等其他养护方法。具体加热养护的方法很多，有蒸汽加热、电热法等。

（1）蒸汽加热法，就是在混凝土浇筑以后在构件或结构的四周通以压力不超过 700kPa 的低压饱和蒸汽进行养护。混凝土在较高温度和湿度条件下，可迅速达到要求强度。

养护时，应均匀加热，以免产生温度应力。同时，须注意排除大量的凝结水，因凝结水侵入将对结构产生不利影响，还须防止冷凝水结冰。对于掺有引气型外加剂的混凝土，也不应采取蒸汽养护，因这种混凝土难于导热。

采用蒸汽加热的具体方法有暖棚法、加热模板法等。

（2）电热法，就是通过电加热混凝土的方法来进行养护，常用的有电极法和电热器法。

电极法是在混凝土浇筑时插入电极（$\phi6\sim\phi12$ 钢筋），通以交流电，利用混凝土作导体，将电能转变为热能，对混凝土进行养护。为保证施工安全，防止热量散失，应在混凝土表面覆盖后进行电加热。加热时，混凝土的升、降温速度和最高温度不得超过表 4-23 的规定。

电热法养护混凝土的最高温度（℃）　　　　表 4-23

结构表面系数(m⁻¹)		
<10	10～15	≥15
40		35

混凝土内部电阻随着混凝土强度的提高而增长，当强度较高时，加热效果不好，故混凝土采用电热法养护时仅应加热到设计的混凝土强度标准值的 50%，且电极的布置应保证混凝土受热均匀。加热时的电极电压宜为 50～110V，在素混凝土和每立方米混凝土含钢量不大于 50kg 的结构中，可采用 120～200V 的电压加热。加热过程中，应经常观察混凝土表面的湿度，当表面开始干燥时，应先停电，浇温水湿润混凝土表面，待温度有所下降后，再继续通电加热。

电热法具有施工方便、设备简单、能耗小、适应范围广等优点，但在加热过程中需耗费大量电能，成本较高，不太经济，故只在其他养护方法不能满足要求的前提下采用。

9. 负温混凝土

负温混凝土是指在负温条件下施工的混凝土。其工艺特点是将拌合水预先加热，必要时砂子也加热，使经过搅拌后的混凝土在出机时具有一定的零上温度。混凝土浇筑后不再加热，仅做保护性覆盖以防止风雪侵袭，混凝土终凝前本身温度已降至 0℃，并迅速与环境气温平衡，混凝土就在负温中硬化，达到抗冻临界强度或受荷强度。

负温混凝土可用于零星的，不易蓄热保温也不易采取加热措施，并对强度增长速度要求不高的结构，如圈梁、过梁、挑檐、雨篷、地面和梁柱接头等。硬化时混凝土本身温度在 0～10℃ 之间。

掺外加剂的负温混凝土所用的负温外加剂一般由防冻剂（如亚硝酸钠、

硝酸钠、尿素、乙酸钠、碳酸钾、氯化钠等）、早强剂（如硫酸钠、三乙醇胺等）、减水剂（如木质素磺酸钙）和阻锈剂等多元物质复合而成。

10. 冬期施工混凝土质量检查

混凝土工程的冬期施工，除按常温施工的要求进行质量检查外，尚应检查以下项目：外加剂的质量和掺量；水和骨料的加热温度；混凝土在出机时、浇筑后和硬化过程中的温度；混凝土温度降至0℃时的强度（负温混凝土则为温度低于外加剂规定温度时的强度）。

混凝土的温度测量，应按有关规定进行。测温人员应同时检查覆盖保温情况，并应了解结构物的浇筑日期、要求温度、养护期限等。若发现混凝土温度有过高或过低现象，应立即通知有关人员，及时采取有效措施。

在混凝土施工过程中，要在浇筑地点随机取样制作试件，每次取样应同时制作3组试件。1组在20℃标准条件下养护28d试压，得强度 f_{28}；1组与构件在同条件下养护，在混凝土温度降至0℃时（负温混凝土为温度降至防冻剂的规定温度以下时）试压，用以检查混凝土是否达到抗冻临界强度；1组与构件同条件养护至14d，然后转入20℃标准条件下继续养护21d，在总龄期为35d时试压；得强度 $f_{14'+21}$。如果 $f_{14'+21} \geqslant f_{28}$，则可证明混凝土未遭冻害，可以将 f_{28} 作为强度评定的依据。

4.5 预应力混凝土施工

预应力混凝土是在外荷载作用前，预先建立有预压应力的混凝土。混凝土的预压应力一般是通过张拉预应力钢筋实现的。

预应力混凝土与钢筋混凝土比较，具有结构截面小、自重轻、刚度大、抗裂性能和耐久性好、节约材料的优点。但预应力混凝土的施工，需要专门的材料与设备和特殊的工艺。在大开间、大跨度、重荷载的结构中，采用预应力混凝土结构，可以减少材料的用量，扩大使用范围，综合经济效益好，预应力混凝土在现代结构中具有广阔的发展前景。

预应力混凝土按施加预应力程度的大小，可分为全预应力混凝土和部分预应力混凝土；按施工方式不同，可分为预制预应力混凝土、现浇预应力混凝土和叠合预应力混凝土；按预加应力方法不同，可分为先张法预应力混凝土和后张法预应力混凝土，在后张法中，按预应力筋与混凝土的黏结状态，又分为有黏结预应力混凝土和无黏结预应力混凝土；按施加预应力的手段，分为机械张拉预应力混凝土和电热张拉预应力混凝土。

4.5.1 预应力混凝土先张法

先张法施工是在浇筑混凝土之前，先将预应力筋张拉到设计的控制应力值，并用夹具将张拉的预应力筋临时固定在台座或钢模上，然后再浇筑混凝土，待混凝土在到一定强度（不应低于设计的混凝土立方体抗压强度标准值的75%），预应力筋与混凝土具有足够的黏结力时，放松预应力钢筋，借助于

151

混凝土与预应力的黏结,使混凝土产生预压应力。图4-40为预应力构件先张法(台座)生产示意。

先张法生产可采用台座法和机组流水法。用台座法生产时,预应力筋的张拉、临时固定、混凝土浇筑、养护和预应力筋的放张等工序均在台座上进行;用机组流水法生产时,构件同钢模通过固定的机组,按流水方式完成其生产过程。

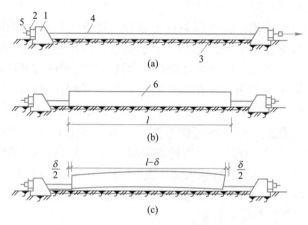

图4-40 先张法生产示意图

1—台座承力结构;2—横梁;3—台面;4—预应力筋;
5—锚固夹具;6—混凝土构件

1. 台座

采用台座法生产预应力混凝土构件时,台座承受预应力筋的全部张拉力。

台座按照构造形式分墩式台座和槽式台座两类。选用时根据构件种类、张拉力的大小和施工条件确定。

(1) 墩式台座

墩式台座由台墩、台面与横梁组成,如图4-41所示。目前常用的是由台墩与台面共同受力的墩式台座。

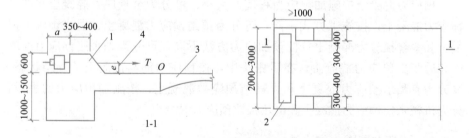

图4-41 墩式台座(单位:mm)

1—钢横梁;2—混凝土墩;3—预应力筋;4—局部加厚的台面

承力墩一般由现浇钢筋混凝土制成。台墩应有合适的外伸部分,以增大力臂而减少台墩自重。台墩应具有足够的强度、刚度和稳定性。稳定性验算一般包括抗倾覆验算与抗滑移验算。

（2）槽式台座

槽式台座由钢筋混凝土端柱、传力柱、上下横梁、柱垫、砖墙等组成，如图4-42所示。槽式台座既可承受张拉力，又可作为蒸汽养护槽，适用于张拉吨位较大的大型构件，如吊车梁、屋架等构件的生产。

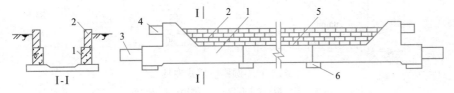

图4-42　槽式台座

1—钢筋混凝土端柱；2—砖墙；3—下横梁；4—上横梁；5—传力柱；6—柱垫

槽式台座也需进行强度和稳定性计算。端柱和传力柱的强度按钢筋混凝土结构偏心受力构件计算。槽式台座端柱抗倾覆力矩由端柱、横梁自重力及部分张拉力组成。

2. 夹具

夹具是先张法施工时为保持预应力筋的张拉力并将其固定在台座上的临时性锚固装置。夹具必须工作可靠、构造简单、使用方便、成本低并能多次重复使用。夹具根据工作特点分为张拉夹具和锚固夹具。

张拉夹具是把预应力筋与张拉机械相连接进行预应力筋张拉的工具。常用的张拉夹具有钳式、偏心式等，如图4-43所示。

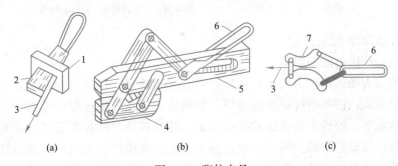

(a)　　　　　　　　(b)　　　　　　　　(c)

图4-43　张拉夹具

（a）楔形张拉夹具；（b）钳式张拉夹具；（c）偏心式张拉夹具

1—锚板；2—楔块；3—钢筋；4—倒齿形夹片；5—拉柄；6—拉环；7—偏心块

锚固夹具是把预应力筋临时固定在台座横梁上的夹具，常用的锚固夹具有单根镦头夹具、圆套筒三片式夹具、圆锥三槽式夹具，如图4-44所示。

3. 张拉设备

张拉设备要求简易可靠，能准确控制应力，能以稳定的速率增大拉力。在先张法中常用卷扬机、油压千斤顶和电动螺杆张拉机等。

当台座长度较大，而一般千斤顶的行程不能满足长台座需要时，采用卷扬机张拉预应力筋，用杠杆或弹簧测力。弹簧测力时，宜设行程开关，在张拉到规定拉力时，能自行停机，如图4-45所示。

153

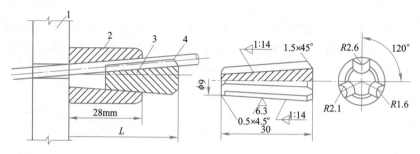

图 4-44 圆锥三槽式夹具

1—定位板；2—套筒；3—推销；4—钢丝

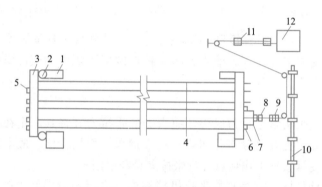

图 4-45 用卷扬机张拉预应力筋

1—台座；2—放松装置；3—横梁；4—钢筋；5—镦头；6—垫块；7—销片夹具；
8—张拉夹具；9—弹簧测力计；10—固定梁；11—滑轮组；12—卷扬机

4. 先张法施工工艺

（1）预应力筋的张拉

预应力筋的张拉力大小，直接影响预应力效果。张拉力越高，建立的预应力值越大，构件的抗裂性也越好；但预应力筋在使用过程中经常处于过高应力状态下，构件出现裂缝的荷载与破坏荷载接近，往往在破坏前没有明显的征兆，这是危险的。另外，如张拉力过大，造成构件反拱过大或预拉区出现裂缝，也是不利的。反之，张拉阶段预应力损失越大，建立的预应力值越低，也是不利的。

预应力筋的张拉应根据设计要求，采用合适的张拉方法、张拉顺序和张拉程序进行，并应有可靠的质量保证措施和安全技术措施。

① 预应力钢筋的张拉控制应力

预应力钢筋的张拉控制应力值 σ_{con} 不宜超过表 4-24 规定的张拉控制应力限值。

张拉控制应力值 σ_{con} 不应小于 $0.45 f_{ptk}$。

预应力筋的张拉力 F_p 按下式计算：

$$F_p = m\sigma_{con}A_p \qquad (4-3)$$

式中　m ——超张拉系数，取值 1.03 或 1.05；

σ_{con} —— 预应力筋的张拉控制应力值；

A_p —— 预应力筋的截面面积。

张拉控制应力限值　　　　　　表 4-24

钢种	张拉方法	
	先张法	后张法
碳素钢丝、刻痕钢丝、钢绞线	$0.80f_{ptk}$	$0.75f_{ptk}$
热处理钢筋、冷拔低碳钢丝	$0.75f_{ptk}$	$0.70f_{ptk}$
冷拉热轧钢筋	$0.95f_{pyk}$	$0.90f_{pyk}$

注：f_{ptk} 为预应力筋极限抗拉强度标准值；f_{pyk} 为预应力筋屈服强度标准值。

② 预应力筋的张拉程序

预应力筋的张拉程序有超张拉和一次张拉两种。

超张拉是指张拉应力超过设计所规定的张拉控制应力值，采用超张拉方法时，预应力筋可按以下两种张拉程序之一进行。

$$0 \rightarrow 1.05\sigma_{con} \xrightarrow{\text{持荷 2min}} \sigma_{con}$$

或　　　　　　　　　　　　　$$0 \rightarrow 1.03\sigma_{con}$$

第一种张拉程序中，超张拉 5%，并持荷 2min，其目的是在高应力状态下加速预应力筋松弛早期发展，可以减少松弛引起的预应力损失约 50%；第二种张拉程序中，超张拉 3%，其目的是弥补预应力筋的松弛损失。

若在设计中钢筋的应力松弛损失按一次张拉取值，则张拉程序取 $0 \rightarrow \sigma_{con}$ 即可满足要求。

③ 预应力筋张拉伸长值校核

预应力筋的张拉可单根进行也可以多根成组同时进行。当预应力筋数量不多，张拉设备拉力有限时，常单根张拉。当预应力筋数量较多，且张拉设备拉力较大时，可采用多根成组同时张拉。同时张拉多根预应力筋时，应预先调整初应力，使其相互之间的应力一致。预应力筋张拉锚固后，对设计位置的偏差不得大于 5mm，也不得大于截面短边长度的 4%。

当采用应力控制方法张拉时，应校核预应力筋的伸长值。实际伸长值与设计计算理论伸长值的相对允许偏差为 ±6%。如实际伸长值比计算伸长值大于或小于 6%，则应暂停张拉，待查明原因并采取措施予以调整后，方可继续张拉。

预应力筋的计算伸长值 Δl 可按下式计算：

$$\Delta l = \frac{F_p l}{A_p E_s} \qquad (4-4)$$

式中　F_p —— 预应力筋张拉力（kN），直张筋取张拉端拉力，两端张拉的曲线筋取张拉端与跨中扣除孔道摩阻损失后拉力的平均值；

　　　l —— 预应力筋的长度（mm）；

　　　A_p —— 预应力筋的截面面积（mm²）；

　　　E_s —— 预应力筋的弹性模量（kN/mm²）。

预应力筋的实际伸长值，宜在初始应力为张拉控制应力 10%左右时开始测量，但必须加上初应力以下的推算伸长值。

（2）混凝土的浇筑与养护

预应力钢筋张拉完毕后，即应浇筑混凝土，混凝土的浇筑应一次完成，不允许留设施工缝。必须严格控制混凝土的用水量和水泥用量。骨料采用良好的级配，以减少混凝土由于收缩和徐变而引起的预应力损失。混凝土浇筑时必须振捣密实，特别是构件的端部，以保证预应力筋和混凝土之间的黏结强度。

当采用平卧叠浇法制作预应力混凝土构件时，下层构件混凝土强度需达到 5MPa 后方可浇筑上层构件混凝土，并应有隔离措施。混凝土可采用自然养护或蒸汽养护。

（3）预应力筋放张

预应力筋放张过程是预应力的传递过程，是先张法构件能否获得良好质量的一个重要生产过程。应根据放张要求，确定合理的放张顺序、放张方法及相应的技术措施。

① 放张要求

放张预应力钢筋时，混凝土强度应符合设计要求，当设计无具体要求时，不应低于设计的混凝土立方体抗压强度标准值的 75%。对于重叠生产的构件，需待最上一层构件的混凝土强度不低于设计的混凝土立方体抗压强度标准值的 75%时，方可进行预应力筋的放张。过早放张会引起较大的预应力损失或产生预应力筋的滑动。预应力混凝土构件在预应力筋放张前要对混凝土试块进行试压，以确定混凝土的实际强度。

放张过程中，应使预应力构件自由压缩，避免过大的冲击与偏心。同时，还应尽量减少台座承受的倾覆力矩和偏心力。

② 放张顺序

预应力筋的放张顺序，应符合设计要求。当无设计要求时，放张顺序应符合下列规定：对承受轴心预压力的构件（如压杆、桩等），所有预应力筋应同时放张；对承受偏心预压力的构件，应先同时放张预压力较小区域的预应力筋，再同时放张预压力较大区域的预应力筋；当不能按前两项规定放张时，应分阶段、对称、相互交错地放张，以防止放张过程中构件发生翘曲、裂纹及预应力筋断裂等现象；放张后预应力筋的切断顺序，宜由放张端开始，逐次切向另一端。

③ 放张方法

对配筋不多的预应力钢丝放张可采用剪切、割断的方法，由中间向两侧逐根放张，以减少回弹量，利于脱模。对于配筋较多的预应力钢丝放张宜采用同时放张的方法，以防止最后的预应力钢丝因应力突然增大而断裂或使端部开裂。

当构件的预应力筋为钢筋时，放张应缓慢进行，对配筋不多的预应力钢筋，可采用逐根加热熔断或用预先设置在钢筋锚固端的楔块单根放张。配筋较多的预应力钢筋，所有钢筋应同时放张，可采用楔块或砂箱等放张装置缓慢进行。

4.5.2 预应力混凝土后张法

后张法施工是在浇筑混凝土构件时，在放置预应力筋的位置处留设孔道，待混凝土达到一定强度（不低于设计的混凝土立方体抗压强度标准值的75%）时，将预应力筋穿入孔道中并进行张拉，然后用锚具将预应力筋锚固在构件上，最后进行孔道灌浆。预应力筋承受的张拉力通过锚具传递给混凝土构件，使混凝土产生预压应力。后张法预应力的传递主要依靠预应力筋两端的锚具，锚具作为预应力筋的组成部分，永远留在构件上，不能重复使用。图4-46为预应力后张法构件生产示意图。

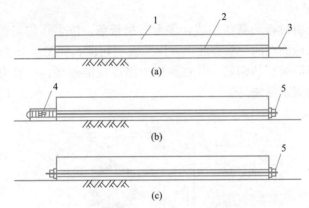

图4-46 预应力混凝土后张法生产示意图
（a）制作混凝土构件；（b）张拉钢筋；（c）锚固和孔道灌浆
1—混凝土构件；2—预留孔道；3—预应力筋；4—千斤顶；5—锚具

后张法的特点是直接在构件上张拉预应力筋，构件在张拉预应力筋的过程中，完成混凝土的弹性压缩，因此，混凝土的弹性压缩不直接影响预应力筋有效应力值的建立。

预应力后张法构件的生产分为两个阶段。第一阶段为构件的生产，第二阶段为预加应力阶段，包括锚具与预应力筋的制作、预应力筋的张拉与孔道灌浆等工艺。

1. 锚具

锚具是后张法施工在结构或构件中建立预应力值和确保结构安全的关键装置，要求锚具的尺寸形状准确、工作可靠、构造简单、施工方便；有足够的强度和刚度，受力后变形小，锚固可靠，不致产生预应力筋的滑移和断裂现象。

后张法施工常用锚具有以下几种。

（1）单根粗钢筋锚具

① 螺丝端杆锚具

螺丝端杆锚具适用于锚固直径不大于36mm的钢筋，它是由螺丝端杆、螺母和垫板组成，如图 4-47 所示。锚具长度一般为 320mm，螺丝端杆的直径与预应力筋的直径对应选取。螺丝端杆锚具与预应力筋对焊连接，应在预应力钢筋冷拉前进行，焊接后与张拉机械相连进行预应力筋的张拉，然后用螺母拧紧锚固。

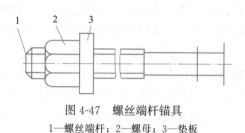

图 4-47 螺丝端杆锚具
1—螺丝端杆；2—螺母；3—垫板

② 帮条锚具

帮条锚具由衬板与帮条组成，多为三根帮条，按 120° 均匀布置，并应与衬板相接触的截面在同一垂直面上，以免发生扭曲，如图 4-48 所示。帮条采用与预应力筋同级别的钢筋，并在预应力筋冷拉前焊接，一般用在单根钢筋作预应力筋的固定端锚具。

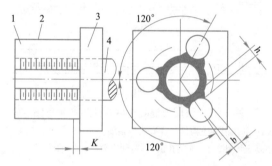

图 4-48 帮条锚具
1—帮条；2—焊缝；3—垫板；4—预应力钢筋

③ 镦头锚具

镦头锚具由镦头和垫板组成，用于单根粗钢筋的镦头锚具一般直接在预应力筋端部热镦、冷镦或锻打成型，如图 4-49 所示。

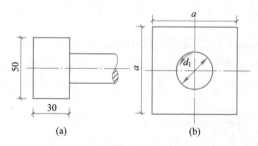

(a)　　　　(b)

图 4-49 镦头锚具（单位：mm）
(a) 镦头；(b) 垫板

（2）钢筋束、钢绞线束锚具

钢筋束、钢绞线采用的锚具有 JM 型、XM 型、QM 型和镦头锚具等。

① JM 型锚具

JM 型锚具目前常用的是 JM12 型锚具，由锚环与夹片组成，如图 4-50 所示。JM12 型锚具是一种利用楔块原理锚固多根预应力筋的锚具，它既可以作为张拉端的锚具，又可以作为固定端的锚具或重复使用的工作锚，可用于锚固 3～6 根直径为 12mm 的光圆或螺纹钢筋束，也可以用于锚固 5～6 根直径为 12mm 的钢绞线束。

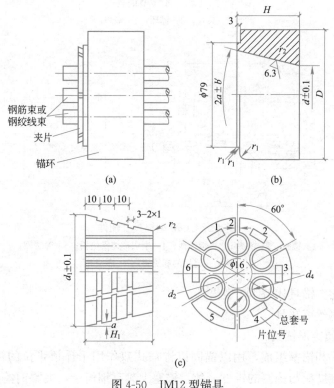

图 4-50　JM12 型锚具

（a）装配；（b）锚环；（c）夹片

② XM 型和 QM 型锚具

XM 型和 QM 型锚具是利用楔形夹片将每根钢绞线独立地锚固在带有锥形的锚环上，形成一个独立的锚固单元。其特点是每根钢绞线都是分开锚固的。

XM 型锚具适用于锚固 1～12 根直径 15mm 的钢绞线，也可用于锚固钢丝束，XM 型锚具由锚环和三块夹片组成，如图 4-51 所示。

QM 型锚具适用于锚固 4～31 根直径 12mm 的钢绞线和 3～10 根直径 15mm 的钢绞线。QM 型锚具配有自动工具锚，张拉和退出十分方便，并可减少安装工具锚所花费的时间，如图 4-52 所示。

③ 固定端用镦头锚具

由锚固板和带镦头的预应力筋组成，当预应力钢筋束一端张拉时，在固

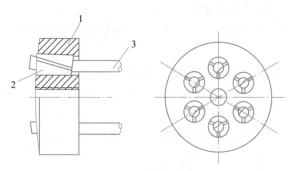

图 4-51　XM 型锚具

1—夹片；2—锚环；3—锚板

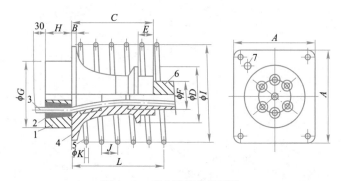

图 4-52　QM 型锚具及配件

1—锚板；2—夹片；3—钢绞线；4—喇叭形铸铁垫板；5—弹簧圈；
6—预留孔道用的螺旋管；7—灌浆孔

定端可用此类锚具代替 JM 型锚具。

（3）钢丝束锚具

① 钢质锥形锚具

由锚环和锚塞组成，用以锚固以锥锚式双作用千斤顶张拉的钢丝束，其锚环内的锥度应与锚塞的锥度一致，锚塞上刻有细齿槽，夹紧钢丝防止滑动。

② 锥形螺杆锚具

由锥形螺杆、套筒、螺母、垫板组成，如图 4-53 所示，用于锚固 14～28 根钢丝束。

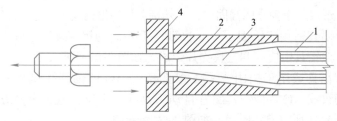

图 4-53　锥形螺杆锚具

1—钢丝；2—套筒；3—锥形螺杆；4—垫板

③ 钢丝束镦头锚具

适用于锚固 12～54 根 ϕ5 高强钢丝束。张拉端采用 A 型镦头锚具，由锚环和螺母组成，固定端采用 B 型镦头锚具，由锚板组成，如图 4-54 所示。

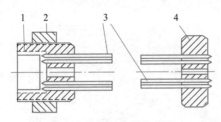

图 4-54　钢丝束镦头锚具

1—A 型锚环；2—螺母；3—钢丝束；4—B 型锚板

2. 张拉设备

后张法的张拉设备主要有各种型号的拉杆式千斤顶、穿心式千斤顶、锥锚式千斤顶等。

① 拉杆式千斤顶

拉杆式千斤顶（代号 YL）是利用高压油泵驱动单活塞张拉预应力钢筋的单作用千斤顶，主要用于张拉以螺丝端杆为张拉锚具的预应力钢筋。目前常用的拉杆式千斤顶是 YL60，如图 4-55 所示，其最大张拉力为 600kN，张拉行程 150mm。拉杆式千斤顶构造简单，操作方便，应用范围广。

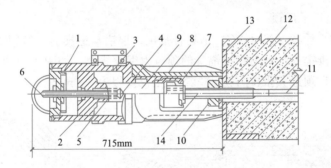

图 4-55　拉杆式千斤顶构造示意图

1—主缸；2—主缸活塞；3—主缸油嘴；4—副缸；5—副缸活塞；6—副缸油嘴；
7—连接器；8—顶杆；9—拉杆；10—螺母；11—预应力筋；12—混凝土构件；
13—预埋钢板；14—螺丝端杆

② 穿心式千斤顶

穿心式千斤顶（代号 YC）是利用双液压缸张拉预应力筋和顶压锚具的双作用千斤顶。双作用是指既能张拉预应力筋又能锚固预应力筋。目前常用的穿心千斤顶是 YC60，如图 4-56 所示。其最大张拉力为 600kN，张拉行程 150mm，适用于张拉以夹片锚具为张拉锚具的预应力钢筋束或钢绞线束。

YC60 型千斤顶如装撑脚、张拉杆和连接器后也可以张拉以螺丝端杆为张拉锚具的单根钢筋。

161

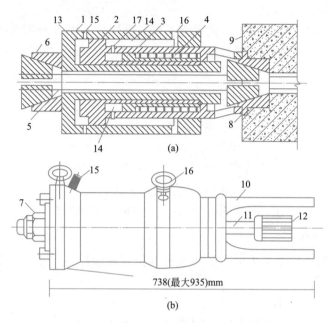

图 4-56 YC60 型千斤顶

1—张拉油缸；2—顶压油缸（张拉活塞）；3—顶压活塞；4—弹簧；5—预应力筋；6—工具锚；
7—螺母；8—锚环；9—构件；10—撑脚；11—张拉杆；12—连接器；13—张拉工作油室；
14—张拉回程油室；15—张拉缸油嘴；16—顶压缸油嘴；17—油孔

③ 锥锚式千斤顶

锥锚式千斤顶（代号 YZ）是具有张拉、顶锚与退楔的三作用千斤顶，仅用于张拉以锥锚式锚具为张拉锚具的预应力钢绞线束，如图 4-57 所示。YZ85 型锥锚式千斤顶最大张拉力为 850kN，张拉行程为 250mm。

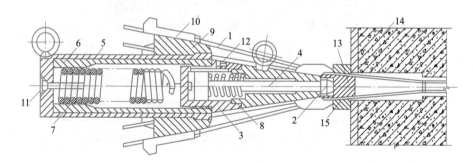

图 4-57 锥锚式千斤顶构造及工作原理示意图

1—预应力筋；2—顶压头；3—副缸；4—副缸活塞；5—主缸；6—主缸活塞；7—主缸拉力弹簧；
8—副缸拉力弹簧；9—锥形卡环；10—楔块；11—主缸油嘴；12—副缸油嘴；
13—锚塞；14—构杆；15—锚环

3. 钢筋预应力筋的制作

（1）单根粗钢筋

单根粗钢筋预应力筋的制作包括配料、对焊、冷拉等工序。预应力筋的下料长度应计算确定。应考虑预应力筋钢材品种、锚具形式、焊接接头、钢筋冷拉伸长率、弹性回缩率、张拉伸长值、构件孔道长度、张拉设备与施工方法等因素。

如图 4-58 所示，单根粗钢筋预应力筋下料长度 L 按下式计算：

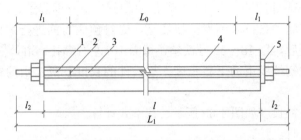

图 4-58　单根粗钢筋预应力筋下料长度计算示意图
1—螺丝端杆；2—对焊接头；3—粗钢筋；4—混凝土构件；5—垫板

$$L = \frac{L_0}{1+r-\delta} + nl_0 \qquad (4-5)$$

其中　L ——预应力筋钢筋部分的下料长度（mm）；

　　L_1 ——预应力成品全长（mm）；

　　$l_1(l_1')$ ——锚具长度（如为螺丝端杆，一般为 320mm）；

　　$l_2(l_2')$ ——锚具伸出构件外的长度（mm）；

　　L_0 ——预应力筋钢筋部分的成品长度（mm）；

　　l ——构件孔道长度（mm）；

　　l_0 ——每个对焊接头的压缩长度，一般 $l_0 = d$（d 为预应力钢筋直径）；

　　n ——对焊接头数量（钢筋与钢筋、钢筋与锚具的对焊接头总数）；

　　r ——钢筋冷拉伸长率（由试验确定）；

　　δ ——钢筋冷拉弹性回缩率（由试验确定）。

【例题 4-4】　某 24m 跨预应力钢筋混凝土屋架下弦孔道长度 $l = 23800$mm，预应力筋为 $4\phi^l 25$，实测钢筋冷拉率 $r = 3.5\%$，钢筋冷拉后的弹性回缩率 $\delta = 0.3\%$，预应力筋两端采用螺丝端杆锚具，螺丝端杆长度 $L_1 = 320$mm，其露在构件外的长度 $l_2 = 120$mm，现场钢筋每根长度为 9m 左右，因此预应力筋需用三根钢筋对焊而成，两端再与螺丝端杆对焊，对焊接头总数 $n = 4$，试求预应力筋钢筋部分的下料长度。

【解】　$L_1 = l + 2l_2 = 23800 + (2 \times 120) = 24040$mm

$L_0 = L_1 - 2l_1 = 24040 - (2 \times 320) = 23400$mm

所以，预应力筋钢筋部分的下料长度：

$$L = \frac{L_0}{1+r-\delta} + nl_0 = \frac{23400}{1+0.035-0.003} + 4 \times 25 = 22774\text{mm}$$

因此施工下料时，可选用 2 根 9m 长的钢筋加 1 根 4.774m 长的钢筋对焊制成。

（2）钢筋束（钢绞线束）

钢筋束由直径为 12mm 的细钢筋编束而成。钢绞线束由直径 12mm 或

163

15mm 的钢绞线编束而成，每束 3～6 根，一般不需对焊接长。预应力筋的制作工序一般包括开盘、冷拉、下料、编束。下料是在钢筋冷拉后进行，下料时宜采用切断机或砂轮锯切机，不得采用电弧切割。钢绞线下料前需在切割口两侧各 50mm 处用铁丝绑扎，切割后对切割口应立即焊牢，以免松散。

为保证穿筋和张拉时不发生扭线结，应对预应力筋进行编束，编束时一般将钢筋理顺后，用 18～22 号铁丝，每隔 1m 左右绑扎一道，使形成束状。

钢筋束或钢绞线束的下料长度，与构件的长度、所选用的锚具和张拉机械有关。

钢绞线下料长度如图 4-59 所示，按下式计算：

两端张拉时：

$$L = l + 2(l_1 + l_2 + l_3 + 100) \tag{4-6}$$

一端张拉时：

$$L = l + 2(l_1 + 100) + l_2 + l_3 \tag{4-7}$$

式中　l——构件的孔道长度；

l_1——夹片式工作锚厚度；

l_2——穿心式千斤顶长度；

l_3——夹片式工具锚厚度。

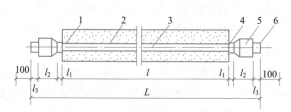

图 4-59　钢绞线下料长度计算简图

1—混凝土构件；2—孔道；3—钢绞线；4—夹片式工作锚；

5—穿心式千斤顶；6—夹片式工具锚

（3）钢丝束

钢丝束的制作随锚具形式的不同而异，一般包括调直、下料、编束和安装锚具等工序。

当采用钢丝束做预应力筋时，为保证张拉时钢丝束中每根钢丝应力值的均匀性，钢丝束制作时必须等长下料，同束钢丝中下料长度的相对误差应控制在 $L/5000$ 以内，且不得大于 5mm（L 为钢丝长度）。为此，要求钢丝在应力状态下切断下料，切断的控制应力为 $300\text{N}/\text{mm}^2$。

为防止钢丝扭结，钢丝下料后应逐根理顺进行编束，编束工作一般在平整场地上进行，首先将钢丝理顺平放，然后每隔 1m 左右用 22 号铅丝将钢丝编成帘子状，如图 4-60 所示，再每隔 1m 放一个按端杆直径制成的螺丝衬圆，并

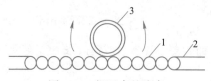

图 4-60　钢丝束的编束

1—钢丝；2—铅丝；3—衬圈

将编好的钢丝帘绕衬圆围成圆束，绑扎牢固。

4. 后张法施工工艺

后张法预应力混凝土构件制作的工艺流程主要包括以下步骤。

（1）孔道留设

孔道留设是后张法预应力混凝土构件制作中的关键工序之一。要求预留孔道的尺寸与位置正确，定位牢固，浇筑混凝土时不应出现位移和变形；孔道应平顺，端部的预埋锚垫板应垂直于孔道中心线；孔道的直径一般比预应力筋的外径大 10～15mm，以利于预应力筋穿入。孔道留设的方法有钢管抽芯法、胶管抽芯法和预埋波纹管法等。

① 钢管抽芯法

钢管抽芯法用于直线孔道，是预先将钢管埋设在模板内孔道位置处，在浇筑混凝土后，每隔一定时间慢慢转动钢管，使之不与混凝土黏结。待混凝土初凝后、终凝前抽出钢筋形成孔道。

钢管要平直，表面必须圆滑，预埋前除锈、刷油。钢管在构件中用间距不大于 1.0m 的钢筋井字架（图 4-61）固定位置。每根钢管的长度一般不超过 15m，以便转动和抽管。钢管两端应各伸出构件外 0.5m 左右。较长的构件可采用两根钢管，中间用套管连接（图 4-62）。

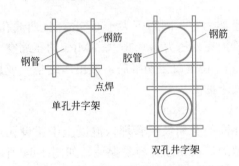

图 4-61 固定钢管或胶管位置用的井字架

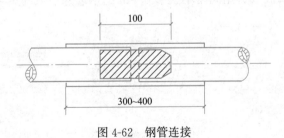

图 4-62 钢管连接

抽管宜在混凝土初凝之后，终凝之前进行，抽管过早，会造成塌孔事故；太晚，混凝土与钢管黏结牢固，抽管困难，甚至抽不出来，常温下抽管时间约在混凝土浇筑后 3～5h。

抽管顺序宜先上后下进行。抽管方法可用人工或卷扬机，抽管时必须速度均匀、边抽边转，并与孔道保持在一直线上。抽管后应及时检查孔道情况，并做好孔道清理工作，防止以后穿筋困难。

② 胶管抽芯法

胶管抽芯法可用留设的直线、曲线或折线孔道。胶管采用 5～7 层帆布夹层，壁厚 6～9mm 的普通胶管，如图 4-63 所示。

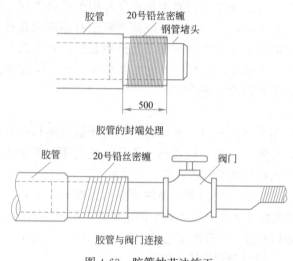

图 4-63 胶管抽芯法施工

胶管用钢筋井字架固定，间距不大于 0.5m，且曲线孔道处应适当加密。浇筑混凝土前，胶管内充入压力为 0.6～0.8MPa 的压缩空气或压力水。此时胶管直径增大约 3mm，待混凝土初凝后，放出压缩空气或压力水，管径缩小而与混凝土脱离，便于抽出。

③ 预埋波纹管法

将与孔道直径相同的金属波纹管埋入混凝土中留设孔道，金属管无需抽出，施工简便，孔道的形状和位置容易保证，如图 4-64 所示。金属波纹管刚度好，弯折方便，连接容易，与混凝土黏结良好，适用于各种直线和曲线孔道。预埋时金属波纹管用间距不大于 0.8m 的钢筋井字架固定。

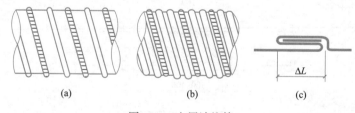

图 4-64 金属波纹管

在留设孔道的同时，需在设计规定的位置留设灌浆孔和排气孔。灌浆孔的间距：对预埋金属波纹管不宜大于 30m；对抽芯成型孔道不宜大于 12m。在曲线孔道的曲线波峰部位应设置排气兼泌水管，必要时可在最低点设置排水孔；留设灌浆孔或排气孔时，可用木塞或白铁皮成孔，灌浆孔及泌水管的孔径应能保证浆液畅通，如图 4-65 所示。

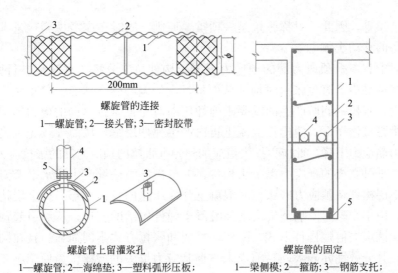

螺旋管的连接

1—螺旋管；2—接头管；3—密封胶带

螺旋管上留灌浆孔

1—螺旋管；2—海绵垫；3—塑料弧形压板；
4—塑料管；5—铁丝扎紧

螺旋管的固定

1—梁侧模；2—箍筋；3—钢筋支托；
4—螺旋管；5—垫块

图 4-65 金属波纹管的连接

（2）预应力筋张拉

① 一般规定

预应力筋张拉时，构件混凝土强度应符合设计要求，当设计无具体要求时，不应低于设计的混凝土立方体抗压强度标准值的 75%；后张法的构件如分段制作，则在张拉前应进行拼装。拼装的预应力构件立缝处混凝土或砂浆的强度如设计无具体要求时，不应低于块体混凝土设计强度标准值的 40%，也不得低于 15MPa；构件端部预埋钢板与锚具接触处的焊渣、毛刺、混凝土残渣等应清除干净；安装张拉设备时，对直线预应力筋，应使张拉力的作用线与孔道中心线重合；对曲线预应力筋，应使张拉力的作用线与孔道中心线末端的切线重合。

② 张拉控制应力与张拉程序

后张法预应力筋的张拉控制应力值 σ_{con} 不宜超过表 4-24 规定的张拉控制应力限值。

后张法预应力筋的张拉程序，与构件的类型和所采用的锚具种类有关。为减少松弛损失，张拉程序一般与先张法相同。

③ 张拉方法

为了减少预应力筋与孔道摩擦引起的预应力损失，对抽芯成型孔道的曲线形预应力筋和长度大于 24m 的直线形预应力筋，应采用两端张拉；长度不大于 24m 的直线形预应力筋，可一端张拉。

同一截面中有多根一端张拉的预应力筋时，张拉端宜分别设置在构件两端，当两端同时张拉同一根预应力筋时，为减少预应力损失，宜先在一端锚固，再在另一端补足张拉力后进行锚固。

④ 张拉顺序

预应力筋的张拉顺序应使混凝土不产生超应力、构件不扭转与侧弯、结

167

构不变位等，因此，对称张拉是一项重要原则。同时还应考虑到尽量减少张拉设备的移动次数。

对配有多根预应力筋的预应力混凝土构件，应分批、对称地进行张拉。对称张拉是为了避免张拉时构件截面呈过大的偏心受压状态。分批张拉，应考虑后批张拉钢筋所产生的混凝土弹性压缩对先批张拉钢筋的应力影响。即在后批张拉作用下，使构件混凝土再次产生弹性压缩，从而导致先批张拉的预应力筋应力下降，此应力损失值应加到先批张拉的预应力筋的张拉应力中。

对平卧叠浇的预应力混凝土构件，上层构件的重量产生的水平摩阻力会阻止下层构件在预应力筋张拉时混凝土弹性压缩的自由变形。待上层构件起吊后，由于摩阻力影响消失会增加混凝土弹性压缩的变形，从而引起预应力损失。该损失值随构件形式、隔离层性能和张拉方式不同而异。且在同样条件下，其分散性亦较大，目前尚未掌握其应力损失的规律。为便于施工，对平卧叠浇的预应力构件，宜先上后下逐层进行张拉，采用逐层增大超张拉的办法来减少或弥补该预应力损失，但底层超张拉值不宜超过表 4-24 规定的张拉控制应力限值。

⑤ 张拉值

在预应力筋张拉时，往往需采取超张拉的方法来弥补多种预应力的损失，此时预应力筋的张拉应力较大，有时可能会超过张拉应力限值。例如，多层叠浇的最下一层构件中的先批张拉钢筋，既要考虑钢筋的松弛，又要考虑多层叠浇的摩擦阻力影响，还要考虑后批张拉钢筋对先批张拉钢筋的影响，往往张拉应力会超过规定的限值，此时，可采取下述方法解决。

一是先采用同一张拉值，而后复位补足；二是分两阶段建立预应力，即全部预应力张拉到一定数值（如 $90\% \sigma_{con}$），再第二次张拉至控制值。

⑥ 张拉伸长值计算

当采用应力控制方法张拉时，应校核应力筋的伸长值。实际伸长值与设计计算理论伸长值的允许偏差为 $\pm 6\%$。

张拉过程应避免预应力筋断裂或滑脱，当发生断裂或滑脱时，对后张法预应力结构构件，断裂或滑脱的数量严禁超过同一截面预应力筋总根数的 3%，且每束钢丝不得超过一根；对多跨双向连续板，其同一截面应按每跨计算。

预应力筋张拉锚固后实得预应力值与工程设计规定检验值的相对允许偏差为 $\pm 5\%$。

（3）孔道灌浆及封锚

预应力筋张拉后处于高应力状态，对腐蚀非常敏感，后张法有黏结预应力筋张拉后应尽早进行孔道灌浆。目的是保护预应力筋，防止预应力筋锈蚀；同时使预应力筋与结构混凝土形成整体，增加结构的整体性和耐久性。灌浆是对预应力筋的永久性保护措施。

孔道灌浆应采用强度等级不低于 42.5 的普通硅酸盐水泥配制的水泥浆，灌浆用水泥浆的水灰比不应大于 0.45，搅拌后 3h 泌水率不宜大于 2%，且不应大于 3%。泌水应能在 24h 内全部重新被水泥吸收。灌浆用水泥浆（或水泥砂浆）的抗压强度不应小于 30N/mm²。灌浆后，孔道内水泥浆应饱满、密实。

灌浆顺序应先下后上，以避免上层孔道灌浆而把下层孔道堵塞。曲线孔道灌浆，宜由最低点压入水泥浆，至最高点排气孔排出空气及溢出浓浆为止。

4.5.3 无黏结预应力混凝土

无黏结预应力混凝土的施工方法是在预应力筋表面刷涂油脂并包塑料带（管）后，如同普通钢筋一样先铺设在支好的模板内，再浇筑混凝土。待混凝土达到设计规定的强度后，进行预应力筋张拉和锚固。这种预应力施工工艺是借助预应力筋两端的锚具传递预应力，不需要预留孔道，施工简便，张拉时摩擦损失小。预应力筋易弯成曲线形状，但对锚具性能要求较高，适用于大柱网整体现浇楼盖结构，尤其在双向连续平板和密肋楼板中使用最为经济合理。

1. 无黏结预应力筋

无黏结预应力筋是由预应力钢丝束或钢绞线束、涂料层和护套层组成，如图 4-66 所示。

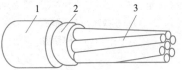

图 4-66　无黏结预应力筋
1—塑料护套；2—油脂；
3—钢绞线或钢丝束

无黏结预应力筋宜采用柔性较好的 $7\phi^s4$ 或 $7\phi^s5$ 钢绞线。无黏结预应力筋的涂料层的作用是使无黏结预应力筋与混凝土隔离、减少张拉时的摩擦损失、防止无黏结筋预应力腐蚀等。因此要求涂料层应具有良好的化学稳定性，对周围材料无侵蚀作用；不透水、不吸湿，抗腐蚀性能强，润滑性能好，摩阻力小，低温不变脆，并有一定韧性。目前常用的涂料层有防腐蚀沥青和防腐油脂等。护套层的材料要求具有足够的韧性、抗磨及抗冲击性，对周围材料无侵蚀作用；在规定温度范围内，低温不脆化，高温化学稳定性好。常用高密度聚乙烯或聚丙烯材料制作。

无黏结预应力筋的制作采用挤压涂层工艺。挤压涂层工艺制作无黏结预应力筋的生产线如图 4-67 所示，钢绞线（或钢丝束）通过涂油装置涂油后，通过塑料挤出机的机头出口处，塑料熔融物被挤成管状包覆在钢绞线上，经

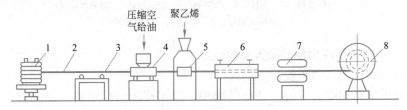

图 4-67　挤塑涂层生产线
1—放线盘；2—钢绞线；3—滚动支架；4—给油装置；5—塑料挤出机；
6—水冷装置；7—牵引机；8—收线装置

4.5　预应力混凝土施工

冷却水槽，塑料套管硬化，即形成无黏结预应力筋；牵引机继续将钢绞线牵引至收线装置，自排列成盘卷。这种工艺涂包质量好、生产效率高、设备性能稳定。

　　无黏结预应力筋制作的质量，除预应力筋的力学性能应满足要求外，涂料层油脂应饱满均匀，护套应圆整光滑，松紧恰当；护套厚度在正常环境下不小于 0.8mm，腐蚀环境下不小于 1.2mm。无黏结预应力筋制作后，对不同规格的无黏结预应力筋应做出标记。当无黏结预应力筋带有镦头锚固时，应用塑料袋包裹，堆放在通风干燥处。露天堆放应搁置在架上，并加以覆盖。

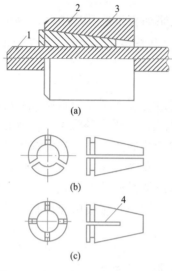

图 4-68　单孔夹片式锚具
(a) 组装图；(b) 三夹片；(c) 二夹片
1—钢绞线；2—锚环；
3—夹片；4—弹性槽

　　2. 无黏结预应力筋锚具
　　(1) 单孔夹片式锚具
　　单孔夹片式锚具由锚环和夹片组成，如图 4-68 所示。夹片有三片与二片式，三片式夹片按 120°铣分，二片式夹片的背面上锯有一道弹性槽，可以提高锚固能力。
　　(2) 挤压锚具
　　挤压锚具是利用液压挤压机将套筒挤紧在钢绞线端头上的锚具，用于内埋式固定端。挤压锚具组装时，液压挤压机的活塞杆推动套筒通过挤压模，使套筒变细，硬钢丝衬圈碎断，咬入钢绞线表面，夹紧钢绞线，形成挤压头，如图 4-69 所示。

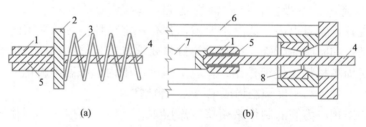

图 4-69　挤压锚具及其成型
(a) 挤压锚具；(b) 成型工艺
1—挤压套筒；2—垫板；3—螺旋筋；4—钢绞线；5—硬钢丝衬圈；
6—挤压机机架；7—活塞杆；8—挤压模

　　3. 无黏结预应力筋的布置及构造要求
　　(1) 预应力筋的布置
　　在无黏结预应力混凝土楼面结构中，根据楼板结构形式，预应力筋的布置可有：纵向多波连续曲线的配筋方式和纵横向多波连续曲线配筋方式。
　　① 纵向多波连续曲线配筋方式。在多跨单向平板结构中，曲线配筋的形式与板承受的荷载形式及活荷载与恒载的比值有关，如图 4-70 所示。

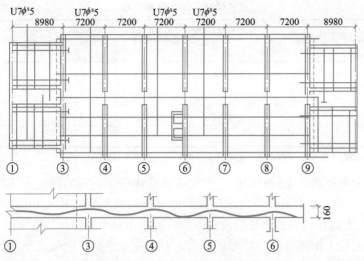

图 4-70　多跨单向平板预应力筋布置方式（单位：mm）

② 纵横向多波连续曲线配筋方式。在多跨双向平板结构中，结构在均布荷载作用下其曲线配筋形式可按柱上板带与跨中板带布筋，如图 4-71 (a) 所示。对长宽比不超过 1.33 的板，在柱上板带内配置 $60\%\sim75\%$ 的无黏结预应力筋，其余分布在跨中板带，这种布筋方式给穿筋、编网和定位的施工带来不便。另一种布筋方式是：一向带状集中布筋，另向均匀分散布筋，如图 4-71 (b) 所示。这种布筋方式避免了无黏结预应力筋的编网工作，便于施工。

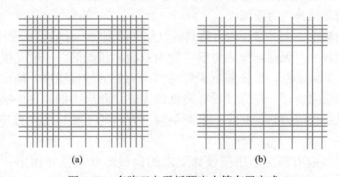

图 4-71　多跨双向平板预应力筋布置方式
(a) 按柱上板带与跨中板带布筋；(b) 一向带状集中布筋，另向均匀分散布筋

（2）构造要求

① 预应力筋保护层。无黏结预应力筋保护层考虑到耐火要求，保护层的最小厚度应符合表 4-25 与表 4-26 的规定。

板的混凝土保护层最小厚度　　　　　　　　　　表 4-25

约束条件	耐火极限(h)			
	1	1.5	2	3
简支(mm)	25	30	40	55
连续(mm)	20	20	25	30

171

梁的混凝土保护层最小厚度　　　　　　　　　表 4-26

约束条件	梁宽	耐火极限(h)			
		1	1.5	2	3
简支(mm)	200	45	50	65	采取特殊措施
	≥300	40	45	50	65
连续(mm)	200	40	40	45	50
	≥300	40	40	40	45

注：当混凝土保护层厚度不能满足表列要求时，应使用防火涂料。

② 无黏结预应力筋的间距。对均布荷载作用下，板的预应力筋的间距为 $250\sim500mm$，最大间距不得超过板厚的 6 倍，且不宜大于 $1.0m$；各种布筋方式每一方向穿过柱的无黏结预应力筋的数量不得小于两根。

③ 混凝土预压应力。对无黏结预应力混凝土平板，混凝土平均预压应力值不宜小于 $1.0N/mm^2$，也不宜大于 $3.5N/mm^2$，在裂缝控制较严的情况下，平均预压应力值应不小于 $1.4N/mm^2$。对抵抗收缩与温度变形的预应力筋，混凝土平板预压应力值不宜小于 $0.7N/mm^2$；在双向板中，平均预压力值不大于 $0.86N/mm^2$。

4. 无黏结预应力混凝土施工工艺

无黏结预应力的施工，主要问题是无黏结预应力筋的铺设、张拉和端部锚头处理。无黏结预应力筋在使用前应逐根检查外包层的完好程度，对有轻微破损者，可包塑料带补好，对破损严重者应予以报废。

(1) 无黏结预应力筋铺设

在单向板中，无黏结预应力筋的铺设与普通钢筋一样铺设在设计位置上。

在双向板中，无黏结预应力筋一般为双向曲线配筋。一般是根据双向预应力筋交点的标高差，事先编制无黏结预应力筋的铺设顺序，铺设双向配筋的无黏结预应力筋时，应先铺设标高低的无黏结预应力筋，再依次铺设标高较高的无黏结预应力筋，并应尽量避免两个方向的无黏结预应力筋相互穿插编结。

无黏结预应力筋应严格按设计要求的曲线形状就位并固定，无黏结预应力筋的曲率可垫铁马凳控制，间距为 $1\sim2m$。铺设顺序是依次放置铁马凳，然后按顺序铺设无黏结预应力筋；经调整检查无误后，用铅丝绑扎牢固。

无黏结预应力筋铺设完毕，经隐蔽工程验收合格后，方可浇筑混凝土，混凝土必须振捣密实。浇捣混凝土时严禁踏踩撞碰无黏结预应力筋、铁马凳及端部预埋件。

(2) 无黏结预应力筋的张拉

无黏结预应力筋一般为曲线配筋，因此应采用两端同时张拉。张拉程序一般采用 $0\rightarrow1.03\sigma_{con}$ 超张拉程序进行。

无黏结预应力筋的张拉顺序应根据其铺设顺序，先铺设的先张拉，后铺设的后张拉，无黏结预应力筋在张拉前宜用千斤顶往复抽动几次，以利于减少摩擦应力损失。对楼盖梁板结构，宜先张拉楼板无黏结预应力筋，后张拉楼面梁无黏结预应力筋。板中的无黏结预应力筋可依次张拉，梁中的无黏结预应力筋宜对称张拉。在梁板顶面或墙壁侧面的斜槽内张拉时，宜采用变角张拉装置，如图4-72所示。

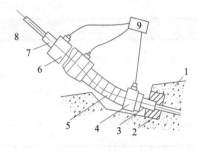

图 4-72　变角张拉装置

1—凹口；2—锚垫板；3—锚具；
4—液压顶压器；5—变角块；6—千斤顶；
7—工具锚；8—预应力筋；9—油泵

无黏结预应力筋在张拉过程中，应测定其伸长值，其张拉伸长值的校核与有黏结预应力筋相同。对超长无黏结预应力筋因张拉初期的阻力大，初拉伸长值比常规推算值小，应通过试验修正。

(3) 无黏结预应力筋锚头端部处理

无黏结预应力筋张拉完毕后，应及时对锚固区进行保护。

无黏结预应力筋锚固区，必须有严格的密封防护措施，严防水汽进入，锈蚀预应力筋。

无黏结预应力筋锚固后的外露长度不小于30mm，多余部分宜用手提砂轮锯切割。

在锚具与承压板表面涂以防水涂料。为了使无黏结预应力筋端头全封闭，在锚具端头涂防腐润滑油脂后，罩上封端塑料盖帽。

4.5.4　预应力混凝土工程的质量要求与安全技术

1. 质量要求

(1) 预应力筋进场时，应按现行国家标准《预应力混凝土用钢绞线》GB/T 5224 等的规定抽取试件做力学性能检验，其质量必须符合有关标准的规定。预应力筋安装时，其品种、级别、规格、数量必须符合设计要求。

(2) 预应力筋用锚具、夹具和连接器应按设计要求采用。其性能应符合现行国家标准《预应力筋用锚具、夹具和连接器》GB/T 14370 等的规定。

(3) 预应筋端部锚具的制作质量应符合下列要求：

① 挤压锚具制作时，压力表油压应符合操作说明书的规定，挤压后预应力筋外端应露出挤压套筒1~5mm；

② 钢绞线压花锚成型时，表面应清洁、无油污，梨形头尺寸和直线段长度应符合设计要求；

③ 钢丝镦头的强度不得低于钢丝强度标准值的98%。

(4) 预应力筋张拉锚固后实际建立的预应力值与工程设计规定检验值的相对允许偏差为±5%。

(5) 锚固阶段张拉端预应力筋的内缩量应符合设计要求；当设计无具体要求时，应符合表4-27的规定。

张拉端预应力筋的内缩量限值　　　　　表 4-27

锚具类别		内缩量限值(mm)
支承式锚具(镦头锚具等)	螺帽缝隙	1
	每块后加垫板的缝隙	1
锥塞式锚具		5
夹片式锚具	有顶压	5
	无顶压	6～8

2. 安全措施

(1) 在预应力作业中，必须特别注意安全。因为预应力筋具有很大的能量，万一预应力筋被拉断或锚具与千斤顶失效，巨大能量急剧释放，有可能造成很大危害。因此，在任何情况下作业人员不得站在预应力筋的两端，同时，在张拉千斤顶的后面应设立防护装置。

(2) 预应力筋张拉机具设备及仪表，应定期维护和校验。张拉设备应配套标定，并配套使用。

(3) 操作千斤顶和测量伸长值的人员，应站在千斤顶侧面操作，严格遵守操作规程。油泵开动过程中，不得擅自离开岗位。如需离开，必须把油阀门全部松开或切断电源。

(4) 严禁在带负荷时拆换油管或压力表。接电源时，机壳必须接地，经检查绝缘可靠后才可试运行。

4.6 现浇混凝土结构施工要点

混凝土结构施工主要涉及构件的平面位置，构件截面、构件之间的空间位置关系等，施工过程复杂。

4.6.1 图纸会审

图纸会审是建筑施工过程中一项必不可少的程序，做好图纸会审工作对减少图纸差错、提高施工质量及效率，保证施工顺利进行具有重要意义。

(1) 图纸会审程序

图纸会审一般包括下面几个阶段：

1) 学习领会设计意图

在拿到正式设计图纸后，参与建设的各方(施工、监理、建设等)相关专业工程师应首先熟悉图纸，了解工程内容及设计意图，明确技术及质量要求。

2) 各专业工程师的初步审核

在学习领会设计意图的基础上，各专业工程师应对本专业相关图纸进行检查，尽可能地发现图纸中的错误、矛盾、交代不清楚、设计不合理等问题，并做好详细记录。

3) 施工方、监理方、建设方内部的图纸预审由项目技术负责人召集本项目相关各专业人员，对各专业发现的问题进行书面汇总，对图纸上各专业之间的矛盾进行协商。最后，应由施工方或监理方将各方发现的问题汇集成正式的书面报告，通过建设方提前提交给设计方。

4）图纸会审会议

图纸会审（也叫图纸交底、设计交底）会议通常由建设方或监理方主持，首先由设计方介绍设计意图及施工注意事项，再由设计方各专业人员同施工、监理、建设方对应专业人员分组对提出的问题进行解答。各方应对解答进行记录，会后，由施工单位根据记录整理出设计交底会议纪要（或叫做图纸会审记录），由参会各方会签，作为本工程设计图纸的补充。

（2）图纸审核的内容

图纸审核过程中，各方的各专业工程师应主要对图纸中下列问题进行检查：

1）图纸的完整性；

2）尺寸、标高是否正确一致；

3）水、暖、电及设备安装等各专业图纸之间、前后图之间是否有矛盾；

4）预留洞、预埋件是否错漏，构造做法是否交代清楚；

5）材料选用是否合理，设计是否能满足质量要求；

6）建筑物基础与设备基础、地沟等是否相碰；

7）建筑图与结构图是否一致，标准图、详图是否正确；

8）室内各项装修做法是否协调，门窗、构件的尺寸、规格、数量是否相符等。

4.6.2 主要材料用量的确定

现浇混凝土结构施工所涉及的材料主要包括：混凝土、钢筋、模板及其支架等，还涉及外脚手架。所有这些材料，在结构施工前均应做到心中有数，且在每一施工段的施工中有充分的供应。

（1）混凝土材料数量的确定

一栋建筑物中，混凝土材料通常有若干个等级，通常，每层墙柱混凝土为同一等级，而梁板混凝土则为同一等级，地下室筏板及外墙的混凝土还会有抗渗要求。随着建筑物层数的提高，不同层之间混凝土的强度等级也会有所变化。每一个强度等级的混凝土使用量正常情况下可以从该工程的工程量清单中获得。从建筑施工角度，还需要按照结构施工图，将每一结构层各施工段墙柱、梁板的混凝土用量按照强度等级分别计算出来，以方便每次混凝土浇筑时订购或现场搅拌混凝土原材料需要量的确定。

（2）钢筋材料数量的确定

在现浇混凝土结构施工中，常用的钢筋材料直径可能从 6mm 到 32mm，钢筋级别也可能从 HPB300 级到 HRB500 级。钢筋必须按照图纸要求加工成构件中所示的尺寸及形状，并绑扎成钢筋网片或钢筋笼，这是混凝土结构施工中最为复杂的一部分。在工程量清单中，只能反映出钢筋的总需求量（不计损耗），无法详细反映出各具体规格的钢筋消耗。因此，在施工准备阶段，应计算出建筑物每层所需的各规格钢筋，以方便钢筋采购及现场加工、安装控制。

（3）模板极其支架、脚手架等周转材料需要量的确定

模板及其支架是混凝土成型的基础。目前，模板支架多采用脚手架钢管及扣件、门式脚手架、碗扣式脚手架等支架形式，在建筑施工中这些材料损耗很少，属于周转性材料。对于模板，除定型钢模板外，目前常用的模板形式在使用过程中都不同程度地存在着损耗，每拆安一次都必须补充一些新的面板材料。合理估算每层模板的需要量，并根据材料质量确定合理的周转次数，不仅对施工质量、施工进度有重要意义，从降低施工成本角度看也很有必要。模板支架及脚手架材料的需要量应根据企业定额或施工方案具体确定。

4.6.3　材料供应方的选择与确定

混凝土材料施工中，所涉及的材料供应方可能包括：混凝土材料供应方，钢筋供应方，模板及其支架、脚手架材料供应方。

（1）混凝土材料供应方的选择

混凝土供应通常有两种选择：采用预拌商品混凝土或者现场搅拌混凝土。目前，在一般省会级城市，均强制使用预拌商品混凝土；而在一般城镇，现场搅拌混凝土成本相对低廉，但有时由于施工现场狭小等原因而无法搅拌。因此，现场施工中，究竟采用哪种混凝土供应方式，应同时考虑经济、现场环境条件、当地建设法规的要求等因素。

（2）钢筋供应方的选择

钢筋供应方的选择比较简单，主要考虑两个因素：一是其供应的钢筋必须是合同规定的合格的正规厂家生产的产品，避免假冒钢筋进入施工现场；二是该钢筋供应方应有足够的资金实力，因为钢筋价格高昂，占用资金量大。实际施工中，建筑材料的结算都是在施工方按照施工合同得到工程进度款后才能与钢筋供应方作阶段结算。

（3）模板及其支架、脚手架材料供应方的选择

采用定型钢模板的情形，这种定型钢模板通常主要用于剪力墙结构或框架-剪力墙结构的竖向构件，如墙、柱等，在建筑平面比较规则的条件下有时也采用梁板快拆模板体系。这种情形中，模板的供应方式有两种：施工企业已购买这种模板体系，由模板生产厂家根据施工图纸要求，对已有的模板进行有偿改装；另一种情形则是施工企业采用有偿租赁方式从定型模板生产或租赁企业租赁这类模板，满足图纸要求则是模板生产或租赁企业的责任。

对于一般的散支散拆模板，模板面板材料大多为多层板、竹胶板或小钢模板、钢框竹胶模板等，这类模板面板多由施工企业根据施工项目特点，确定所需的模板周转次数，并选用相应档次的面板材料。模板支架则采用自有模板支架或从材料租赁公司租用扣件式钢管脚手架材料或门式脚手架材料作

为模板支架。

4.6.4 材料试验与检验

现浇混凝土结构施工所涉及的试验与检验主要是在混凝土和钢筋两种材料上。试验与检验的内容在前面章节已有所介绍，此处强调检测实验室的选择。在选择检测实验室时，应注意下面几点：

（1）该检测实验室应具有营业执照；

（2）本工程所涉及的所有检验及试验项目应在其检测资质范围内；

（3）遵守当地质量安全监督部门关于指定检测实验室强制送检比例的规定。

此外，还应按照当地相关管理规定，落实混凝土试件现场标养及同条件养护的相关要求及设施，配备好必要的现场检测器具，如坍落度检测仪、混凝土试模等。

4.6.5 主要劳务供应方的选择与确定

按照我国现行建筑业管理体制，工程总包单位一般只派出项目管理机构，现场施工所需的大量劳动力需要从劳务公司获得。在选择劳务公司时，应考虑下面一些因素：

（1）尽量选择具有多项资质（如同时具有混凝土浇筑、钢筋工程、模板工程、脚手架工程等）的劳务公司，这样可减少施工现场劳务公司之间的协调工作量。

（2）尽量选择有过合作经历且合作愉快、有实力的劳务公司。现场施工过程中，项目部与劳务公司方面合作的融洽程度直接影响到施工进度和质量。

（3）签署规范的劳务分包合同，并按当地的相关规定办理合同登记手续，接受相关部门的监督管理。原建设部、原国家工商行政管理总局已颁布《建设工程施工劳务分包合同示范文本》，可以作为签订劳务分包合同的基础。

（4）为劳务供应方修建必需的生产生活设施，如食堂、浴室、厕所、娱乐室等。

4.6.6 主要施工机械的进场与安装

现浇混凝土工程涉及的施工机械主要有：塔式起重机，钢筋加工机械（如钢筋调直机、弯曲机、切断机、闪光对焊机、直螺纹加工车床等）、混凝土搅拌机、混凝土泵、混凝土布料机、混凝土振捣机械、模板拼装所需的木工机械等。

通常情况下，钢筋加工机械大多是劳务公司自带的设备，也有由建筑公司提供的情形；塔式起重机、混凝土搅拌机、振捣棒等可能归属于建筑公司，也可能是建筑公司从建筑机械租赁公司租赁来的；混凝土泵，在采用商品混凝土时，通常都是商品混凝土厂家提供并安装的，但若采用现场自拌混凝土，则可能是建筑公司自有的或租赁的。

177

应当注意，塔式起重机属于特种起重机械，其安装、拆卸均需要专门的资质。安装完成在投入使用前应经过相关部门的专门检测验收，并获取相应的合格证明，再按照当地相关管理法规到建设行政主管部门规定的部门完成备案登记并报监理方同意后才可正式投入使用。

对现场的其他设备，通常在安装完成后经过建筑公司安全管理部门相关人员的检查验收，并报监理方许可后才可使用。

4.6.7 相关验收及审批手续的办理

在混凝土浇筑前，还应完成下列验收及审批手续：

（1）本浇筑段模板及其支架验收，并完成相关技术资料签署。

（2）本浇筑段钢筋工程验收，并完成相关技术资料签署。

（3）采用商品混凝土时，拿到商品混凝土质量保证资料，包括砂石含泥量试验报告、粗骨料级配及压碎值试验报告、水泥强度及安定性试验报告、配合比试验报告、各种外加剂合格证明、粉煤灰试验报告等。采用自拌混凝土时，上述资料应通过检测实验室出具。

（4）完成混凝土（开盘）浇筑申请表签署。

（5）对大体积混凝土、混凝土冬期施工及高温季节施工等，还应编制专门的施工方案，经建筑公司技术部门审批并报送监理方审批同意后才可开盘浇筑。

4.7 混凝土结构工程智能施工

尽管目前我国的建造水平有了很大的提升，但是还没到达到建造强国的水平。碎片式、粗放式的建造方式带来了一系列问题，如安全问题突出、生产效率较低和施工质量无法保证等。混凝土结构作为目前应用最为广泛的一种结构形式，对其施工的智能化革新可显著提高建筑业整体劳动生产率、避免资源的浪费、解决建筑业高度依赖人力资源的现状，对于提升国家智能建造产业竞争具有重要的意义。

4.7.1 钢筋工程智能施工

钢筋绑扎是混凝土结构工程施工中的重要环节。现阶段，钢筋绑扎机器人的出现，使施工生产效率大幅提升。钢筋绑扎机器人是依照 BIM 建模对施工现场的钢筋网架进行仿真模拟，并规划最优路径，使得钢筋绑扎机器人行走路径最短，缩短施工时间，以此来实现多个钢筋绑扎机器人的协同工作。

1. 系统组成

钢筋绑扎机器人的绑扎系统包括采集单元、路径规划单元、建模单元和控制单元。采集单元是对施工现场已铺设好的钢筋网架进行数据扫描并获得对应的钢筋扫描数据。建模单元是依据所采集的数据建立模型。路径规划单元是根据多个初始位置作为起始点，在仿真模型中规划得出对应的行走路径，并且规划机器人经历所有的钢筋交叉点。控制单元是控制机器人的移动和经过钢筋交叉点进行钢筋绑扎。钢筋绑扎机器人包括行走小车、可旋转调节的安装座、夹取机械手、绑扎机械手和送丝机械手。行走小车在施工现场的钢筋网架上沿着行走路径进行行走。夹取机械手、绑扎机械手以及送丝机械手通过安装轴可转动地安装于安装座上，夹取机械手用于夹住钢筋交叉点，送丝机械手用于为绑扎机械手提供钢丝，绑扎机械手利用送丝机械手提供的钢丝对机械手夹住的钢筋交叉点进行绑扎。

2. 工艺流程

对现场已经铺设好的钢筋网架进行数据扫描并获得对应的钢筋扫描数据，依据所获得的扫描数据建立 BIM 仿真模型，并规划出对应的行走路径，提供多个绑扎机器人，机器人的数量可根据现场施工的作业面积进行选择，数量越多，钢筋绑扎的施工效率也就越快，但成本比较大。选好钢筋数量后，依照钢筋绑扎机器人的数量划分工作范围。并将机器人依据初始位置放置在对应位置处，依照行走路径控制机器人的移动，以钢筋绑扎机器人所在位置为圆心，以机械手调节至最远位置处为半径，所绘制的圆形区域作为作业范围，在经过的钢筋交叉点进行钢筋绑扎，从而实现钢筋网架的绑扎施工。

传统的钢筋绑扎，需要耗费大量的人力，工人成本高，而钢筋绑扎机器人的实现可以更好地节约劳动力，提高工作效率，从而缩短施工工期，保障后续的施工质量。

4.7.2 模板工程智能施工

近年来，我国的整体爬升式模架系统在工程实践中主要以建筑物筒体为支撑进行爬升和施工，并已取得了长足的进步和发展。虽然有工业化建造的优势，但无法克服技术路径和传力方式弊端，难以形成自动化、连续化的工艺流程。而目前多用于超高层建筑施工的新一代整体爬升式模架系统（又称空中造楼机）是一种能够满足自动支模、自动拆模、外立面装修、预制构件及钢筋笼吊装、混凝土智能浇筑与养护，并为施工人员提供安全防护等多种功能于一体的智能施工平台。

（1）系统组成

空中造楼机由多个不同的系统组成，一般包括钢平台系统、挂架系统、支撑与顶升系统、模板系统、附属设施系统及其他施工设备集成等。其中钢平台系统主要是由主次桁架、外围桁架以及钢立柱组成，是装配式模架系统的主要承载部件，起到物料转运、模板挂载、提供主体结构施工和外立面施工平台等作用，并为布料机、消防、电气、液压设施设备提供安装和运维平台。挂架系统主要包括吊杆、龙骨、通道板、钢梯以及相应配件。上下支撑架以及液压顶升油缸构成支撑与顶升系统。上下支撑架通过小型伸缩油缸进退附着墙体，外套架起传力导向作用，设置导向轮与限位滑块控制支撑架顶升过程方向偏差。通过大行程双作用顶升油缸，顶升上支撑架、支撑圆管柱带动钢桁架平台和挂架、模板等同步顶升，顶升到位后，启动小型伸缩油缸，上支撑架附着加固；下支撑架退出墙面，启动大行程油缸回缸，回缸到位后，启动小型伸缩油缸，下支撑架附着加固，完成顶升。

空中造楼机上的物料转运平台可将物料由地面运输至施工楼层，为物料转运提供空间的同时，极大地改善了作业环境。智能双梁行车平台负责构件的吊装及定位、悬挂混凝土料斗进行水平构件的浇筑。智能双梁行车可将物料由物料转运平台吊装并移动至所需要的位置进行精确定位与辅助安装，如图 4-73 所示。顶部钢平台、双梁行车平台、操作平台及物料转运平台可实现多层平台独立升降与交叉流水施工，提高了施工效率。

（2）施工关键技术

1）同步升降控制技术

空中造楼机钢结构平台需要具有满足施工节奏要求的起升和下降动作，平台升降方案对于平台同步性及稳定性有决定性的影响。八个支撑架同步顶升，采用双作用顶升油缸，上下支撑架附着采用小型伸缩油缸，各支撑系统加压顶升数据均集成反映至平台数据库界面，保证了顶升定位的精确度。外套架内设置滑块，对上下支撑架顶升进行限位，支撑圆管柱设置导向轮，保证顶升方向准确。油缸顶升方式速度可调范围大，顶升力可通过溢流阀调节，系统安全可通过平衡阀、电动止回阀等辅助阀实现，并可通过检测系统压力实时监控钢平台荷载变化情况。

2）平台防坠技术

顶模或者爬模等传统升降系统的安全防护装置需要专业人员手动复位，具有较高的危险性。因此，针对空中造楼机需要多次升降的工作特点，钢结构平台防坠采用了液压防坠技术。在液压系统中设有电动止回阀及平衡阀，其中平衡阀具有单向阀和溢流阀的性能，用来随动建立与变化负载相平衡的备压，实现负载保持、负载控制及安全负载的作用。同时采取两组举升油缸回路，一组设计为主动油缸回路，另一组设计为随动油缸回路，在出现故障或坠落故障时，实现互锁。电动止回阀实现安全负载及防爆阀的作用。平衡阀的开启无需操作人员参与，极大地提高了操作人员的安全性，同时确保在升降过程中不会出现误操作。

3）智能化监测

首先通过建立健康监测云平台，对平台监控数据进行集成，实现可视化实时监测。云平台健康监测系统可实现无线传输、实时监测、动态控制及监测平台预警短信预警等功能。其次，在平台顶升过程中，智能监测系统可以对顶升平台的挠度变化量和水平度实时进行监测，用于指导平台顶升过程的动态控制与调整。

相比传统整体爬升式模架系统，空中造楼机整体设计更人性化，工人施工更舒适安全，结合 5G 技术，平台集成了智能化监测及控制系统，有效实现了平台各系统安全性监控、支点垂直度智能控制及混凝土智能化养护。但目前空中造楼机多用于超高层建筑施工，整体造价高，不利于全面推广，所以

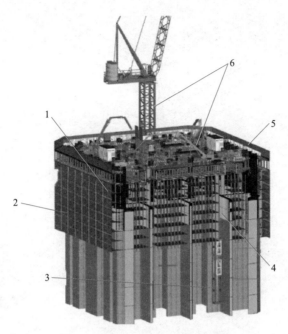

图 4-73　新型整体爬升式模架系统

1—钢平台系统；2—挂架系统；3—支撑与顶升系统；4—模板系统；

5—附属设施系统；6—施工设备集成

轻量化、低成本是空中造楼机未来的主要发展方向。

4.7.3　混凝土工程智能施工

1. 混凝土 3D 打印技术

混凝土 3D 打印是现代数字化制造的典型代表，依据设计图纸先打印构件内外轮廓，然后打印夹层结构，通过堆叠方式逐层打印。构件打印过程中由计算机自动控制，人工干预少，且构件以单元模块进行打印，安装用工少。该技术对混凝土材料性能具有极高的要求，一方面新拌浆体应具有一定的工作性，以保证可以顺利被挤出；另一方面新拌浆体应具有足够的塑性、强度和适宜的凝结时间，保证材料在逐层叠加过程中不发生变形。所以目前应用的场景比较局限，实际案例比较少，如图 4-74 所示。

（1）技术流程

打印流程代码是 3D 打印技术的重要组成部分，而打印流程设计则是结构或构件利用该技术由图纸转化为实物的重要环节。当施工图设计完成后，需根据图纸中的构件尺寸外形、预留孔洞、钢筋排布等设计 3D 打印流程，通过平移、旋转、抬升等方式设计出料喷嘴的行进路线，根据结构参数和材料特性等设定打印喷头的行进速度和出料速度等工艺参数，最后编译成打印流程代码。当构件打印流程设计完成并编译生成打印流程代码后，将代码导入 3D 打印机的控制器，即可由控制器控制 3D 打印机自动完成结构或构件的打印，如图 4-74 所示。打印过程中，混凝土打印过程无需人员干预，仅需工人在打

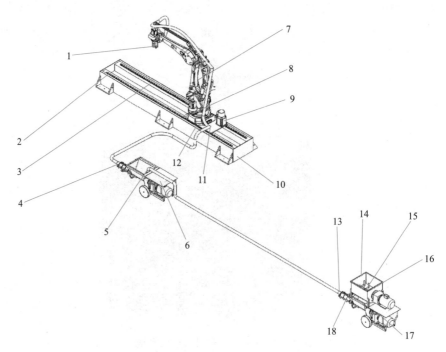

图 4-74　3D 打印机示意图

1、4—出料喷嘴；2—底座行走轴；3—直线导轨；5—管-1；6—二级泵送；7—机械手臂；
8—滑块；9—行走电机；10—行走地轨；11—管-2；12—机械臂安装座；13—喷头；
14—搅拌运输；15—搅拌轴；16—搅拌料斗；17—覆盖板；18—定子

印至预定高度时布设钢筋网片。建筑 3D 打印用混凝土通常掺入促凝组分以控制新拌浆体的工作性和屈服强度，这些组分也影响了混凝土的强度增长。一般而言，3D 打印用混凝土的强度增长较普通混凝土更快。在养护过程中要避免温度过高或过低引起混凝土强度和耐久性的劣化。当混凝土达到足够强度后可进行吊装、运输和现场安装。构件自重和外形特征使其具有足够的稳定性，无需外加支护，在满足装配式建筑规范要求下进行生产组装，安全高效，用工少。

（2）技术特点

混凝土打印在提升建造效率的同时，较大程度地降低了建筑废弃物的产生量，与当前建造发展方向契合。结合 BIM 技术组合使用各种布筋手段，充分分析构件或者建筑物的传力特点，提升 3D 打印混凝土结构的施工效率。同时，3D 打印建筑不需要模板支护，在设计过程中即免除了模板工程的设计工作，加快了设计流程；而在生产过程中，则不需要单独进行模板的制造，尤其是异型模板、预留孔洞等，更不必考虑后续的模板安装、拆卸和周转问题，大大简化了生产工序。此外，由于 3D 打印用混凝土材料的新拌浆体性能经过精确控制，兼顾流动性与屈服强度，在打印过程中无需振捣即可保证浆体密实。建筑 3D 打印技术改变了传统建筑行业中劳动力密集型的用工状态。由于建造工艺大量简化、生产过程由计算机全自动控制，建筑 3D 打印技术降低了劳动人员密度。建筑 3D 打印技术可以使建筑结构在造型设计方面更美观新颖、在造价控制方面更低廉、在功能方面更灵活多样。

（3）作业注意事项

1）3D 打印混凝土的凝结时间较短，在打印施工过程中，如果出现断电情况，对搅拌设备、输送设备和打印设备难以清理，可能造成设备的永久损坏，因此，应制定供电保障方案。打印过程中如果在非施工节点停止，后期的修补较难，应尽可能地避免突然停止打印，有必要制定供水应急方案。

2）打印施工过程中有必要设置专人对打印效果、打印设备的运行情况等实时监测。打印效果包括打印过程中的中心线是否准确，打印宽度和打印高度等是否满足设计要求，打印设备运行情况是否有异常。以上情况对打印施工质量非常重要，如果发现问题，应及时采取措施。

3）无论是停机时间过长，还是打印完成后，均应及时清洗设备，避免混凝土硬化无法清洗，造成设备破坏。

2. 混凝土智能养护

混凝土强度直接关系到工程安全，而混凝土强度的影响因素也比较复杂。混凝土浇筑后如不及时进行保湿养护，水泥颗粒不能充分水化转化为稳定的结晶，易产生较大的收缩变形，出现干缩裂纹，影响结构耐久性。混凝土的养护对混凝土强度有着重要的影响。

（1）系统组成

混凝土保湿养护智能控制，通过传感器感知环境温湿度和风速、智能控制器分析计算混凝土养护面湿度，并控制电磁开关实现保湿养护，完成闭环控制，具体控制系统由智能控制系统、温湿度和风速采集系统、喷淋养护系统和水电供应系统构成。

智能控制系统包括保湿养护智能控制器、电磁阀及其连接电缆；温湿度和风速采集系统包括温湿度传感器、风速传感器及其与智能控制器的连接电缆；喷淋养护系统包括与电磁阀连接、用于进行喷水养护的装置整体；水电供应系统包括提供智能控制器和电磁阀的供电系统、连接于电磁阀前端提供养护用水的供水系统。

（2）工艺流程

混凝土保湿养护智能控制的过程：实时采集环境温湿度和风速，并在线感知、智能识别；智能计算混凝土养护面湿度，并与设备设定湿度控制值比较、判别；实时自动控制电磁阀开关，进行混凝土喷淋养护，控制混凝土面湿度；反馈调控，科学实现混凝土保湿养护。目标是保持混凝土养护面湿度≥95％。在进行保湿养护前，先妥善安装智能控制系统，并全面调试、检验，确定养护参数。

传统混凝土养护方法对工人要求较高，需要工人严格按照规定时间对混凝土进行间歇性洒水。采用智能控制既节约人工费，又避免人为因素影响，确保了混凝土保湿养护质量，可以灵活应用于各种大型复杂结构工程。先进的控制技术，使得混凝土的养护全自动完成，相比于传统的人工养护在养护效果和养护精度方面都大大提高。为后面类似工程的混凝土智能养护提供经验。

3. 大体积混凝土智能温控

大体积混凝土出现裂缝的主要原因是没有及时控制温度，直接影响混凝土的外观质量，甚至会影响主体结构的寿命周期。在大体积混凝土施工过程中建立智能温控系统对混凝土裂缝控制具有重要意义。系统通过服务器对大体积混凝土结构各点温度实时自动读取和分析，并根据温控指标及时发出应采取的温控技术措施的提示信息，同时根据混凝土内部温度的变化对冷却水电磁阀门控制器发出指令，实现水的流向及开始与停止。

（1）系统组成

大体积混凝土智能温控系统主要包括现场温度信息实时显示、温度预警及温控技术措施提示、冷却循环水智能控制 3 个部分。

现场温度数据自动采集采用无线通信系统，由温度传感器、无线采集器、无线数据中继器和数据传输单元组成。测温系统工作原理：无线采集器将各个温度传感器的温度数据进行采集，由无线数据中继器汇总，然后发射至远端控制装置，储存到云服务器中，温度数据可以在手机等终端设备实时查看。

现场温度信息实时显示是通过编制现场温度信息实时显示程序模块，实现对云服务器中混凝土各温度监测点温度数据的检索、分析、处理，并将各温度监测点温度指标实时显示在系统界面中。混凝土结构现场温度显示信息主要有现场环境温度、混凝土浇筑温度、冷却水进口和出口温度。混凝土结构各温度监测点显示的温度信息主要有混凝土内部最高温度、混凝土表面温度、混凝土内表温差、混凝土表面与环境温差、混凝土与冷却水最大温差、降温速率。

通过编制温度预警及温控技术措施提示程序模块，并预先设定温度控制指标，对云服务器中混凝土各温度监测点温度数据进行检索、分析、判断，对于超出温控指标的温度监测点发出预警信息，并提示应采取的温度控制技术措施。

冷却循环水智能控制系统是对电磁阀门控制器发出指令并对冷却水电磁阀门进行控制，以此来实现冷却循环水的定时自动改变水流方向和根据温控指标分别控制冷却水管。

（2）工艺流程

首先进行温度监测点和冷却水管的布置，无线采集器将各个温度传感器的温度数据进行采集，由无线数据中继器汇总，然后发送至计算机，储存到云服务器中，温度数据可实时查看。为了使混凝土内部温度下降比较均衡，需定期改变冷却循环水流动方向。根据预设的温控指标，对云服务器中混凝土各温度监测点的温度数据进行实时分析和判断，对于超过温控指标的温度检测点所在位置的冷却水管发出电磁阀关闭指令。

该技术的应用解决了传统混凝土温控技术存在检测系统实时性差、数据采集和自动化程度低等问题，实现了实时掌握混凝土各部位温度的变化，同时还能根据温度变化情况自动调节冷却循环水,对大体积混凝土施工的温度监控具有较好效果,从而实现大体积混凝土的抗裂养护。

4. 预应力混凝土智能压浆技术

预应力混凝土技术在桥梁工程应用比较广泛。大量研究表明,短寿命桥梁的形成原因主要是在使用预应力技术时,预应力管道压浆完成后没有建立起完整有效的预应力体系。因此,预应力管道压浆质量的好坏决定了桥梁使用的安全性和耐久性。

(1) 传统压浆工艺存在的缺点

1) 水泥浆液的配制存在很大的不确定因素。由于配制浆液的设备不标准,现场称重设备的使用误差,以及施工人员为了方便施工而随意改变浆液的流动性,因此材料配比难以达到试验室标准配比要求,实际水胶比也无法满足规范要求,从而直接影响管道的压浆质量。

2) 管道内空气的排除。传统压浆工艺难以保证将管道内空气排除干净,从而造成压浆后出现空洞。即使采用真空辅助压浆,锚头端部的钢绞线缝隙也不能保证管道的密封性,因此压浆时管道内的负压也难以达到规范要求。

3) 压浆压力的控制。采用压力表盘读数控制压浆压力。在压浆过程中,因机械振动等因素造成压力表的瞬时读数很难控制,仅靠人工肉眼观察去记录读数,使得数据存在很大误差。

4) 保压压力和时间的控制。保压压力的控制依旧采用压力表盘读数,控制难度较大。在保压时间的控制上,人为因素影响较大,保压时间往往也不能达到规范要求。

使用大循环智能压浆施工技术是预应力管道压浆工艺的一种趋势。它解决了传统压浆工艺中存在的诸多不足,实现了压浆过程的控制自动化、精细化及标准化,使预应力管道内的浆液饱满度和密实度达到了新的高度。因此,大力推广与应用大循环智能压浆技术,有利于提高预应力管道压浆质量,从而提高预应力结构的安全性和耐久性。

(2) 工作原理

大循环智能压浆系统由压浆系统、智能控制系统、搅拌及储浆系统、供水系统和行走系统等部分组成。水泥浆液在由制浆机、梁体内预应力管道、储浆桶组成的封闭循环回路内持续循环,在预应力管道的进浆口和出浆口分别设置精密传感器实时监测压力,并将数据实时反馈给自动控制系统进行分析判断。智能控制系统根据主机指令进行压力的调整,保证整个压浆过程中的浆液质量、压力大小、稳压时间等重要指标满足规范要求。

(3) 工艺流程

首先,压浆前需对压浆设备计量系统、转速系统、压力表进行校准标定,保障压浆料用量、用水量、搅拌转速、注浆压力准确,确保压浆水胶比符合要求。注浆施工前,应仔细检查管路的循环完整性,只有完整的管路才能保证大循环智能压浆工艺的实施。其次,启动注浆。压浆过程由智能控制系统自动控制,通过传感器准确检测压浆时的压力、保压时间等各项指标,并自动进行调整控制，浆液在由制浆机、预应力管道及储浆桶组成的回路内持续循环，通过计算机调整压力和流量，把管道内的空气和清孔后残留杂质在出浆口和锚头及钢绞线缝隙间排出。浆液最终回流至储浆桶，经过密目网过滤后，可循环利用。循环压浆系统工作时，浆液在位置较低的管道接入，在位置较高的管道回流到储浆桶，再通过保压完成一次压浆过程，同时结合一次性止浆阀的使用，方便快捷，有效缩短了压浆工作时间。设备开关时对关键部位进行自检，运行时对压力进行监控和保护。最后压浆结束。

综上所述，采用大循环智能压浆工艺，不仅推动了压浆技术标准化的提升，提高了管道压浆质量，并且施工快捷高效、节能环保，降低了施工成本。

混凝土智能施工远不止于此。随着智能建造理念以及物联网等现代化信息技术在施工各个阶段的不断应用，将实现对施工全过程的技术革新，全面提升工程建设效率，推动智能施工的持续发展。通过借鉴工业智能制造的先进技术思路和方法，积极探索实施绿色化、工业化和信息化三位一体协调发展的智能建造之路，实现对传统产业的技术改造和升级，加快建筑业的转型发展。

本章小结

了解钢筋的加工工艺；了解模板的构造、要求、受力特点及安拆方法；了解混凝土结构工程的特点及施工过程，了解混凝土施工设备和机具性能，了解混凝土冬期施工工艺要求和常用措施；了解预应力混凝土工程的特点和工作原理，了解预应力筋张拉的台座、锚（夹）具、张拉机具的构造及使用方法，正确计算预应力筋的下料长度；了解当前混凝土结构工程智能施工技术的发展与应用。掌握钢筋配料、代换的计算方法；掌握模板的设计方法；掌握混凝土施工工艺原理和施工方法、施工配料、质量检验和评定方法；掌握先张法、后张法施工工艺。

思考题

4-1 简述钢筋与混凝土共同工作的原理。

4-2 简述钢筋混凝土施工工艺过程。

4-3 工程施工对模板有何要求？设计模板应考虑哪些原则？

4-4 不同结构的模板（基础、柱、梁板、楼梯）的构造有什么特点？

4-5 结合工程实际，总结各种结构模板的类型、构造、支撑和拆模方法。

4-6 如何计算钢筋的下料长度？

4-7 混凝土配料时为什么要进行施工配合比换算，如何换算？

4-8 如何使混凝土搅拌均匀？为何要控制搅拌机的转速和搅拌时间？

4-9 混凝土浇筑时应注意哪些事项？

4-10 大体积混凝土施工中应注意哪些问题？

4-11　何谓混凝土的运输？混凝土运输有何要求？常用哪些运输工具？

4-12　试分析混凝土产生质量缺陷的原因及补救方法，如何检查和评定混凝土的质量？

4-13　试述振捣器的种类、工作原理及适用范围。

4-14　试述施工缝留设的原则和处理方法。

4-15　现浇结构拆模时应注意哪些问题？

4-16　混凝土工程冬期施工应采取什么措施？

4-17　试述先张法、后张法的生产工艺及其各自的特点。

4-18　先张法钢筋张拉与放张应注意哪些问题？

4-19　如何计算预应力筋的下料长度？计算时应考虑哪些因素？

4-20　孔道留设有哪些方法？分别应注意哪些问题？

4-21　试述无黏结预应力的施工工艺和无黏结预应力筋的锚头端部应如何处理。

4-22　试述无黏结预应力混凝土的构造要求。

4-23　空中造楼机由哪几部分组成？

第5章
结构安装工程

【知识点】

常用起重机械的类型和工作技术性能；构件吊装前的准备工作，构件吊装工艺；构件吊装方案设计以及有关结构安装工程的智能施工技术。

【重点】

在吊装准备工作中的基础准备和构件弹线；柱的绑扎和吊升方法，吊车梁的吊装和校正，屋架的绑扎、扶直和排放；起重机工作参数的选择，结构吊装方法的选择。

【难点】

柱的绑扎和吊升方法，屋架的绑扎、扶直和排放；起重机工作参数、类型、型号的选择；构件预制阶段和吊装前的平面布置。

5.1 起重机具

起重机械是现代化工业生产不可缺少的设备，正广泛地应用于各种物品的起重、运输、装卸、安装等作业中，对于提高劳动生产率，减轻作业强度发挥着极大的作用。

5.1.1 索具

1. 滑轮组

滑轮组由一定数量的定滑轮和动滑轮组成，它既能省力又可以改变力的方向，如图 5-1 所示。滑轮组中共同负担构件重量的绳索根数称为工作线数，

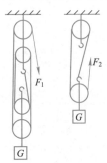

图 5-1 滑轮组

也就是在动滑轮上穿绕的绳索根数。滑轮组起重省力的多少，主要取决于工作线数和滑动轴承的摩阻力大小。

滑轮组的绳索跑头可分为从定滑轮引出和从动滑轮上引出两种。

2. 卷扬机

施工中常用的电动卷扬机有快速和慢速两种，如图 5-2 所示。慢速卷扬机主要用于吊装结构、冷拉钢筋和张拉预应力钢筋；快速卷扬机主要用于垂直运输和水平运输以及桩基施工作业。卷扬机在使用时必须用地锚固定，以防作业时产生滑动或倾覆。固定卷扬机的方法有螺栓锚固法、水平锚固法、立桩锚固法和压重锚固法等四种。

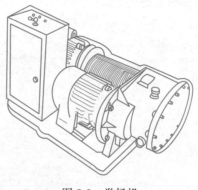

图 5-2　卷扬机

3. 钢丝绳

钢丝绳是由直径相同的光面钢丝捻成钢丝股，再由 6 股钢丝股和 1 股绳芯搓捻而成，截面形式如图 5-3 所示，钢丝绳按每股钢丝的根数可分为三种规格：

（1）6×19+1：即 6 股钢丝股，每股 19 根钢丝，中间加 1 根绳芯。这种钢丝粗、硬且耐磨，不易弯曲，一般用作揽风绳；

（2）6×37+1：即 6 股钢丝股，每股 37 根钢丝，中间加 1 根绳芯。这种钢丝细、较柔软，用于穿滑车组和作吊索；

（3）6×61+1：即 6 股钢丝股，每股 61 根钢丝，中间加 1 根绳芯。这种钢丝质地软，用于重型起重机械。

按钢丝和钢丝股搓捻方向不同，钢丝绳可分为顺捻绳和反捻绳两种，如图 5-3 所示。

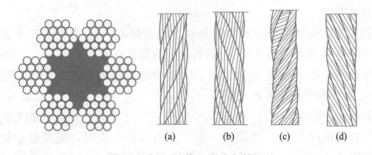

(a)　　　(b)　　　(c)　　　(d)

图 5-3　钢丝绳截面形式与捻股

5.1.2　履带式起重机

1. 概述

履带式起重机是一种通用的起重机械，它由行走装置、回转机构、机身及起重臂等部分组成，如图 5-4 所示。行走装置为链式履带，以减少对地面的压力；回转机构为装在底盘上的转盘，使机身可回转360°；机身内部有动力装置、卷扬机及操纵系统；起重臂是用角钢组成的格构式杆件接长，其顶端设有两套滑轮组（起重滑轮组及变幅滑轮组），钢丝绳通过滑轮组连接到机身内部的卷扬机上。

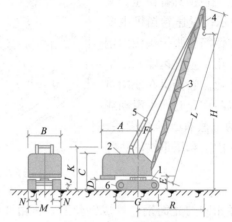

图 5-4　履带式起重机

1—底盘；2—机棚；3—起重臂；4—起重滑轮组；5—变幅滑轮组；6—履带；
A—机身尾部到回转中心距离；B—机身宽度；C—机身顶部到地面高度；D—回转平台地面距地面高度；E—起重臂下铰点中心距地面高度；F—起重臂下铰点中心至回转中心距离；
G—履带长度；M—履带架宽度；N—履带板宽度；J—行走底架距地面高度；
K—机身上支架距地面高度

履带式起重机具有较大的起重能力和工作速度，在平整坚实的道路上还可持荷行走；但其行走时速度较慢，且履带对路面的破坏性较大，故当进行长距离转移时，需用平板拖车运输。常用的履带式起重机起重量为 100～500kN，目前最大的起重量达 3000kN，最大起重高度可达 135m，广泛应用于单层工业厂房、陆地桥梁等结构安装工程以及其他吊装工程。

2. 技术性能

履带式起重机的主要技术性能参数是起重量 Q、起重半径 R 和起重高度 H：起重量 Q 是指起重机安全工作所允许的最大起重物的质量，一般不包括吊钩的质量；起重半径 R 是指起重机回转中心至吊钩的水平距离；起重高度 H 是指起重吊钩中心至停机面距离。

起重量 Q、起重半径 R 和起重高度 H 这三个参数之间存在相互制约的关系，且与起重臂的长度 L 和仰角 α 有关。当臂长一定时，随着起重臂仰角的增大，起重量 Q 增大，起重半径 R 减小，起重高度 H 增大；当起重臂仰角一定时，随着起重臂臂长的增加，起重量 Q 减小，起重半径 R 增大，起重高度 H 增大。

5.1.3　汽车式起重机

汽车式起重机是把起重机构安装在普通载重汽车或专用汽车底盘上的一种自行式起重机，其行驶的驾驶室与起重操纵室是分开的，如图5-5所示。

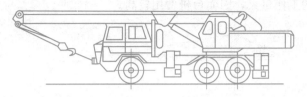

图 5-5　QY-16 型汽车式起重机

汽车式起重机的优点是行驶速度快，转移方便，对路面损伤小，特别适用于流动性大，经常变换施工地点的起重作业。其缺点是起重作业时必须将可伸缩的支腿落地，且支腿下需安放枕木，以增大机械的支撑面积，保证必要的稳定性。这种起重机不能持荷行驶，也不适于在松软或泥泞的地面上工作。

汽车式起重机主要应用于构件运输、装卸作业和结构安装工程等。

5.1.4　轮胎式起重机

轮胎式起重机是把起重机构安装在由加重型轮胎和轮轴组成的特制底盘上的一种全回转式起重机，其上部构造与履带式起重机基本相同，但行走装置为轮胎，如图 5-6 所示。起重机设有四个可伸缩的支腿，在平坦地面上进行小重量吊装时，可不用支腿使吊物低速行驶，但一般情况下均使用支腿以增加机身的稳定性，并保护轮胎。

图 5-6　轮胎式起重机

与汽车式起重机相比，轮胎式起重机的优点有横向尺寸较宽、稳定性较好、车身短、转弯半径小等。但其行驶速度较汽车式慢，故不宜作长距离行驶，也不适于在松软或泥泞的地面上工作。

轮胎式起重机主要适用于作业地点相对固定而且作业量较大的场合。

5.1.5　塔式起重机

1. 概述

塔式起重机简称塔吊，是一种塔身直立、起重臂安装在塔身顶部并可作360°回转的起重机械。塔式起重机除用于结构安装工程外，还广泛应用于多层和高层建筑的垂直运输。

2. 塔式起重机的类型

塔式起重机按其在工程中使用和架设方法的不同，可分为轨道式起重机、固定式起重机、附着式起重机和内爬式起重机四种。

（1）轨道式塔式起重机：起重机在直线或曲线轨道上均能运行，且可持荷运行，生产效率高，作业面大，覆盖范围为长方形空间，适合于一字形建筑物或其他结构物，如图 5-7 所示。轨道式塔式起重机塔身的受力状况较好、造价低、拆装快、转移方便，无需与结构物拉结，但其占用施工场地较多，且铺设轨道的工作量大，因而台班费用较高。

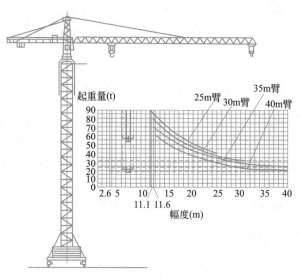

图 5-7 轨道式塔式起重机

（2）固定式塔式起重机：起重机的塔身固定在混凝土基础上，安装方便，占用施工场地小，但起升高度不大，一般在 50m 以内，适合于多层建筑的施工。

（3）附着式塔式起重机：起重机的塔身固定在建筑物或构筑物近旁的混凝土基础上，且每隔 20m 左右的高度用系杆与近旁的结构物用锚固装置连接起来，如图 5-8 所示。附着式塔式起重机稳定性好，起升高度大，一般为 70～100m，有些型号可达 160m 高。起重机依靠顶升系统，可随施工进程自行向上顶升接高；占用施工场地很小，特别适合在较狭窄工地施工，但因塔身固定，服务范围受到限制。

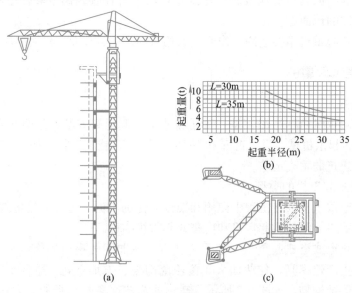

图 5-8 附着式塔式起重机

（4）内爬式塔式起重机：起重机安装在建筑物内部的结构构件上（常利用电梯井、楼梯间等空间），借助于爬升机构随建筑物的升高而向上爬升，一般每隔1～2层楼爬升一次。由于此类起重机塔身短，用钢量省，因而造价低，不占用施工场地，不需要轨道和附着装置，但须对结构进行一定的加固，且不便拆卸。内爬式塔式起重机适用于施工场地非常狭窄的高层建筑的施工；当建筑平面面积较大时，也可采用内爬式起重机扩大服务范围。

内爬式塔式起重机的爬升过程见图5-9。首先，起重小车回至最小幅度，下降吊钩并用吊钩吊住套架的提环（图5-9a）；然后，放松固定套架的地脚螺栓，将其活动支腿收进套架梁内，将套架提升两层楼高度，摇出套架活动支腿，用地脚螺栓固定（图5-9b）；最后，松开底座地脚螺栓，收回其活动支腿，开动爬升机构将起重机提升两层楼高度，摇出底座活动支腿，用地脚螺栓固定（图5-9c）。

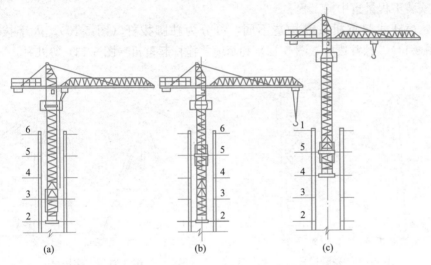

图 5-9　内爬式塔式起重机爬升过程示意

各类塔式起重机共同的特点是：塔身高度大，臂架长，作业面大，可以覆盖广阔的安装空间；能吊运各类施工用材料、制品、预制构件及设备，特别适合吊运超长、超宽的重大物体；能同时进行起升、回转及行走动作，同时完成垂直运输和水平运输作业，且有多种工作速度，因而生产效率高；可通过改变吊钩滑轮组钢丝绳的倍率，来提高起重量，较好地适应各种施工的需要；设有较齐全的安全装置，运行安全可靠；驾驶室设在塔身上部，司机视野好，便于提高生产率和保证安全。

3. 塔式起重机的选用

选用塔式起重机时，首先应根据施工对象确定所要求的各工艺参数。塔式起重机的主要参数有起重幅度、起重量、起重力矩和起重高度。

4. 安装塔式起重机的注意事项

安装塔式起重机前认真阅读说明书，做到安装作业心中有数。

塔式起重机安装顺序：立底座→安装平衡臂→安装起重臂→安装塔帽→

穿绳、接电源→安装配重→顶升→安装标准节→顶升→……→安装完毕，验收合格后使用。在初期安装底座、平衡臂、起重臂时，需用汽吊配合。

底座与塔式起重机基础连接必须牢固，配重安置在底座上必须平稳。平衡臂、起重臂需在现场组装，然后用汽吊配合安装，组装场地需经过平整。待底座、平衡臂、起重臂、塔帽安装完毕后，开始顶升，安装标准节，顶升停止后起重臂需吊起一节标准节作为配重使用。顶升时要注意液压设备的平稳。标准节及各部位的连接件、插销要连接牢固，用钢卡卡好。

5.1.6　桅杆式起重机

桅杆式起重机具有制作简单、装拆方便、起重量较大（可达 100t 以上）、受地形限制小的优点，能用于其他起重机械不能安装的一些特殊结构和设备的吊装。但其服务半径小，移动困难，需要拉设较多的缆风绳，故一般仅用于安装工程量集中的工程。

桅杆式起重机按其构造不同，可分为独脚拔杆（图 5-10）、人字拔杆（图 5-11）、悬臂拔杆（图 5-12）和牵缆式桅杆起重机（图 5-13）等几种。

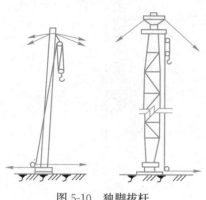

图 5-10　独脚拔杆

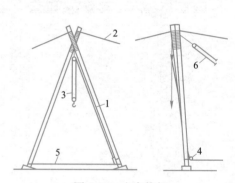

图 5-11　人字拔杆

1—人字拔杆；2—缆风绳；3—滑轮组；
4—导向轮；5—拉索；6—主牵缆

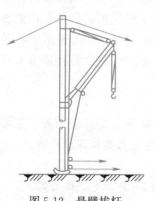

图 5-12　悬臂拔杆

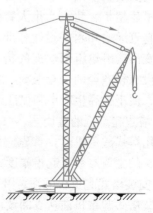

图 5-13　牵缆式桅杆起重机

5.2 构件吊装工艺

5.2.1 构件吊装准备

结构构件吊装前的准备工作包括清理场地,铺设道路,构件的运输、堆放、拼装、加固、检查、弹线、编号,基础的准备等。

1. 构件的运输与堆放

在工厂制作或在施工现场集中制作的构件,吊装前要运到吊装地点就位。构件的运输一般采用载重汽车、半托式或全托式的平板拖车。

构件在运输过程中必须保证构件不倾倒、不变形、不破坏,为此有如下要求:当设计无具体要求时,构件的强度不得低于混凝土设计强度标准值的75%;构件的支垫位置要正确,数量要适当,装卸时吊点位置要符合设计要求;运输道路要平整,有足够的宽度和转弯半径。

构件应按平面图规定的位置堆放,避免二次搬运。

2. 构件的拼装与加固

为了便于运输和避免扶直过程中损坏构件,天窗架及大跨度屋架可制成两个半榀,分别运到现场后拼装成整体。

构件的拼装分为平拼和立拼两种。平拼时将构件平放拼装,拼装后扶直,一般适用于天窗架等小跨度构件。立拼适用于侧向刚度较差的大跨度屋架,如图 5-14 所示,构件拼装时在吊装位置呈直立状态,可减少移动和扶直工序。

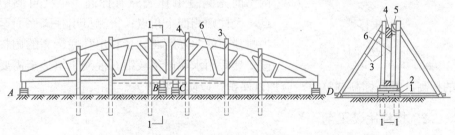

图 5-14 大跨度屋架现场立拼
1—刚性支座;2—垫块;3—三脚架;4—钢丝;5—木楔;6—屋架

对于一些侧向刚度较差的天窗架、屋架,在拼装、焊接、翻身扶直及吊装过程中,为了防止变形和开裂,一般都用横杆进行临时加固,如图 5-15 所示。

3. 构件的质量检查

在吊装之前应对所有构件进行全面检查,检查的主要内容如下:

(1)构件的外观:包括构件的型号、数量、外观尺寸(总长度、截面尺寸、侧向弯曲)、预埋件及预留洞位置以及构件表面有

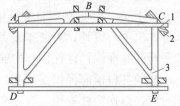

图 5-15 天窗平拼及临时加固
1—木工杆;2—垫木;3—天窗架

无空洞、蜂窝、麻面、裂缝等缺陷。

（2）构件的强度：当设计无具体要求时，一般柱子要达到混凝土设计强度的 75%，大型构件（大孔洞梁、屋架）应达到 100%，预应力混凝土构件孔道灌浆的强度不应低于 15MPa。

4. 构件的弹线与编号

构件在质量检查合格后，即可在构件上弹出吊装的定位墨线，作为吊装时定位、校正的依据。

（1）在柱身的三个面上弹出几何中心线，此线应与基础杯口顶面上的定位轴线相吻合，此外，在牛腿面和柱顶面弹出吊车梁和屋架的吊装定位线。

（2）屋架上弦顶面弹出几何中心线，并延至屋架两端下部，再从屋架中央向两端弹出天窗架、屋面板的吊装定位线。

（3）吊车梁应在梁的两端及顶面弹出吊装定位准线。

在对构件弹线的同时，应依据设计图纸对构件进行编号，编号应写在明显的部位，对上下、左右难辨的构件，还应注明方向，以免吊装时出错。

5. 基础准备

装配式混凝土柱的基础一般为杯形基础，基础准备工作的内容主要包括杯口弹线（图 5-16）和杯底抄平。

杯口弹线是在杯口顶面弹出纵、横定位轴线，作为柱对位、校正的依据。

杯底抄平是为了保证柱牛腿标高的准确，在吊装前需对杯底的标高进行调整（抄平）。调整前先测量出杯底原有标高，小柱可测中点，大柱则测四个角点；再测量出柱脚底面至牛腿顶面的实际距离，计算出杯底标高的调整值；然后用水泥砂浆或细石混凝土填抹至需要的标高。杯底标高调整后，应加以保护，以防杂物落入。

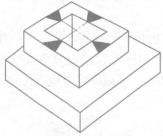

图 5-16 基础杯口弹线

5.2.2 构件吊装工艺

1. 柱子的吊装

（1）柱及基础弹线、杯底抄平

1）弹线

柱应在柱身的三个面上弹出安装中心线、基础顶面线、地坪标高线，如图 5-17 所示。矩形截面柱安装中心线按几何中心线；工字形截面柱除在矩形部分弹出中心线外，为便于观测和避免视差，还应在翼缘部位弹一条与中心线平行的基准线；在柱顶和牛腿顶面还要弹出屋架及吊车梁的安装中心线。

基础杯口顶面弹线要根据结构的定位轴线测出，并应与柱的安装中心线相对应，以作为柱安装、对位和校正时的依据。

2）杯底抄平

杯底抄平是对杯底标高进行检查和调整，以保证柱吊装后牛腿顶面标高准确无误，如图 5-18 所示。

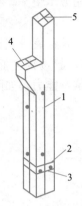

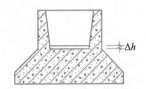

图 5-17　柱身弹线图　　　　　图 5-18　基础杯底抄平
1—柱中心线；2—地坪标高线；3—基础顶面线；
4—吊车梁定位线；5—柱顶中心线

杯底抄平调整步骤是：①测出杯底的实际标高 h_1，量出柱底至牛腿顶面的实际长度 h_2；②根据牛腿顶面的设计标高 h 与杯底实际标高 h_1 之差，可得柱底至牛腿顶面应有的长度 h_3（$h_3 = h - h_1$）；③将柱底至牛腿顶面应有的长度（h_3）与量得的实际长度（h_2）相比，得到施工误差，即杯底标高应有的调整值 Δh（$\Delta h = h_3 - h_2 = h - h_1 - h_2$），并在杯口内标出；④施工时，用 1:2 水泥砂浆或 C20 细石混凝土将杯底抹平至标志处；⑤为使杯底标高调整值（Δh）为正值，柱基施工时，杯底标高控制值一般均要低于设计值 50mm。

【例题 5-1】　柱牛腿顶面设计标高 +7.80，杯底设计标高 −1.20，柱基施工时，杯底标高控制值取 −1.25，施工后，实测杯底标高为 −1.23，量得柱底至牛腿面的实际长度为 9.01m，则杯底标高调整值为 $\Delta h = h - h_1 - h_2 = 7.80 + 1.23 - 9.01 = +0.02$m。

（2）柱的绑扎

钢筋混凝土柱一般均在现场就地预制，用混凝土或夯实的灰土作底模平卧生产，侧模可用木模或组合钢模。在制作底模和浇筑混凝土之前，就要确定绑扎方法、绑扎点数目和位置，并在绑扎点预埋吊环或预留孔洞，以便在绑扎时穿钢丝绳。

柱的绑扎方法、绑扎点数目和位置，要根据柱的形状、断面、长度、配筋以及起重机的起重性能确定。

1）绑扎点数目与位置

柱的绑扎点数目与位置应按起吊时由自重产生的正负弯矩绝对值基本相等且不超过柱允许值的原则确定，以保证柱在吊装过程中不折断、不产生过大的变形。中、小型柱大多可绑扎一点，对于有牛腿的柱，吊点一般在牛腿下 200mm 处。重型柱或配筋少而细长的柱（如抗风柱），为防止起吊过程中柱身断裂，需绑扎两点，且吊索的合力点应偏向柱重心上部。必要时，需验

197

算吊装应力和裂缝宽度后，再确定绑扎点数目与位置。工字形截面柱和双肢柱的绑扎点应选在实心处，否则应在绑扎位置用方木垫平。

2）绑扎方法

① 斜吊绑扎法：柱子在平卧状态下绑扎，不需翻身直接从底模上起吊；起吊后，柱呈倾斜状态，吊索在柱子宽面一侧，起重钩可低于柱顶，起重高度较小，但对位不方便，柱身宽面要有足够的抗弯能力，如图 5-19 所示。

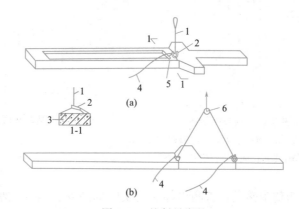

图 5-19　柱斜吊绑扎

1—吊索；2—活缝卡环；3—柱横截面；4—白棕绳；5—柱销；6—滑车

② 直吊绑扎法：吊装前需先将柱子翻身再绑扎起吊；起吊后，柱呈直立状态，起重机吊钩要超过柱顶，吊索分别在柱两侧，一般需要铁扁担，起重高度较大；柱翻身后刚度较大，抗弯能力增强，吊装时柱与杯口垂直，对位容易，如图 5-20 所示。

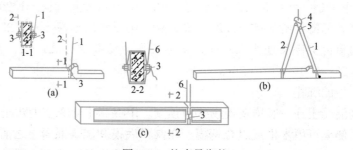

图 5-20　柱直吊绑扎

1—第一支吊索；2—第二支吊索；3—柱销；4—横吊梁；5—滑轮；6—吊索

（3）柱的吊升

柱的吊升方法应根据柱的重量、长度、起重机的性能和现场条件确定。根据柱在吊升过程中运动的特点，一般选用一台起重机，吊升方法可分为旋转法和滑行法两种，对于重型柱，可选用两台起重机进行双机抬吊。

1）单机旋转法

柱吊升时，起重机边升钩边回转，使柱身绕柱脚（柱脚不动）旋转直到竖直，起重机将柱子吊离地面后稍微旋转起重臂使柱子处于基础正上方，然后将其插入基础杯口（图 5-21）。

旋转法吊升柱受振动小，生产效率较高，但对平面布置要求高，对起重机的机动性要求高。当采用自行杆式起重机时，宜采用此法。

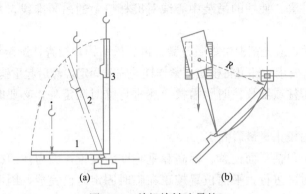

图 5-21　单机旋转法吊柱
（a）柱身旋转过程；（b）平面布置

2）单机滑行法

柱吊升时，起重机只升钩不转臂，使柱脚沿地面滑行，柱子逐渐直立，起重机将柱子吊离地面后稍微旋转起重臂，使柱子处于基础正上方，然后插入基础杯口，如图 5-22 所示。

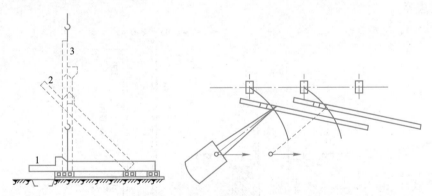

图 5-22　单机滑行法吊柱

滑行法吊升柱受振动大，但对平面布置要求低，对起重机的机动性要求低。滑行法一般用于：柱较重、较长而起重机在安全荷载下回转半径不够时；或现场狭窄无法按旋转法排放布置时；以及采用桅杆式起重机吊装柱时等情况。为了减小柱脚与地面的摩阻力，宜在柱脚处设置托木、滚筒等。

3）重型柱吊装

如果用双机抬吊重型柱，仍可采用旋转法（两点抬吊）和滑行法（一点抬吊）。滑行法中，为了使柱身不受振动，又要避免在柱脚加设防护措施的烦琐，可在柱下端增设一台起重机，将柱脚递送到杯口上方，成为三机抬吊递送法。

（4）柱的对位、临时固定

如柱采用直吊法时，柱脚插入杯口后，应悬离杯底适当距离进行对位。

如用斜吊法，可在柱脚接近杯底时，于吊索一侧的杯口中插入两个楔子，再通过起重机回转进行对位。对位时应从柱四周向杯口放入 8 个钢质楔块，并用撬棍拨动柱脚，使柱的吊装中心线对准杯口上的吊装准线，并使柱基本保持垂直。

柱对位后，应先把楔块略微打紧，再放松吊钩，检查柱沉至杯底后的对中情况，若符合要求，即可将楔块打紧作柱的临时固定，然后起重钩便可脱钩。

吊装重型柱或细长柱时除需按上述进行临时固定外，必要时应增设缆风绳拉锚。

（5）柱的校正、最后固定

柱的校正包括平面位置、标高和垂直度的校正，因为柱的标高校正在基础杯底抄平时已进行，平面位置校正在临时固定时已完成，因此柱的校正主要是垂直度校正。

柱的垂直度检查采用两台经纬仪从柱的相邻两面观察柱的安装中心线是否垂直。垂直偏差的允许值：柱高 $H \leqslant 5\mathrm{m}$ 时为 5mm；柱高 10m$>H>5\mathrm{m}$ 时为 10mm；柱高 $H \geqslant 10\mathrm{m}$ 时为 1/1000 柱高，且不大于 20mm。

当垂直偏差值较小时，可用敲打楔块的方法或用钢钎来校正柱（图 5-23）；当垂直偏差值较大时，可用千斤顶校正法、钢管撑杆斜顶法及缆风绳校正法等。

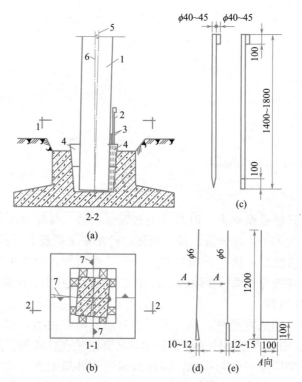

图 5-23 敲打钢钎法校正（单位：mm）

（a）2-2 剖视；（b）1-1 剖视；（c）钢钎详图；（d）甲型旗型钢板；（e）乙型旗型钢板

1—柱；2—钢钎；3—旗型钢板；4—钢楔；5—柱中线；6—垂直线；7—直尺

柱校正后应立即进行固定，其方法是在柱脚与杯口的空隙中浇筑比柱混凝土强度等级高一级的细石混凝土。混凝土浇筑应分两次进行，第一次浇至楔块底面，待混凝土强度达 25% 时拔去楔块，再将混凝土浇满杯口。待第二次浇筑的混凝土强度达 70% 后，方能吊装上部构件。

2. 吊车梁的吊装

吊车梁的吊装必须在基础杯口二次灌浆的混凝土强度达到 75% 以上后方可进行。

吊车梁绑扎时，两根吊索要等长，起吊后吊车梁能基本保持水平，在梁的两端需用溜绳控制，就位时应缓慢落钩，争取一次对好纵轴线，避免在纵轴方向撬动吊车梁而导致柱偏斜，如图 5-24 所示。一般吊车梁在就位时用垫铁垫平后即可脱钩，不需采用临时固定措施。但当梁的高与底宽之比大于 4 时，可用 8 号铁丝将梁捆于柱上，以防倾倒。

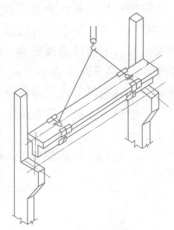

吊车梁的校正应在厂房结构固定后进行，以免屋架安装引起柱变形而造成吊车梁新的偏差。吊车梁校正的内容主要为垂直度和平面位置，垂直度可通过铅锤检查，并在梁与牛腿面之间垫入斜垫铁来纠正偏差，允许偏差为 5mm。平面位置的校正，包括直线度（使同一纵轴上的各梁中线在一条直线上）和跨距两项，校正的方法有仪器放线法（图 5-25）和拉钢丝法（图 5-26）。

图 5-24 吊车梁吊装

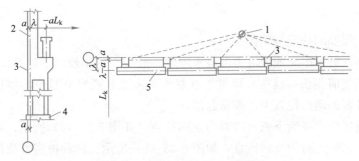

图 5-25 仪器放线法校正吊车梁

1—经纬仪；2—标尺；3—柱；4—柱基础；5—吊车梁

吊车梁校正完毕后，用电弧焊将预埋件焊牢，并在吊车梁与柱的空隙处灌筑细石混凝土。

3. 屋架的吊装

屋盖结构一般是以节间为单位进行综合吊装，即每安装好一榀屋架，随即将这一节间的其他构件全部安装上去，再进行下一节间的安装。

屋架吊装的施工顺序是：绑扎、扶直就位、吊升、对位、临时固定、校

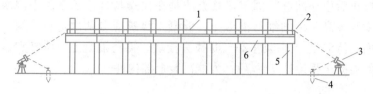

图 5-26 拉钢丝法校正吊车梁
1—通线；2—支架；3—经纬仪；4—木桩；5—柱；6—吊车梁

正和最后固定。

（1）屋架的绑扎

屋架在扶直就位和吊升两个施工过程中，绑扎点均应选在上弦节点处，左右对称。绑扎吊索内力的合力作用点（绑扎中心）应高于屋架重心，这样屋架起吊后不易转动或倾翻。绑扎吊索与构件水平面所呈夹角，扶直时不宜小于 60°，吊升时不宜小于 45°，具体的绑扎点数目及位置与屋架的跨度及形式有关，其选择方式应符合设计要求。

一般钢筋混凝土屋架跨度小于或等于 18m 时，采用两点绑扎；屋架跨度大于 18m 而小于 30m 时，采用两根吊索，四点绑扎；屋架跨度大于或等于 30m 时，为了减少屋架的起吊高度，应采用横吊梁（减少吊索高度），如图 5-27 所示。

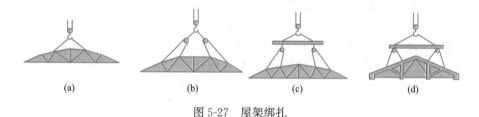

(a)   (b)   (c)   (d)

图 5-27 屋架绑扎

（2）屋架的扶直与就位

钢筋混凝土屋架或预应力混凝土屋架一般均在施工现场平卧叠浇。因此，屋架在吊装前要扶直就位，即将平卧制作的屋架扶成竖立状态，然后吊放在预先设计好的地面位置上，准备起吊。

起重机位于屋架下弦一边时为正向扶直，如图 5-28（a）所示；起重机位于屋架上弦一边时为反向扶直，如图 5-28（b）所示。两种扶直方法的不同点在于，扶直过程中，前者边升钩边起臂，后者则边升钩边降臂。由于升臂较降臂易操作，且较安全，所以在现场预制平面布置中应尽量采用正向扶直方法。

屋架扶直后应吊往柱边就位，用铁丝或通过木杆与已安装的柱子绑牢，以保持稳定。屋架就位位置应在预制时事先加以考虑，以便确定屋架的两端朝向及预埋件位置。当与屋架预制位置在起重机开行路线同一侧时，叫同侧就位（图 5-28a）；当与屋架预制位置分别在起重机开行路线各一侧时，叫异侧就位（图 5-28b）。

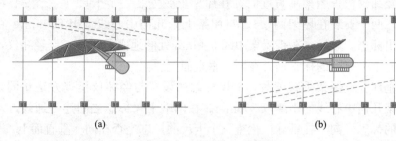

图 5-28　屋架扶直示意图

（3）屋架的吊升、对位与临时固定

屋架的吊升方法有单机吊装和双机抬吊，双机抬吊仅在屋架重量较大，一台起重机的吊装能力不能满足吊装要求的情况下采用。

单机吊装屋架时，先将屋架吊离地面 500mm，然后将屋架吊至吊装位置的下方，升钩将屋架吊至超过柱顶 300mm，然后将屋架缓降至柱顶，进行对位。屋架对位应以建筑物的定位轴线为准，对位前应事先将建筑物轴线用经纬仪投放在柱顶面上。对位以后，立即临时固定，然后将起重机脱钩。

应十分重视屋架的临时固定，因为屋架对位后是单片结构，侧向刚度较差。第一榀屋架的临时固定，可用四根缆风绳从两边拉牢。若先吊装抗风柱时可将屋架与抗风柱连接。第二榀屋架以及其后各榀屋架可用屋架校正器（工具式支撑）临时固定在前一榀屋架上。每榀屋架至少用两个屋架校正器。

（4）屋架的校正与最后固定

屋架的校正内容是检查并校正其垂直度，用经纬仪或垂球检查，用屋架校正器或缆风绳校正，如图 5-29 所示。

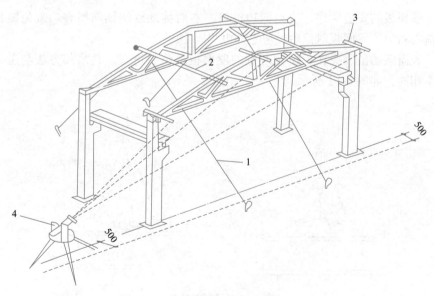

图 5-29　大跨度屋架校正（单位：mm）

1—缆风绳；2—屋架校正器；3—卡尺；4—经纬仪

用经纬仪检查屋架垂直度时，在屋架上弦安装三个卡尺（一个安装在屋架中央，两个安装在屋架两端），自屋架上弦几何中心线量出 500mm，在卡尺上作出标志。然后，在距屋架中线 500mm 处的地面上，设一台经纬仪，用其检查三个卡尺上的标志是否在同一垂直面上。

用垂球检查屋架垂直度时，卡尺标志的设置与经纬仪检查方法相同，标志距屋架几何中心线的距离取 300mm。在两端卡尺标志之间连一通线，从中央卡尺的标志处向下挂垂球，检查三个卡尺的标志是否在同一垂直面上。

屋架校正无误后，应立即与柱顶焊接固定。应在屋架两端的不同侧同时施焊，以防因焊缝收缩而导致屋架倾斜。

4. 天窗架和屋面板的吊装

屋面板一般有预埋吊环，用带钩的吊索钩住吊环即可吊装。大型屋面板有四个吊环，起吊时，应使四根吊索拉力相等，屋面板保持水平。为充分利用起重机的起重能力，提高工效，也可采用一次吊升若干块屋面板的方法，如图 5-30 所示。

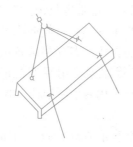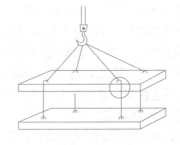

图 5-30 屋面板吊升

屋面板的安装顺序，应自两边檐口左右对称地逐块铺向屋脊，避免屋架受荷不均匀。屋面板对位后，应立即电焊固定。

天窗架的吊装应在天窗架两侧的屋面板吊装后进行。其吊装方法与屋架基本相同，如图 5-31 所示。

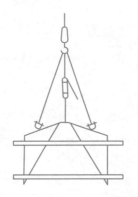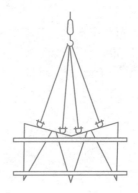

图 5-31 天窗架吊升

5.3 结构安装工艺

5.3.1 单层工业厂房结构安装

构成单层工业厂房的主要结构构件有：柱、吊车梁、屋架、屋面板、基础等（图 5-32）；其特点是面积大、构件类型少、数量多。为了加快施工进度，其主要承重构件除基础采用施工现场原位现浇外，多采用装配式钢筋混凝土结构。在这种结构的施工中，结构安装是其主导工程，它直接影响到施工的进度、质量、安全和成本，应给予充分重视。

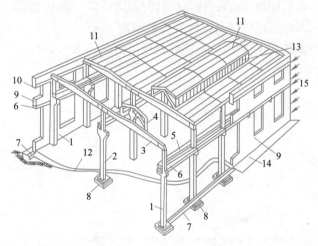

图 5-32　单层工业厂房构造

1—边列柱；2—中列柱；3—屋面大梁；4—天窗架；5—吊车梁；6—连系梁；7—基础梁；
8—基础；9—外墙；10—圈梁；11—屋面板；12—地面；13—天窗扇；14—散水；15—风荷载

在进行结构吊装前，应编制结构吊装方案，其主要内容有：起重机的选择、结构吊装方法、起重机的开行路线、构件的平面布置等。

1. 起重机的选择

起重机是结构吊装施工中的核心主导机械，它决定着结构吊装方案中的其他因素，如构件的吊装方法、起重机开行路线与停机点位置、构件平面布置等。

起重机的选择主要包括：起重机类型的选择、起重机工作参数的选择、起重机数量的确定、起重机的稳定性验算等内容。

（1）起重机类型的选择

起重机的类型取决于厂房跨度、构件重量、尺寸、安装高度及施工现场条件等因素。一般中小型厂房的吊装多采用自行杆式起重机，如履带式起重机等；对高度及跨度均较大且构件较重的重型厂房，可选用大型自行杆式起重机，也可选用塔式起重机；在缺乏自行杆式起重机以及自行杆式起重机难以到达的地方，可采用拔杆吊装。

（2）起重机工作参数的选择

起重机工作参数包括起重量、起重高度、起重半径等。

1）起重机的起重量 Q 应满足下式要求：

$$Q \geqslant Q_1 + Q_2 \tag{5-1}$$

式中 Q_1——构件质量（t）；

      Q_2——索具质量（t）。

2）起重机的起重高度 H 应满足所安装构件的高度要求（图5-33），即：

$$H \geqslant h_1 + h_2 + h_3 + h_4 \tag{5-2}$$

式中 H——起重机的起重高度（m），即从停机面至吊钩的垂直距离；

      h_1——安装支座表面高度（m），从停机面算起；

      h_2——安装间隙（m），视具体情况而定，但一般不小于0.2m；

      h_3——绑扎点距构件吊起后底面的距离（m）；

      h_4——索具高度（m），自绑扎点至吊钩面，不小于1m。

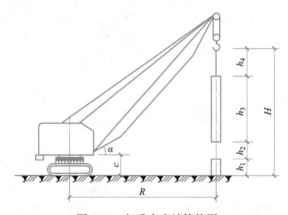

图5-33 起重高度计算简图

3）对某些安装就位条件差的中重型构件，起重机不能直接开到构件吊装位置附近，吊装时还应计算起重半径 R，再根据 Q、H、R 三个参数查阅起重机的性能曲线或性能表来选择起重机的型号。

当起重机的起重臂需跨过已安装好的构件去吊装构件时（跨过屋架或天窗架吊装屋面板），为了不使起重臂与已安装好的构件相碰，还需根据起重半径选择起重臂的长度。起重臂最小长度的确定方法有数解法和图解法两种，一般采用数解法（图5-34）。

用数解法求解起重臂最小长度时：

$$L = l_1 + l_2 = \frac{h}{\sin\alpha} + \frac{a+g}{\cos\alpha} \tag{5-3}$$

式中 L——起重臂长度（m）；

      h——起重臂下铰至吊装构件支座顶面的高度（m）；

      a——起重机吊钩需跨过已安装好构件的水平距离（m）；

      g——起重臂轴线与已安装好构件的水平距离（m），至少取1m；

      α——起重臂仰角。

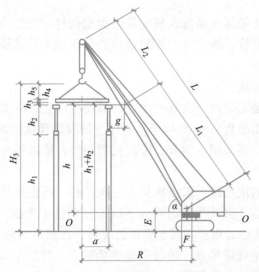

图 5-34　确定起重臂长的数解法

为了获得最小臂长，可对该式进行微分，令：$\dfrac{\mathrm{d}L}{\mathrm{d}\alpha}=0$，可得到：

$$\alpha=\arctan\sqrt[3]{h/(a+g)} \tag{5-4}$$

将求得的 α 带入式(5-3)，即可得到最小臂长。

（3）起重机数量的确定

起重机数量根据工程量、工期和起重机的台班产量确定，按下式计算：

$$N=\frac{1}{TCK}\sum\frac{Q_i}{P_i} \tag{5-5}$$

式中　N——起重机台数；

　　　T——工期（d）；

　　　C——每天工作班数；

　　　K——时间利用系数，一般取 0.8～0.9；

　　　Q_i——每种构件的安装工程量（件或 t）；

　　　P_i——起重机的台班产量定额（件/台班或 t/台班）。

此外，决定起重机数量时，还应考虑到构件运输、拼装工作的需要。

2. 结构吊装方法的选择

单层工业厂房结构的安装方法主要有：分件吊装法、节间吊装法和综合吊装法。

（1）分件吊装法

起重机在单位吊装工程内每开行一次只吊装一种或几种构件。通常分三次完成全部构件安装。

第一次开行：安装全部柱子，并对柱子进行校正和最后固定；

第二次开行：安装吊车梁和连系梁及柱间支撑等；

第三次开行：分节间吊装屋架、天窗架、屋面板及屋面支撑等，如图 5-35

所示。

这种吊装方法的优点是每次只安装同类型构件，施工内容单一，不需更换索具，安装速度快，能充分发挥起重机的工作能力。其缺点是不能及时形成稳定的承载体系。

（2）节间吊装法

起重机在吊装工程内一次开行中，分节间吊装完各种类型的全部构件或大部分构件。开始吊装 4～6 根柱子，立即进行校正和最后固定，然后吊装该节间内的吊车梁、连系梁、屋架、屋面板等构件；依次循环直到完成整个厂房结构吊装。

节间吊装法的优点是：起重机只需一次开行，行走路线短；一次完成该节间全部构件安装，可及早按节间为下道工序创造工作面。主要缺点是：要求选用起重量较大的起重机，其起重臂长度要一次满足吊装全部构件的要求；各类构件均须运至现场堆放，吊装索具更换频繁，管理工作复杂。一般只有采用桅杆式起重机时才考虑采用这种方法。

（3）综合吊装法

一部分构件采用分件吊装法吊装，另一部分构件则采用节间吊装法，如图 5-36 所示。一般采用分件吊装法吊装柱、柱间支撑、吊车梁等构件；采用节间吊装法吊装屋盖的全部构件。

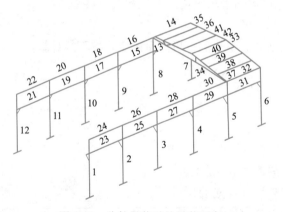

图 5-35 分件吊装时的吊装顺序

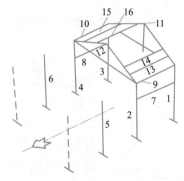

图 5-36 综合吊装时的吊装顺序

3. 起重机的开行路线和停机位置

起重机的开行路线及停机位置与起重机的性能、构件尺寸及重量、构件平面布置、构件的供应方式以及吊装方法等因素有关。

吊装屋架、屋面板等屋面构件时，起重机宜跨中开行；吊装柱子时，则视跨度大小、构件尺寸、质量及起重机性能，可沿跨中开行或跨边开行，如图 5-37 所示。

当 $R \geqslant L/2$ 时，起重机可沿跨中开行，每个停机位置可吊装两根柱，如图 5-37（a）所示；当 $R \geqslant \sqrt{\dfrac{L^2}{2}}$ 时，则可吊装四根柱，如图 5-37（b）所

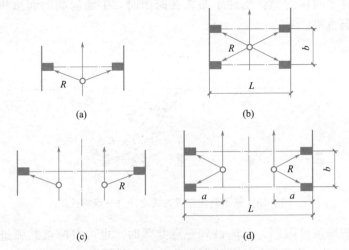

图 5-37　起重机吊装时的开行路线及停机位

R—起重机的起重半径；L—厂房跨度；b—柱的间距；

a—起重机的开行路线到跨边轴线的距离

示；当 $R < L/2$ 时，起重机需沿跨边开行，每个停机位置吊装 1～2 根柱，如图 5-37（c）、（d）所示。

当柱布置在跨外时（多跨厂房结构），起重机一般沿跨外开行，停机位与跨边开行相似。

4. 构件的平面布置

构件的平面布置与起重机性能、构件吊装方法、构件制作方法等众多因素有关，结合选用的起重机型号、吊装方法，并根据现场情况会同土建、吊装施工人员共同研究确定。

（1）预制阶段构件的平面布置

很多构件，如柱、屋架等，由于重量、尺寸均较大，运输困难，一般在现场进行预制，且该位置就是构件吊装时的平面布置位置。

1）柱子的预制布置

柱子的现场布置有斜向布置和纵向布置两种方式。

斜向布置：当柱以旋转法起吊时，应按三点共弧斜向布置，其步骤如图 5-38 所示。

首先确定起重机开行路线与柱基轴线的距离 a，其值不得大于起重半径 R，也不宜太靠近坑边，以免引起起重机失稳。这样，可以在图上画出起重机的开行路线。

其次确定起重机的停机位置。以柱基中心 M 为圆心，起重半径 R 为半径，画弧与开行路线交于 O 点，O 点即为吊装该柱时的停机点。再以 O 为圆心，R 为半径画弧，在该弧上选择靠近柱基的一点 K 为柱脚的中心位置。又以 K 为圆心，以柱脚到起吊点的距离为半径画弧，该弧与以 O 为圆心，以 R 为半径画出的弧交于 S，该 S 即为吊点位置。以 K、S 为基础，即可以作出该柱的模板图。

209

布置柱子时应注意：当柱子布置在跨内时，牛腿应朝向起重机，反之，则应背向起重机。

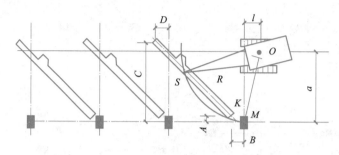

图5-38 柱子斜向布置方式之一（三点共弧）

当受现场条件限制，无法做到三点共弧时，也可按两点共弧进行布置。如图5-39所示，将柱脚与柱基放在起重半径 R 的圆弧上，而将吊点放在起重半径 R 之外。吊装时先用较大的起重半径 R' 吊起柱子，并升起起重臂，当起重半径由 R' 变为 R 时，停止升起重臂，按旋转法吊装柱子。

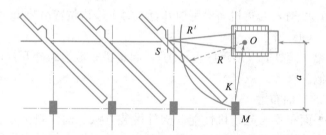

图5-39 柱子斜向布置方式之一（两点共弧）

当柱子采用滑行法吊装时，常采用柱基与吊点两点共弧，吊点靠近基础，柱子可以纵向布置，如图5-40所示。

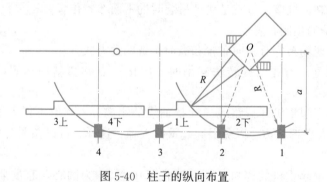

图5-40 柱子的纵向布置

2）屋架的布置

屋架一般安排在跨内平卧叠浇预制，每叠3～4榀，布置方式有三种：斜向布置、正反斜向布置和正反纵向布置，如图5-41所示。一般应优先采用斜向布置，以便于屋架扶正。在布置时，屋架之间应留1m的间隙，以方便支模和混凝土浇筑。布置时还应考虑屋架扶直就位要求和扶直的先后顺序，先扶直的安排在上层制作，并按轴线编号，对屋架两端朝向也应作出编号。

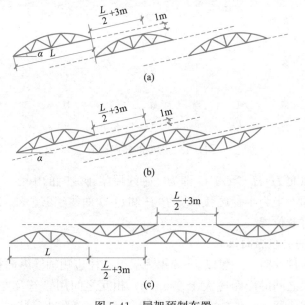

图 5-41　屋架预制布置
（a）斜向布置；（b）正反斜向布置；（c）正反纵向布置

（2）吊装阶段构件的排放布置

吊装阶段构件的排放布置是指柱已吊装就位完毕后屋架的扶直排放，吊车梁、屋面板的运输排放等。

1）屋架的排放

屋架的排放方式有两种：靠柱边斜向排放和靠柱边成组纵向排放。

① 屋架的斜向排放

斜向排放主要用于跨度及重量较大的屋架，可按下列步骤确定其排放位置：

a. 确定起重机开行路线及停机位置

起重机在吊装屋架时一般沿跨中开行，据此可在图上画出开行路线。然后将吊装某轴线（如②轴线）的屋架安装就位后的中点作为圆心，以起重半径 R 为半径，画弧交开行路线于 O_2，O_2 即为吊装②轴线屋架的停机位置，如图 5-42 所示。

b. 确定屋架的排放范围

屋架一般靠柱边摆放，并以柱作为支撑，距柱不得小于 200mm。这样，可以定出屋架摆放的外边线 $P\text{-}P$。起重机回转时不得碰到屋架，因此，以距开行路线 $A+0.5\text{m}$（A 为起重机尾部至其回转中心的距离）作一平行于开行路线的直线 $Q\text{-}Q$。P、Q 两线之间即为屋架的排放范围。

c. 确定屋架的排放位置

做直线 $P\text{-}P$ 和 $Q\text{-}Q$ 间距离的平分线 $H\text{-}H$，以停机点 O_2 为圆心，以 R

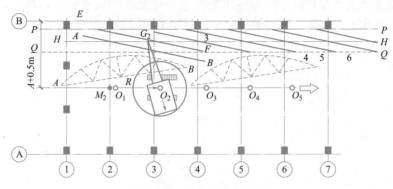

图 5-42 屋架的斜向摆放

为半径，画弧交 H-H 于 G，G 即为②轴线屋架排放时的中心。以 G 为圆心，以屋架长度的一半为半径画弧，交 P-P 和 Q-Q 两线于 E、F，E、F 即是②轴线屋架的排放位置。

　　② 屋架的成组纵向排放

　　屋架纵向排放时，一般以 4～5 榀为一组靠柱边顺轴线纵向排放。屋架与柱之间、屋架之间的净距应大于 200mm，相互之间用铅丝及支撑拉紧撑牢。每组屋架之间应留 3m 左右的间距作为横向通道。为防止吊装时与已装好的屋架相互碰撞，每组屋架摆放的中心应位于该组屋架倒数第二榀吊装轴线之后约 2m 处，如图 5-43 所示。

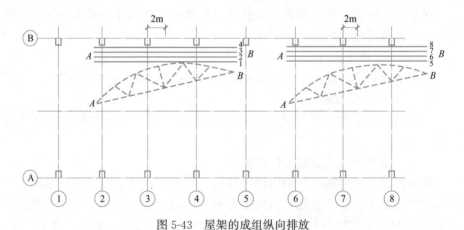

图 5-43 屋架的成组纵向排放

　　2) 吊车梁、连系梁、屋面板现场摆放

　　一般情况下，运输困难的柱、屋架等构件在现场预制，而吊车梁、屋面板、连系梁等构件则在构件厂预制，然后由运输车辆运至现场。这些构件应按施工组织设计中规定的位置，按吊装顺序及编号进行排放或堆放，梁式构件叠放通常为 2～3 层，屋面板不超过 6～8 层。

　　吊车梁、连系梁一般在排放于其吊装位置的柱列线附近，跨内跨外均可。当条件允许时，也可直接从运输车辆上吊装至设计的结构部位，以免现场过于拥挤。

屋面板排放于跨内时，应向后退 3～4 个节间，排放于跨外时，应向后退 1～2 个节间。

5.3.2 多层装配式结构安装

多层装配式结构是一种广泛用于工业厂房及民用建筑的结构形式，大多为框架结构。

多层装配式结构的施工特点是：构件类型多、数量大，各构件接头复杂，技术要求较高。其施工的主导工程是结构安装工程，施工前要根据建筑物的结构形式、预制构件的安装高度、构件的重量、吊装数量、机械设备条件及现场环境等因素制定合理的方案，着重解决起重机的选择与布置、结构吊装方法与吊装顺序、构件平面布置、构件吊装工艺等问题。

1. 起重机械的选择与布置

（1）起重机械的选择

起重机的选择主要考虑下列因素：结构高度、结构类型、建筑物的平面形状及尺寸、构件的尺寸及重量等。

一般 5 层以下的民用建筑及高度在 18m 以下的工业厂房，可选用履带式起重机或轮胎式起重机；多层厂房和 10 层以下的民用建筑多采用轨道式塔式起重机或轻型塔式起重机；高层建筑（10 层以上）可采用爬升式或附着式塔式起重机。

（2）起重机械的布置

起重机械的布置方案主要考虑建筑物的平面形状、构件的重量、起重机性能及施工现场地形等因素。通常塔式起重机的布置方式有跨外单侧布置、跨外双侧（环形）布置、跨内单行布置、跨内环形布置四种。布置方式如图 5-44 所示。

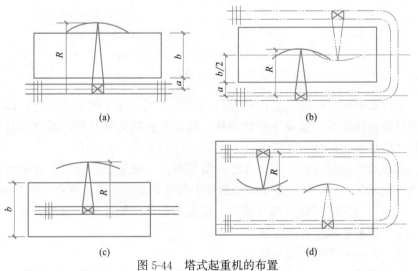

图 5-44 塔式起重机的布置

（a）跨外单侧布置；（b）跨外双侧（环形）布置；（c）跨内单行布置；（d）跨内环形布置

R—起重半径；b—建筑物宽度；a—起重机轨道中心线至建筑物外侧距离，一般 3～5m

各种布置方式的适用范围如表 5-1 所示。

塔式起重机的布置与适用   表 5-1

布置方式		起重半径 R	适用范围
跨外	单侧	$R \geqslant b+a$	房屋宽度较小(15m 左右)、构件重量较轻(20kN 左右)
	环形	$R \geqslant b/2+a$	建筑物宽度较大($b \geqslant 17$m)、构件较重、起重机不能满足最远端构件的吊装要求
跨内	单行	可能 $R \leqslant b$	施工场地狭窄,起重机不能布置在建筑物外侧或布置在建筑物外侧时不能满足构件的吊装要求
	环形	可能 $R \leqslant b/2$	构件较重,跨内单行布置时不能满足构件的吊装要求,同时起重机又不可能跨外环形布置

2. 构件的平面布置和堆放

多层装配式框架结构涉及大量的结构构件,这些构件中,除柱在现场预制外,其他构件大多在预制场生产,再运至现场堆放。由于构件数量、种类均较多,解决好构件的平面布置及堆放,对提高生产效率有重要意义。

（1）预制柱的平面布置

由于柱子一般在现场预制,因此在安排平面布置时应优先考虑。

使用轨道式塔式起重机进行吊装时,按照柱子与塔式起重机轨道的相对位置,其布置方式有三种：平行布置、倾斜布置、垂直布置（图 5-45）。

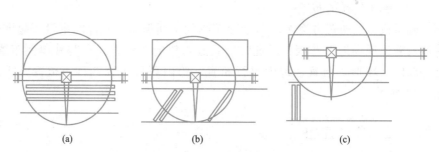

图 5-45　塔式起重机吊装预制柱时的布置方案
(a) 平行布置；(b) 倾斜布置；(c) 垂直布置

平行布置时可以将几层柱通长预制,并可减少柱子的长度误差；倾斜布置时可以旋转起吊,适用于较长的柱；起重机在跨内开行时,垂直布置可以使得柱的吊点在起吊半径之内。

采用履带式起重机跨内开行进行吊装时,一般使用综合吊装方案将各层构件一次吊装到顶,柱子多斜向布置在中跨基础旁,分两层叠浇（图 5-46）。

使用自升式塔式起重机吊装时,较重的构件（如柱子）通常需要二次搬运至距塔式起重机较近的位置。

（2）其他构件的平面布置

其他构件,如梁、楼板等,由于重量较轻,大多是在预制场制作后运至现场堆放。这些构件在照顾到重型构件的前提下,也应尽量堆放在其安装位

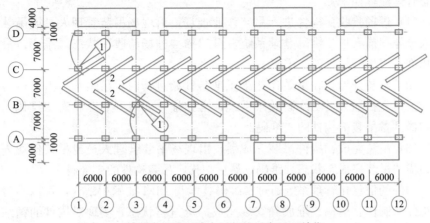

图 5-46 履带式起重机跨内开行柱子布置（单位：mm）

1—履带式起重机；2—柱子预制场地

置附近，以减少起重机械的移动。有时候，甚至用运输车辆将其拉入跨内，直接从车辆上进行吊装。

3. 构件吊装方法和吊装顺序

与单层厂房结构安装类似，多层装配式框架结构的吊装方法也分为分件吊装法和综合吊装法。

5.4 结构安装工程智能施工

随着计算机技术的发展，信息技术正在悄然改变着工程建造的方式，推动着工程建设向数字化、智能化方向转变。在结构安装工程中，数字化信息技术的应用主要是对吊装作业现场的智能监测与控制。本节主要从智能吊装技术和起重机械智能监控系统两个方面阐述数字化技术在结构安装工程的应用。

5.4.1 智能吊装技术

1. 二维码追踪技术

预制构件现场安装过程工程量较大、构件种类多样，造成吊装顺序复杂多变、现场管理困难。随着二维码技术在结构安装工程的应用，实现对构件的信息化管理，让现场吊装作业更高效有序地进行。

装配式构件在工厂集中生产过程中，可对不同构件设置并粘贴二维码。构件的二维码一般包括项目名称、单位工程编码、构件类型、地上/地下工程、位置属性、扩充区等信息，每个构件的二维码具有唯一性。通常将构件的编码信息传输至 BIM 中心数据库，可实现构件信息的预先收集及实时追踪监控。构件的二维码信息根据唯一性、可扩展性、可操作性和简单性的原则进行设置。

各类作业人员根据二维码登录系统对构件进行信息化管理。构件二维码

215

状态管理流程如下：

（1）进场验收：构件进入吊装作业现场，由现场吊装管理人员或吊装作业人员先扫描人员二维码登录系统，再扫描"进场验收"状态二维码，最后扫描准备进场的构件的二维码。

（2）吊装开始：在吊装作业施工准备开始进行时，吊装管理人员或吊装作业人员先扫描人员二维码登录系统，再扫描"安装开始"状态二维码，最后扫描准备吊装的构件的二维码。

（3）吊装完成：构件吊装完成后，由现场吊装管理人员或吊装作业人员先扫描"吊装完成"状态二维码，然后扫描已吊装构件的二维码。

构件的信息化管理系统通过二维码技术与 BIM 技术相结合，可以实时获取构件从制作、运输、堆放到安装完成的全过程状态，实现对构件的精细化管理，同时也能够充分掌握构件的吊装进度，有效组织施工。

2. 构件吊装路径规划

吊装路径规划是吊装活动顺利进行的前提，合适的吊装路径规划可以有效保证吊装的高效性和安全性。当前现场的吊装路径规划大多依赖于项目管理人员或吊车操作人员的个人经验，吊装效率低下，且难以适应施工现场环境的复杂性与动态性，也不能保证吊装作业的安全性。结合现代化信息技术，对吊装路线进行合理规划，优化吊装路线，避免发生碰撞，已成为吊装路径规划的重要发展方向。

随着虚拟现实与集成仿真技术的发展，虚拟施工技术被广泛应用于吊装作业。虚拟施工是在施工过程模型中融入虚拟仿真技术，可以在实际施工之前，通过仿真和可视化实现对实际施工的多场景模拟与优化，从而避免"错、漏、碰、缺"问题。仿真建模和可视化可以极大地帮助设计复杂的施工操作，并在传统方法证明无效或不可行的情况下做出最优决策。起重机智能吊装路径规划是在结构安装施工仿真模拟的基础上完成，也是一种虚拟施工技术。

智能吊装路径规划是指在已知或者未知环境中，按照设定好的起始点和目标点通过智能算法实现最优路径。通过吊装路径的智能规划，不仅可以提高规划效率和精准查找吊装路径，而且能对动态多变的现场环境及时应对，改善路径规划效果，使得吊装作业的安全性大幅提高。目前，用于路径规划的算法主要有图搜索算法、智能仿生学算法和随机采样算法等。

吊装路径规划问题即是为既定重物的取放及吊运过程，找到可行且最优的起重机吊装动作序列。"可行"是指吊装动作应满足起重机的承载能力等自身性能的约束，且在吊装过程中的任意位置和时刻，吊装系统与现场环境中的障碍物无碰撞。"最优"没有普遍认同的标准，一般是将吊装路径的距离、规划路径计算时间等作为不同路径优劣性比选的指标。智能吊装路径规划系统可以利用施工场地数据（包括建筑施工信息模型、环境场地数据等）和起重机数据库（存储各类型起重机的基本参数信息），结合起重机自动选型与定位系统推荐的起重机型号和起始站位点、待吊装构件的堆放点和就位点等条件，通过智能规划得到可行且最优的吊装动作序列，并将结果以可视化的方式呈现。

3. 构件吊装信息化技术

以往构件吊装作业的管理多是采用人工指挥与监控，效率较为低下。为了解决这类问题，当前多采用 BIM 技术、射频识别（Radio Frequency Identi-fication，RFID）技术、无线传输技术、物联网技术等对构件吊装进行实时监控以及准确定位。下面主要介绍 BIM 和 RFID 技术在构件吊装过程中的应用。

基于 BIM 的施工场地管理可以在施工前通过计算机虚拟施工场地布置，模拟主要起重机械的施工过程，在满足起重机起重范围覆盖整个施工面的同时，尽量减少起重臂的交叉；模拟主要材料的场地布置，减少二次搬运。构件在吊装时，可以通过 BIM 集成系统实现对吊装作业的精确定位以及实时安全监控。

RFID 技术是一种非接触的识别技术，可以用来进行构件信息的采集。由于 RFID 电子标签的穿透性较好，可以穿透木材、混凝土等材料进行识别，同时，标签的存储容量大，并且易于更改，适合用于环境复杂的施工现场进行构件的吊装管理工作。将 RFID 技术应用于构件吊装阶段时，地面工作人员和施工机械操作人员各持阅读器和显示器，地面人员读取构件相关信息，结果实时呈现在显示器中；机械操作人员根据显示器上的信息按照次序进行吊装。此外，利用 RFID 技术也可以在小范围内实现精确定位，安排运输车辆，提高吊装工作的效率。

将 BIM 和 RFID 进行集成，可以实现对构件的自动化数据采集、信息集成和管理、信息协同以及可视化的实时监控等。通过查看构件位置信息，结合构件吊装模拟动画，对构件进行精准定位吊装，吊装完成后再通过 RFID 阅读器读取吊装后构件数据信息，最后将数据更新到 BIM 中心数据库，如图 5-47 所示。

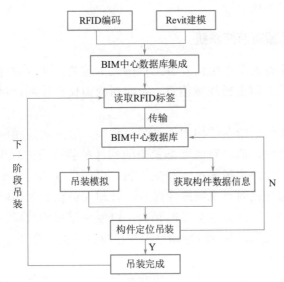

图 5-47　基于 BIM 和 RFID 的构件吊装示意

具体步骤为：

（1）将构件进行 RFID 编码，采用 BIM 技术进行结构化建模；

（2）在 BIM 和 RFID 数据集成的基础上，将读取 RFID 标签的数据传输到 BIM 中心数据库；

（3）在吊装过程中，通过标签信息对构件进行实时追踪监控，随着 RFID 阅读器对标签的扫描，采用网络传输方式将信息输送到中心数据库中，可以在 BIM 中心数据库中呈现构件的实时位置信息和安全状态信息。

系统通过集成和存储构件的实时吊装信息，接收实时监控画面，勘查现场吊装准备情况，监控和记录吊装轨迹，整合吊装实时画面以及虚拟吊装预演，帮助指挥人员查看作业盲区，保证其掌握吊装现场各角度画面，指导机械操作人员调整吊装设备，呈现吊装全过程的可视化。将 BIM 和 RFID 技术运用在构件吊装的管理过程中，能够实现构件的快速安装、定位以及追踪检索。

另外，在数据传输方面，传统数据传输方式具有传输距离有限等缺陷。ZigBee 技术是一种短距离、低功耗、低速率的无线通信技术，可满足起重机系统对数据传输的要求。主要用于距离短、功耗低且传输速率不高的各种电子设备之间的数据传输以及典型的有周期性数据、间歇性数据和低反应时间数据传输，通信网络的传输方式分为透明传输和点对点传输。

物联网技术（Internet of Things，IoT）能够将各种信息传感设备装置与互联网结合起来，实现对物体的识别、定位、追踪、监控等。在结构安装工程中，物联网可以通过感知芯片、RFID 及定位跟踪装置等将吊装现场的人与人、人与物及物与物相互联系起来，实现结构吊装各方面信息的相互交换和共享，实现精细化吊装管理。BIM 技术和 IoT 技术两者集成可以通过各种 IoT 技术实现 BIM 模型的虚拟信息和吊装现场实际信息的有机融合，形成吊装全过程"信息流闭环"。

5.4.2　起重机智能监控系统

起重机的运行安全在结构安装工程中尤为重要。通过对起重机的有效控制，可以实时掌握起重机故障信息，及时对故障做出诊断，保证吊装作业的安全进行。

智能监控系统是指在结构构件吊装过程中，嵌入式视频服务器中集成了智能行为识别算法，通过对画面场景中的构件吊装行为进行识别、判断，并在适当的条件下，产生报警提示相关人员，以保证现场的安全管理。通过远程控制系统的指标控制与视频图像显示，管理人员在后台能够实时掌握设备的运转状态，一旦出现异常会及时预警，以便尽早排除故障。当系统出现偏差预警时，后台人员能够及时地调整参数、应急处置，改变设备的异常状态，避免安全事故的发生。

吊装智能监控系统是一个以监控和预警为主的软硬件相结合的系统，系统通过对起重机械设备的关键工况参数进行监控和显示，确保吊装作业安全。

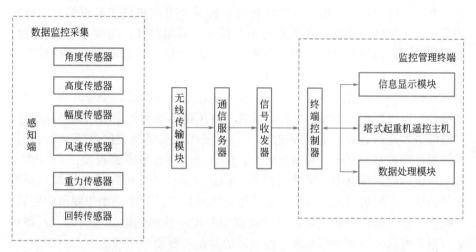

图 5-48　起重机智能监控系统

在施工期间需要对吊装机械设备使用过程中的运动状态进行分析。通过系统，工作人员可以对吊装设备的各项安全参数进行实时监测，可在短时间内获取设备的运行故障参数，包括起重重量、力矩、吊钩的起吊高度等。在保证安全的同时，帮助操作人员及时调整相关参数，对于预防事故的发生，提高工作效率具有重要的意义。起重机智能监控系统如图 5-48 所示。

塔式起重机智能监控系统是指从机械设备的选型开始至完全拆除的全过程中，采用信息化手段进行塔式起重机安全备案管理、塔基和附着设施设计与施工、塔式起重机操作全过程监控记录、塔式起重机安装拆除过程防倾覆控制、群塔防碰撞的一整套由植入式硬件和专业分析管理软件组成的监控系统，如图 5-49 所示。

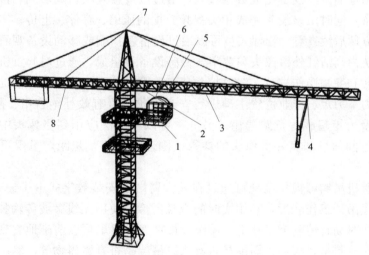

图 5-49　塔式起重机智能监控系统

1—安全监控系统主机；2—倾角传感器；3—幅度传感器；4—小车视频设备；
5—重量传感器；6—回转传感器；7—风速传感器；8—高度传感器

220

主要应用为：（1）塔式起重机智能监控系统可以将塔式起重机的实际安装位置、工作状态等信息在工地地图上显示，采用高度、角度等传感器进行数据的监测，通过无线传输模块传输到信息显示模块，即可将起重机的支撑高度，机顶高度，起吊重量以及吊臂的实时位置等信息进行显示；（2）当塔式起重机吊装负载超过额定上限，负载力矩超过安全阈值，塔身倾角过大时，系统会触发倾覆声光报警；另外，系统通过风速传感器测量塔机处即时风速，对塔机吊臂及吊装物运行至靠近楼宇、高压线及人员密集区域等禁行区时，系统通过驾驶室的黑匣子和地面监测软件进行禁行区域声光报警；（3）在由多个塔机构成的集群中，系统可以通过信息显示模块实时跟踪各塔机的吊臂和吊钩位置，当塔机或吊钩位于交叉作业区域且与其他塔机小于安全间距时，系统进行群塔碰撞声光报警；塔机收到报警提示后仍然继续前行时，在塔机运行至不可规避距离前，系统可控制制动器在将要发生碰撞的方向进行制动。一般塔式起重机智能监控系统主要包括全方位视频监控系统、吊钩可视化系统、防摆控制系统、防碰撞控制系统和数字化调度系统。

1. 全方位视频监控

全方位视频监控系统的监控区域包括起升机构、变幅机构、臂间全景、塔顶全景、吊钩、小车、钢筋棚、木工棚以及其他视频盲区，可以方便主控室内司机全方位多角度地观察起重机运行情况。在考虑起重机实际作业情况和操作人员操作复杂性的基础上，在主控室设置多个显示屏，分别显示吊装施工现场全景、左右回转的平衡臂作业情况及吊钩场景，在减少视角切换的基础上，降低管理人员的管理复杂度和司机的操作复杂度。

2. 吊钩可视化

吊钩可视化系统由前端数据采集、中端数据上传、末端视频监控三部分组成。由地面微波设备完成数据接收，通过网线接入项目局域网、接入后端存储设备，同时由该设备完成相关视频数据的压缩、存储、上传，实时显示的同时方便后续查看。管理人员可以通过设备客户端或移动设备观看监控视频。系统由高清红外摄像头和数字式传感设备等组成，通过对起重机械的起升、回转和变幅操作进行实时监控，动态追踪吊钩所在位置，并借助传感器技术对力、力矩、作业位置主动进行安全干预，可有效杜绝盲吊、隔物吊、防止力及力矩超载等危险隐患。另外，可以将算法应用到摄像头中，根据吊钩的空间信息和实际摄像头的参数范围，自动调整焦距，呈现更多现场细节。

起重机吊钩可视化系统可通过在其大臂端部安装数字式电子记录装置，实时采集吊钩工作状况，利用实时的视频图像，使用无线微波传输技术，将吊钩的实时动态传输至驾驶室，操作人员在驾驶室里可以清晰地看到吊钩实时状态：材料是否绑好、周围是否有人、吊装是否有障碍物等，然后再进行起吊。吊钩可视化系统针对塔机司机工作时的视觉盲区、远距离视觉模糊以及夜间工作视野不清晰等问题，解决了塔机司机在操作中的实际需求，为塔机司机提供吊钩周遭视野，在黑暗环境下提供红外视野。通过实时以高清晰图像向机械操作人员展现吊钩周围实时的视频图像，使其能够快速准确地判断和操作，能够有效避免安全事故发生，提高现场施工效率。

3. 防摆控制

结构安装工程中吊装作业的准确性与平稳性是需要着重考虑的问题。随着吊装作业的进行，悬吊钢丝绳长度的增大，钢丝绳在垂直和水平两个方向速度的提高，使得司机视距的不断加大，跟钩操作将变得越发困难，这将会花费更多吊装的时间，会极大影响吊装的效率，并且在此过程中也加大了安全隐患。

起重机平移机构在作业的过程中会引起吊重摆动，且摆动需要很长时间才会衰减，如果对吊重系统的摆动能够及时有效地控制，将提升吊装过程的定位精度，增加装卸效率，也会减少货物损坏、安全事故发生的概率。

以塔式起重机为例，目前的防摆控制方式经历了人工手动方式、机械分离小车方式、多功能液压方式以及带吊具角度检测传感器的电子方式等。在实际应用中已经由传统的机械式防摆、机械电子式防摆发展到电子式防摆。在防摆控制方面，反馈控制、模糊控制、最优控制、自适应控制等传统控制方法的性能依赖于起重机系统的数学模型，状态向量的选择、参数的控制以及系统的初始状态等都会对控制方法的性能产生很大的影响。

PID（Proportional Integral Derivative）控制称为比例积分微分控制，常被应用于防摆控制，可满足吊装系统简单的控制要求。但是随着吊装作业对控制要求的不断提高，传统的 PID 控制由于对信号的处理模式太过于简单，不能运用在复杂的吊装控制中。随着智能技术的发展，在实际应用中，通常结合一些智能控制算法，形成新型 PID 智能控制，对起重机的防摆系统进行控制。通常情况下，可以与模糊控制相结合，对 PID 控制进行优化。

以常规 PID 的控制算法作为基础，以系统设定值与实际值的偏差与该偏差的变化率作为控制器输入量，通过模仿塔式起重机司机的实际操作经验建立模糊控制规则库，根据吊装系统反映的真实吊装情况，利用模糊规则进行模糊推理，通过查询模糊控制规则库，对不同时刻的 PID 控制器的吊装控制参数进行调整，可以很好地消除负载摆动，并且也可以对吊装系统的相关参数进行优化。将新型模糊自适应 PID 控制方法运用到自动吊装系统中，可以解决吊装作业中存在的效率低、定位精度低等问题。

4. 防碰撞控制

防碰撞系统是指通过系统的监控和显示，跟踪现场各机械的操作位置及情况，继而通过声光预警或主动制动等，在一定程度上防止碰撞现象的发生。系统通过显示屏实时显示工况参数，监控起重机的工作区域，可以通过使用激光装置测量被吊物品的重心以及通过传感器来感应物品的方位，利用角度传感器和恒定张紧的测量索来计算重物提升的高度，并实时通过显示器以图形数值方式显示当前实际工作参数与起重机额定工作参数，两者形成对比，监测起重机的运行状态是否正常。当区域限制、防碰撞保护、超限等情况出现时，系统可自动发出声光报警和预警，实现起重机械危险作业自动截断，使其朝着安全操作的方向进行。

防碰撞系统利用 5G 网络的低时延和稳定性，采用相机作为环境感知设备，结合计算机视觉技术，可以实现以吊钩为中心，移动范围内工地典型障碍物的实时动态监测，为防碰撞系统提供数据来源。系统可以在由司机操作联动台控制塔机吊装作业这种传统方式的基础上，结合环境障碍物感知技术、吊钩平稳控制技术等，实现吊钩由一点自动精确运行到另一点的操作，在此过程中，同时保留人工辅助操作，用于复杂情况下的紧急避让。随着数据的增加与算法的优化，此系统也可用于群塔防撞。

一般情况下，塔式起重机的工作区域为一个立体圆柱，在实际的施工环境中，起重机可能会与其他物体发生碰撞，主要包括与工作区域内固定障碍物的碰撞和与具有公共工作区域的其他起重机的碰撞。在群塔的作业过程中，不可避免地会出现作业面的重合，塔臂的碰撞可能性也相应增加，碰撞的概率随着塔间距的减小以及塔臂长度的增加而增加。

在施工中，为了监控塔式起重机运行过程的安全，同时避免起重机碰撞的危险，其目标和手段主要包括：

（1）视觉防碰撞技术。该技术通过双目摄像头成像的方式来检查障碍物与塔式起重机之间的距离，避免碰撞的危险。但该技术计算量大，算法复杂，且对于双目摄像头成像质量有较高要求，在使用过程中必须标定处理，且双目成像受到现场光照强度的影响，限制了该技术的广泛应用。

（2）红外线技术、超声波技术和激光技术。三种技术均利用传感器检测距离的原理，但是红外线检测技术主要受接收光敏管的有效距离限制，从而影响相关装置的准确性和可靠性；超声波技术在利用回波测距时会由于发送脉冲的时间和声波换能器的衰减时间存在盲区，从而在盲区内无法检测距离；激光技术具有定位精度高，抗干扰性强等特点，但是装置复杂，成本较高。另外，以上三种技术装置均需要多个发送和接收装置，也进一步增加了使用成本。

（3）实时动态监测系统。这种监控系统通过无线传输网络或者总线网络使每一台塔式起重机共享同一施工环境中的塔式起重机的数据，同时结合每台塔式起重机传感器的监控数据，实时计算塔式起重机之间的距离和塔式起重机与固定障碍物之间的距离，以达到监控起重机施工安全的目的。该方法需要合理设计碰撞算法，确定合适的防碰撞区域，以达到高效和安全的目的。

5. 吊装设备数字化调度

传统大型机械设备的调度主要采用工人＋对讲机的模式，但是该方式不仅调度效率极低、人员安全风险大，而且对施工现场不断变化的作业条件掌握不及时、不到位。这种调度的效果主要依赖调度员的实际经验，经常出现部分区域机械设备紧缺或者工作量极大，而其他区域出现设备窝工的情况，对于机械设备的有效利用率较低。

吊装现场大型机械设备的数字化调度系统是通过在吊装机械设备上安装

数字化定位传感器、设备工作状态采集仪、调度指令显示装置等智能化设备，经由无线传输技术进行数据实时交互传输，最终通过系统集成完成吊装现场各类大型设备的调度与管理。吊装现场大型机械设备的数字化调度系统工作模式如图 5-50 所示。

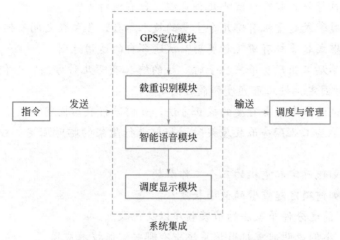

图 5-50　吊装设备数字化调度系统示意

首先需要在起重机上安装 GPS 定位模块、载重识别模块、智能语音模块和调度显示模块，数字化调度系统根据现场吊装作业要求，将工作场所和行驶路线发送给指定起重机，起重机在接到指令后，严格按照事先路线行驶至指定位置后进行吊装作业。在此过程中，系统将依据现场三维模型进度分析系统得到的现场各部位吊装作业情况和起重机的分布数量，合理安排起重机的作业，实现施工场地的机械设备精细化管控，可有效避免起重机工作量较多或较少的情况，同时，也可有效防止碰撞等事故的发生，促进吊装效率的提升。

同时，结构安装工程吊装现场机械设备数字化调度系统也可实现吊装现场设备的进出场差异化管理，实时明确在场机械设备数量及各设备现有状态（包括设备基本信息、设备状态、工作区域、进出场时间、事故次数、维修保修记录等），有效简化了现场大型机械设备管理难度，提升结构安装现场机械设备的数字化管理水平，保证项目的安全顺利进行。

本章小结

了解起重机械及索具设备的类型、主要构造和技术性能；了解结构安装的工艺过程。熟悉单层工业厂房结构安装工艺，熟悉起重机械的选择方法，掌握柱、吊车梁、屋架等主要构件的绑扎、吊升、就位、临时固定、校正、最后固定方法；掌握单层工业厂房结构吊装方案的编制与实施；了解各种智能吊装技术的应用。

223

思考题

5-1 简述桅杆式起重机的种类和应用。

5-2 自行杆式起重机有哪几种类型，各有何特点？

5-3 履带式起重机有哪几个主要的技术参数，各参数之间有何相互关系？

5-4 塔式起重机有哪几种类型？试述各自的适用范围。

5-5 单层工业厂房吊装柱子时，柱的绑扎有哪几种方法？如何进行柱的对位、临时固定、校正垂直度和最后固定？

5-6 试述吊车梁垂直度的校正方法，如何进行最后固定？

5-7 单层工业厂房吊装屋架时，如何进行屋架的临时固定、校正和最后固定？

5-8 如何确定起重机的三个工作参数？

5-9 如何确定起重臂的最小长度？

5-10 简述分件吊装法的吊装顺序以及优缺点。

5-11 举例说明起重机监控系统中有哪些智能技术应用。

第6章
桥梁结构工程

6.1 桥梁结构施工方法分类

6.1.1 施工方法分类

1. 桥梁基础施工

桥梁基础作为桥梁整体结构的一个组成部分，其结构可靠性影响着整体结构的力学性能。基础形式和施工方法的选用要针对桥跨结构的特点和要求，并结合现场地形、地质条件、施工条件、技术设备、工期季节、水力水文等因素统筹考虑。

桥梁基础工程的形式可分为扩大基础、桩和管柱基础、沉井基础、地下连续墙基础和组合基础等。

桥梁基础工程由于在地面以下或在水中，涉及水和岩土问题，从而增加了它的复杂程度，使桥梁基础的施工无法采用统一的模式。

2. 桥梁墩台施工

桥梁墩台按建筑材料可分为圬工墩台、混凝土墩台、钢筋混凝土墩台、预应力混凝土墩台等；按施工方法可分为石砌墩台、就地浇筑式墩台和预制装配式墩台。

3. 桥梁上部结构施工

依据桥梁构件制作地点不同，桥梁施工方法可分为就地浇筑法和预制安装法；按结构形成方法不同，可分为以桥墩为基准的悬臂施工法、转体施工法，以桥轴端点为基准的顶推施工法、逐孔施工法、提升浮运施工法，以横

225

桥为基准的横移施工法。针对某一桥梁结构，可采用多种施工方法的组合。

4. 施工方法的选择

确定桥梁施工方法，需要充分考虑桥位的地形、地质、环境，以及安装方法的安全性、经济性、施工速度等因素。桥梁结构的施工与设计有十分密切的关系，不同结构形式的桥梁结构采用的施工方法可不同，同种结构形式也可采用不同的施工方法。因此，桥梁设计往往预先假定施工方法，并在设计上考虑施工全过程的受力状态。表6-1为不同桥型可选择的主要施工方法。

不同桥型可选择的主要施工方法 表 6-1

施工方法＼桥型	简支梁桥	悬臂梁桥 T形刚构	连续梁桥	钢架桥	拱桥	组合体系桥	斜拉桥	悬索桥
现场浇筑法	√	√	√	√	√	√	√	
预制安装法	√	√		√	√	√	√	√
悬臂施工法		√			√		√	√
转体施工法		√	√		√		√	
顶推施工法			√		√		√	
逐孔施工法		√	√		√	√		
横移施工法	√					√	√	
提升浮运施工法	√	√	√			√		

6.1.2 施工机具与设备

1. 施工机具

主要有横撑式支撑、钢板桩、脚手架及万能杆件、常备模板结构、贝雷桁架等。

2. 施工设备

(1) 钢丝绳、千斤顶、卡环。

(2) 链滑车，分蜗杆传动和齿轮传动，前者效率较低，工作速度也不如后者。链滑车可在垂直、水平和倾斜方向的短距离内移动重物，或绞紧构件以控制方向。

(3) 锚碇，按构造形式可分为地垄、钢筋锚环、水中锚碇等。

(4) 滑道，有滚辊滑道和滑板滑道等。

(5) 浮吊，在通航河流上建桥，浮吊船是重要的工作船。常用的浮吊有铁驳轮船浮吊、型钢及人字扒杆等拼成的简易浮吊。

(6) 架桥机，有单梁式架桥机和双梁式架桥机等。

(7) 造桥机，是为适应建造更大跨度桥梁而开发研制的架设设备（移动模架系统）。

(8) 还有滑轮组、卷扬机、扒杆、龙门架（也称龙门起重机）、缆索起重机等。

6.2 简支梁桥安装

简支梁桥是静定结构，相邻各跨单独受力，不受支座变位等影响，适用于多种地质情况，构造也较简单，容易做成标准化、装配式构件，制造、安装较方便，是一种采用广泛的梁式桥。因此，它是目前我国公路桥梁中最常用的结构形式之一。

6.2.1 支架体系

支架按其构造分为立柱式支架、梁式支架和梁-柱式支架；按其材料可分为木支架、钢支架、钢木混合结构和万能杆件拼装的支架。图 6-1 为按构造分类的几种支架构造图。其中图 6-1 (a)、(b) 为立柱式支架，可用于旱桥、不通航河道或桥墩不高的小桥施工；图 6-1 (c)、(d) 为梁式支架，钢板梁适用于跨径小于 20m，钢桁梁适用于大于 20m 的情况；图 6-1 (e)、(f) 为梁-柱式支架，适用于桥墩较高，跨径较大且支架下需要排洪的情况。

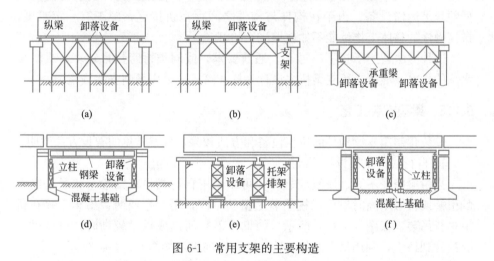

图 6-1　常用支架的主要构造

6.2.2 梁段制造

简支梁上部结构的施工通常采用就地浇筑法和预制安装法。

1. 就地浇筑法

就地浇筑法是通过直接在桥跨下面搭设支架作为工作平台，然后在其上面制造梁体结构。它不需要大型的吊装设备和专门的预制场地，梁体结构中横桥向的主筋不用中断，故结构的整体性能好。但是，需要多次转移支架，工期加长，如全桥多跨一次性立架，则投入的支架费用将大大增加。

这种方法适用于两岸桥墩不太高的引桥和城市高架桥，或靠岸边水不太深且无通航要求的小跨径桥梁。

2. 预制安装法

预制安装法通常是将桥跨结构按横向竖缝划分成若干根独立的构件，放在桥位附近的预制场地或工厂进行成批制作，然后将这些构件适时地运到桥位处安装就位。有时考虑运输和吊装方便，为了减轻梁体重力，将每片梁再沿纵向分为小块件进行制作，在现场用预应力钢筋串联起来形成整片梁，如图 6-2 所示。有时为了简化施工程序，例如公路桥梁中的预制箱梁桥，也可以采用整幅预制、整幅安装的方式，但会增加运输和吊装的难度。

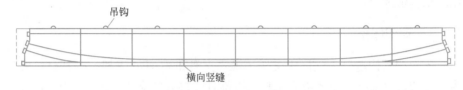

吊钩

横向竖缝

图 6-2 串联梁示意图

采用这类施工方法，桥梁的上、下部结构可以平行施工，使工期大大缩短；不需要在桥位处进行现浇梁体，在预制场地或工厂制作构件，质量容易控制，可以集中在一处成批生产，降低工程成本。但是，构件安装时需要大型的起吊运输设备；由于在构件与构件之间存在拼接缝，施工有一定难度；拼接构件的整体工作性能不如就地浇筑的好。

这种方法适用于桥下有通车、通航要求，或同类桥跨数目较多，或墩高水深的桥梁。混凝土简支梁桥多设计为标准跨径，采用预制安装法施工。

6.2.3 梁段安装工艺

安装预制简支梁构件的机械设备和方法较多，现就常见的架设方法说明。

1. 自行式吊车架设

当桥梁跨径不大、质量较轻时，可以采用自行式吊车架梁。如果是岸上的引桥或桥墩不高时，可以视吊装质量的不同，用一台或两台吊车直接在桥下进行吊装，如图 6-3 (a) 所示；如果桥下是河道或桥墩较高时，可将吊车直接开到桥上，利用吊车的伸臂边架梁、边前进，如图 6-3 (b) 所示。

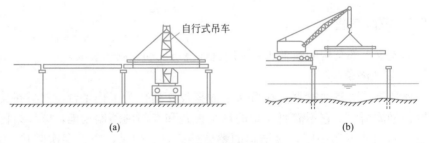

自行式吊车

(a)   (b)

图 6-3 小跨径梁的架设

2. 浮吊船架设

浮吊船是吊车和驳船的联合体，它可以在通航河道上的桥孔下面架桥，而装有成批预制构件的装梁船，则停靠在浮吊船的一旁，随时供浮吊船起吊，如图 6-4 所示。浮吊船宜逆流而上，先远后近安装。吊装前应先下锚定位，航道要临时封锁。

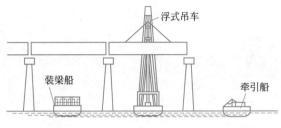

图 6-4　浮吊架设法

3. 跨墩龙门式吊车架设

当桥墩不太高，架桥孔数多，且沿桥墩两侧铺设轨道不困难时，可采用跨墩的龙门式吊车架设，如图 6-5 所示。此时，应在龙门式吊车的内侧铺设运梁轨道或设便道用拖车运梁。

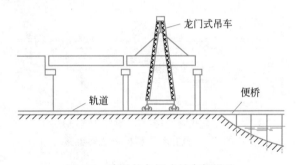

图 6-5　跨墩的龙门式吊车架设法

4. 宽穿巷式架桥机架梁

图 6-6 是用宽穿巷式架桥机架梁的示意图。其中的安装梁可用贝雷钢架或万能杆件拼组而成。其架梁操作步骤是：

（1）一孔架设完后，吊机的前后横梁移至尾部作平衡重，如图 6-6（a）所示；

（2）吊机向前移动一孔位置，并使前支腿支撑在墩顶上，如图 6-6（b）所示；

（3）吊机前横梁吊起 T 形梁，梁的后端仍放在运梁平板车上，继续前移，如图 6-6（c）所示；

（4）吊机后横梁也吊起 T 形梁，缓缓前移，对准纵向梁位后，先固定前后横梁，再用横梁上的吊梁小车横移落梁就位，如图 6-6（d）所示。

由于这种架桥机自重大，所以当它沿桥面纵向移动时，要保持慢速，且关注前支点的下挠度，以保证安全。

5. 联合架桥机架设

图 6-7 所示是用联合架桥机架梁的示意图。

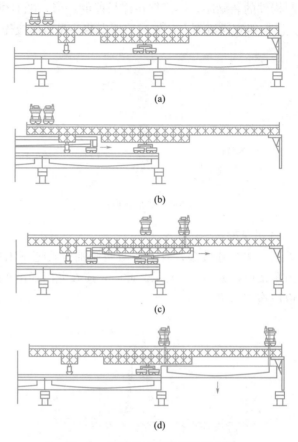

图 6-6 宽穿巷式架桥机架梁步骤

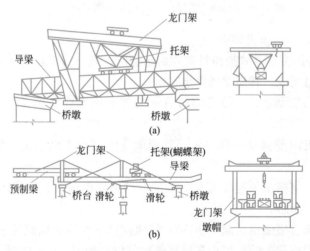

图 6-7 联合架桥机架设法

联合架桥机架梁操作步骤如下：

（1）用绞车纵向拖拉导梁就位；

（2）用托架将两个门式吊机移至待架桥孔两端的桥墩上；

（3）由平车轨道运预制梁至架梁孔位，再由门式吊机将它吊起，横移并落梁位，如图 6-7（b）所示；

（4）将被导梁临时占住位置的预制梁暂放在已架好的梁上；

（5）待用绞车将导梁移至下一桥孔后，再将暂放一侧的预制梁架设完毕。如此反复，直到将各孔主梁全部架好为止。此法适用于孔数较多和较长的桥梁。

6.3 逐孔法施工

6.3.1 临时支撑体系逐孔法施工

对于多跨长桥，在缺乏较大能力的起重设备时，可将每跨梁分成若干段，在预制场生产。架设时采用一套支承梁临时承担组拼节段的自重，在支承梁上张拉预应力筋，将安装跨的梁段与施工完成的桥梁结构按照设计要求连接，完成安装跨的架梁工作。之后，移动临时支承梁，进行下一桥跨的施工。

1. 节段划分

采用节段组拼逐孔施工的桥梁，为了便于组拼，通常组拼的梁跨在桥墩处接头，即每次组拼长度为桥梁的跨径。

对于桥宽在 10～12m，采用单箱截面的桥梁，分节段时在横向不再分隔。节段长一般取 4～6m。

2. 支承梁的类型

（1）钢桁架导梁。导梁长取桥墩间跨长，支承设置于桥墩或横撑上，钢桁架导梁的支承处设有千斤顶，用于调整标高。为便于节段在导梁上移动，可在导梁上设置不锈钢轨，与放在节段下面的聚四氟乙烯板形成滑动面。钢梁需设置预拱度，要求每跨箱梁节段全部组拼之后，钢导梁上弦应符合桥梁纵断面标高要求。同时还需准备一些附加垫片，用于临时调整标高。

（2）下挂式高架钢桁架。采用一副高架桁架吊挂节段组拼时，为了加强桁架的刚度，可采用一对或数对斜缆索加劲。高架桁架长度大于两倍桥梁跨径，由三个支点支撑，支点分别设置在已完成孔和安装孔的桥墩上。高架桁架可独立设有行走系统，由支脚沿桥面轨道自行驱动。吊装时，支脚落下，用千斤顶锚固于桥墩处桥面上。预制节段由平板车沿已安装的桥孔或由驳船运至桥位后，借助架桥机前部斜缆悬臂梁吊装，并将第一跨梁的各节段分别悬吊在架桥机的吊杆上。当各节段位置调整准确后，完成该跨设计的预应力张拉工艺。并在张拉过程中，逐步顶高架桥机的后支腿，使梁底落在桥墩上的千斤顶上。千斤顶高出支座顶面 100mm，在拆移千斤顶的前一天，将支座周围加设模板，并压注膨胀砂浆，凝固后，再卸千斤顶使支座受力。

6.3.2 移动支架体系逐孔法施工

逐孔现浇施工仅在一跨梁上设置支架，当预应力筋张拉结束后移动支架，再进行下一跨逐孔施工，而在支架上现浇施工通常需在连续梁的一联桥跨上布设支架连续施工，因此前者在施工过程中有结构体系转换问题，混凝土徐变对结构产生次应力。

对中小跨径连续梁桥或建造在陆地上的桥跨结构，可以使用落地式或梁式移动支架，如图 6-8 所示。梁式移动支架的承重梁支承在锚固于桥墩的横梁上，也可支承在已施工完成的梁体上，现浇施工的接头最好设在弯矩小的部位，常取离桥墩 1/5 处。

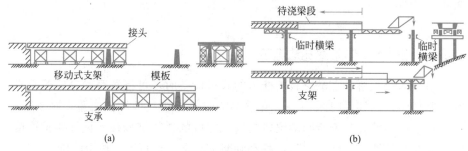

图 6-8 使用移动支架逐孔现浇施工
(a) 落地式支架；(b) 梁式移动支架

逐孔就地浇筑施工需要一定数量的支架，但与支架上现浇施工相比，所需支架数量要少得多，而且周转次数多，利用效率高。

当桥墩较高，桥跨较长或桥下净空受到约束时，可以采用非落地支撑的移动模架逐孔现浇施工，称为移动模架法。常用的移动模架有移动悬吊模架和支承式活动模架。

1. 移动悬吊模架施工

移动悬吊模架的基本结构包括承重梁、从承重梁上伸出的肋骨状横梁、吊杆和承重梁的固定及活动支承。承重梁也称支承梁，通常采用钢梁，采用单梁或双梁依桥宽而定。承重梁的前段作为前移的导梁，总长度要大于桥梁跨径的两倍。承重梁是承受施工设备自重、模板和悬吊脚手架系统重力、现浇混凝土重力的主要构件。承重梁的后段通过可移式支承落在已完成的梁段上，它将重力传给桥墩或直接落在墩顶。承重梁的前端支承在前方墩上，导梁部分悬出，其工作状态呈单悬臂梁。移动悬吊模架也称为上行式移动模架、吊杆式或挂模式移动模架。

承重梁除起承重作用外，在一孔梁施工完成后，作为导梁带动悬吊模架纵移至下一施工跨。承重梁的移位以及内部运输由数组千斤顶或起重机完成，并通过中心控制室操作。承重梁的设计挠度一般控制在 $l/800 \sim l/500$ 范围内。钢承重梁制作时要设置预拱度，并在施工中加强观测。

从承重梁两侧悬出的许多横梁覆盖桥梁全宽，横梁由承重梁上左右各 2～3 组钢束拉住，以增加其刚度。横梁的两端悬挂吊杆，下端吊住呈水平状态的模板，形成下端开口的框架，并将主梁（待浇筑的）包在内部。当模板支架处于浇筑混凝土状态时，模板依靠下端的悬臂梁和锚固在横梁上的吊杆定位，并用千斤顶固定模板。当模板需要向前运送时，放松千斤顶和吊杆，模板固定在下端悬臂梁上，并转动该梁，使其模架在运送时可顺利通过桥墩。

2. 支承式活动模架施工

支承式活动模架的构造形式较多，其中一种构造形式由承重梁导梁台车和桥墩托架等构件组成。在混凝土箱形梁的两侧各设置一根承重梁，支撑模板和承受施工重力。承重梁的长度要大于桥梁跨径，浇筑混凝土时，承重梁支承在桥墩托架上。导梁主要用于运送承重梁和活动模板，因此需要有大于两倍桥梁跨径的长度。当一孔梁施工完成后，进行脱模卸架，由前方台车（在导梁上移动）和后方台车（在已完成的梁上移动）沿桥纵向将承重梁和活动模架运送至下一孔，承重梁就位后导梁再向前移动，如图 6-9 所示。

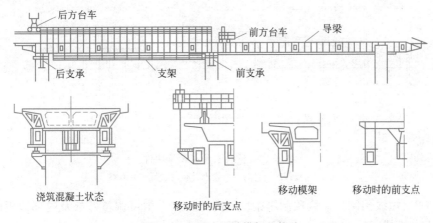

图 6-9　支承式活动模架的构造

支承式活动模架的另一种构造是采用两根长度大于两倍跨径的承重梁，分设在箱梁截面翼缘板的下方，兼有支承和移运模架的功能，因此不需要再设导梁。两个承重梁置于墩顶的临时横梁，两根承重梁间用支承上部结构模板的钢螺栓框架连接起来，移动时为了跨越桥墩前进，需先解除连接杆件，承重梁逐根向前移动。

施工中的体系转换包括固定支座与活动支座的转换。例如跨中为固定支座，但施工时为活动支座，施工完成后又转为固定式。

6.4　悬臂法施工

悬臂施工法也称为分段施工法。悬臂施工法是以桥墩为中心向两岸对称、逐节悬臂接长的施工方法。预应力混凝土桥梁采用的悬臂施工法是从钢桥悬臂拼装发展而来的。

6.4.1　悬臂拼装施工

悬臂拼装施工包括块件预制、运输、拼装和合龙。以下主要介绍预应力混凝土 T 形刚构桥采用悬臂拼装施工。

1. 块件预制

（1）预制方法。箱梁块件通常采用长线浇筑或短线浇筑的立式预制方法。桁架梁段采用卧式预制方法。

1）长线预制。长线预制是在预制厂或施工现场按桥梁底缘曲线制作固定的底座，在底座上安装底模进行块件预制。图 6-10 为预应力混凝土 T 形刚构桥箱梁预制台座的构造。箱梁节段的预制在底板上进行。为加快施工进度，保证节段之间密贴，常采用先浇筑奇数节段，然后利用奇数节段混凝土的端面弥合浇筑偶数节段，也可以采用分阶段的预制方法。当节段混凝土达到设计强度 70% 以上后，可起吊放至存梁场地。

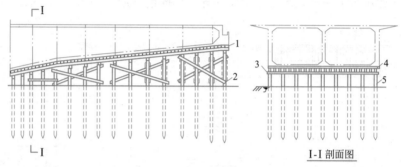

图 6-10　长线法预制箱梁块件
1—底板；2—斜撑；3—帽木；4—纵梁；5—木桩

2）短线预制。短线预制箱梁块件的施工，是由可调整外部及内部模板的台车和端模架来完成的，如图 6-11 所示。

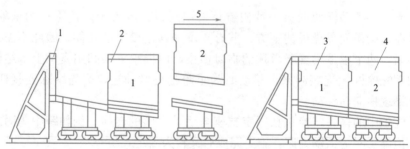

图 6-11　短线预制的施工方法
1—封闭端；2—配合单元；3—灌注单元；4—配合单元；5—运往贮存

短线预制适合工厂节段预制，设备可周转使用，每条生产线平均五天可生产四块，但节段的尺寸和相对位置的调整要复杂一些，也称为活动底座法。

3）卧式预制。桁架梁的预制节段，常采用卧式预制。卧式预制要有一个较大的地坪。地坪的高低要经过测量，并有足够的承载力，不产生不均匀沉陷。

无论是箱梁或桁架构件的预制，都要求相邻构件之间接触密贴，故必须以前面浇筑块件的端面作为后来浇筑块件的端模，同时必须采用隔离剂（薄膜、废机油、皂类等）使块件出坑时相互容易从接缝处脱离。

（2）定位器和孔道形成器。设置定位器的目的是使预制梁块在拼装时能准确而迅速地安装就位。有的定位器不仅能起到固定位置作用，而且能承受剪力。这种定位装置称抗剪楔或防滑楔。

2. 块件运输

箱梁块件自预制底座上出坑后，一般先存放于存梁场，拼装时块件从存梁场至桥位处的运输方式，一般可分为场内运输、块件装船和浮运三个阶段。

（1）场内运输。当存梁场或预制台座布置在岸边，又有大型悬臂浮吊时，可用浮吊直接从存梁场或预制台座将块件吊放到运梁驳船上浮运。

块件的起吊应该配有起重扁担。每块箱梁四个吊点，使用两个横扁担和两个吊钩起吊。如用一个主钩以人字液压千斤顶起吊时，还必须配一根纵向扁担，以平衡水平分力。

（2）块件装船。块件装船在专用码头上进行。码头的主要设施是施工栈桥和块件装船起重机。栈桥的长度应保证在最低施工水位时驳船能进港起运，栈桥的高度要考虑在最高施工水位时栈桥主梁不应被水淹，栈桥宽度要考虑到运梁驳船两侧与栈桥之间需有不少于 0.5m 的安全距离。栈桥起重机的起重能力和主要尺寸（净高和跨度）应与预制场上的起重机相同。

（3）浮运。浮运船应根据块件重量和高度来选择，可采用铁驳船、坚固的木𦨭船、水泥驳船或用浮箱装配。

为了保证浮运安全，应设法降低浮运重心。开口舱面的船应尽量将块件置于船舱底板。必须置放在甲板面上时，要在舱内压重。

3. 悬臂拼装

（1）悬拼方法

预制块件的悬臂拼装可根据现场布置和设备条件采用不同的方法来实现。当靠岸边的桥跨不高且可在陆地或便桥上施工时，可采用自行式起重机、门式起重机来拼装。对于河中桥孔，也可采用水上浮吊进行安装。

1）悬臂起重机拼装法。悬臂起重机由纵向主桁架、横向起重桁架、锚固装置、平衡重、起重系、行走系和工作吊篮等部分组成，如图 6-12 所示。

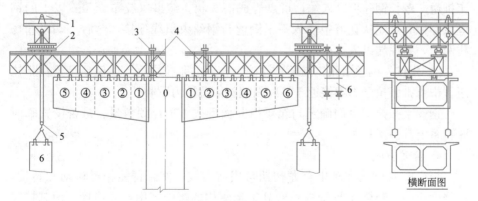

图 6-12 起重机构造图

1—5t 绞车；2—15t 平车；3—锚固横梁；4—锚固吊杆；5—15t 三门葫芦；6—吊篮

2) 连续桁架（闸式起重机）拼装法。连续桁架拼装施工可分移动式和固定式。移动式连续桁架的长度大于桥的最大跨径，桁架支承在已拼装完成的梁段和待拼墩顶上，由起重机在桁架上移运块件进行悬臂拼装。固定式连续桁架的支点设在桥墩上，而不增加梁段的施工荷载。

3) 起重机拼装法。可采用伸臂起重机、缆索起重机、龙门起重机、人字扒杆、汽车起重机、履带起重机、浮吊等进行悬臂拼装。根据起重机的类型和桥孔处具体条件的不同，起重机可以支承在墩柱上、已拼好的梁段上，或处在栈桥上、桥孔下。

（2）接缝处理及拼装程序

梁段拼装过程中的接缝有湿接缝、干接缝和胶接缝等。

1) 一号块和调整块用湿接缝拼装。一号块即墩柱两侧的第一块，一般与墩柱上的0号块以湿接缝相接。一号块是T形刚构两侧悬臂箱梁的基准块件。T形刚构悬拼施工时，防止上翘和下挠的关键在于一号块的准确定位，因此，必须采用多种定位方法确保一号块定位的精度。定位后的一号块可由起重机悬吊支承，也可用下面的临时托架支承。为便于进行接缝处管道接头操作、接头钢筋的焊接和混凝土振捣作业，湿接缝一般宽 $0.1\sim0.2\mathrm{m}$。

2) 环氧树脂胶。块件接缝采用环氧树脂胶，厚度 $1.0\mathrm{mm}$ 左右。环氧树脂胶接缝可使块件连接密贴，可提高结构抗剪能力、整体刚度和不透水性。

（3）穿束及张拉

1) 穿束。T形刚构桥纵向预应力钢筋的布置有两个特点：较多集中于顶板部位；钢束布置对称于桥墩。因此拼装每一对对称于桥墩块件用的预应力钢丝束，须按锚固这一对块件所需长度下料。

明槽钢丝束通常为等间距排列，锚固在顶板加厚的部分（这种板也称"锯齿板"）。加厚部分预制时留有管道。穿束时先将钢丝束在明槽内摆放平顺，然后再分别将钢丝束穿入两端管道之内。钢丝束在管道两头伸出长度要相等。

暗管穿束比明槽难度大。经验表明，60m 以下的钢丝束穿束一般采用人工推送。较长钢丝束穿入端，可点焊成箭头状，缠裹黑胶布。60m 以上的钢丝束穿束时可先从孔道中插入一根钢丝与钢丝束引线连接，然后一端以卷扬机牵引，另一端以人工送入。

2) 张拉。钢丝束张拉前要首先确定合理的张拉次序，以保证箱梁在张拉过程中每批张拉合力都接近于该断面钢丝束总拉力重心处。

钢丝束张拉次序的确定与箱梁横断面形式、千斤顶数量、是否设置临时张拉系统等因素相关。

4. 合龙段施工

箱梁T形刚构在跨中合龙初期常用剪力铰，使悬臂能相对移动和转动，但挠度连续。箱梁T形刚构和桁架T形刚构的跨中多用挂梁连接。预制挂梁的吊装方法与装配式简支梁的安装相同。但需注意安装过程中对两边悬臂加荷的均衡性问题，以免墩柱受到过大的不均衡力矩，可采用平衡重、两悬臂端部分批交替架梁方法。

6.4.2 挂篮悬臂施工

1. 概述

挂篮悬臂施工是桥梁施工中难度较大的施工工艺，需要一定的施工设备和一支熟悉悬臂浇筑工艺的技术队伍。80%左右的大跨径桥梁采用挂篮悬臂施工，通过大量施工实践，挂篮悬臂施工工艺日趋成熟。以下按挂篮悬臂施工程序、0号块施工、梁墩临时固结、施工挂篮、浇筑梁段混凝土、结构体系转换、合龙段施工和施工控制等进行介绍。

2. 挂篮悬臂施工程序

连续梁桥采用挂篮悬臂施工时，因施工程序不同，有以下三种基本方法：逐跨连续悬臂施工法、T形刚构—单悬臂梁—连续梁施工法、T形刚构—双悬臂梁—连续梁施工法。

逐跨连续悬臂施工法，如图6-13所示。

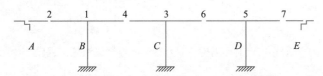

图6-13 逐跨连续悬臂施工法程序

施工步骤如下：

1) 首先从 B 墩开始将梁墩临时固结，进行悬臂施工；

2) 岸边跨段合龙，B 墩临时固结释放后形成单悬臂梁；

3) 从 C 墩开始，梁端临时固结，进行挂篮悬臂施工；

4) BC 跨中间合龙，释放 C 墩临时固结，形成带悬臂的两跨连续梁；

5) 从 D 墩开始，D 墩进行梁墩固结，进行悬臂施工；

6) CD 跨中间合龙，释放 D 墩临时固结，形成带悬臂的三跨连续梁；

7) 按上述方法以此类推进行；

8) 最后，岸边跨段合龙，完成多跨一联的连续梁施工。

上述逐跨连续悬臂法施工，从一端向另一端逐跨进行，逐跨经历了悬臂施工阶段，施工过程中进行了体系转换。该法每完成一个新的悬臂并在跨中合龙后，结构稳定性、刚度不断加强，所以逐跨连续悬臂法常在多跨连续梁或大跨长桥上采用。

T形刚构—单悬臂梁—连续梁施工法，如图6-14所示。

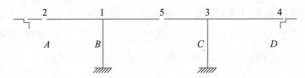

图6-14 T形刚构—单悬臂梁—连续梁法施工程序

施工步骤如下：

1）首先从 B 墩开始，梁墩固结，进行悬臂施工；

2）岸边跨段合龙，释放 B 墩临时固结，形成单悬臂梁；

3）C 墩进行施工，梁墩固结，进行悬臂施工；

4）岸边跨段合龙，释放 C 墩临时固结，形成单悬臂梁；

5）BC 跨中段合龙，形成三跨连续梁结构。

也可以采用多增设两套挂篮设备，B、C 墩同时挂篮悬臂施工，然后两岸边跨段合龙，释放 B、C 墩临时固结，最后中间合龙，形成三跨连续梁，以加快施工进度，缩短工期。

多跨连续梁施工时可以采取几个合龙段同时施工，以加速施工进度，也可以逐个进行。本法在 3～5 跨连续梁施工中是常用的施工方法。

T 形刚构—双悬臂梁—连续梁施工法，如图 6-15 所示。

图 6-15　T 形刚构—双悬臂梁—连续梁法施工程序

施工步骤如下：

1）首先从 B 墩开始，梁墩固结后，进行悬臂施工；

2）再从 C 墩开始，梁墩固结后，进行悬臂施工；

3）BC 跨中间合龙，释放 B、C 墩的临时固结，形成双悬臂梁；

4）A 端岸边跨段合龙；

5）D 端岸边跨段合龙，完成三跨连续梁施工。

当结构呈双悬臂梁状态时，稳定性较差，所以大跨径或多跨连续梁施工时一般不采用该方法。

3. 悬臂梁段 0 号块施工

采用悬臂浇筑法施工时，墩顶 0 号块梁段采用在支架或托架上立模现浇，并在施工过程中设置临时梁墩锚固，使 0 号块梁段能承受两侧悬臂施工时产生的不平衡力矩。

施工托架有扇形、门式等形式，托架可采用万能杆件、贝雷梁、型钢等构件拼装，也可采用钢筋混凝土构件作临时支撑。托架总长度视拼装挂篮的需要而决定。横桥向托架宽度要考虑箱梁外侧立模要求。托架顶面应与箱梁底面纵向线形一致。

由于考虑到在托架上浇筑梁段 0 号块混凝土时托架变形对梁体质量影响很大，在进行托架设计时，除考虑托架强度要求外，还应考虑托架的刚度和整体性；采用万能杆件、贝雷梁、板梁、群钢等作托架时，可采取预压、抛高或调整等措施，以减少托架变形。上海吴淞大桥采用扇形钢筋混凝土立柱作托架支撑于承台上，设置竖向预应力索作梁墩临时锚固用，减小了托架变形。

4. 梁墩临时固结措施

大跨径预应力混凝土桥梁采用挂篮悬臂法施工，如结构采用 T 形刚构，因墩身与梁本身采用刚性连接，所以不存在梁墩临时固结问题。悬臂梁桥或连续梁桥采用挂篮悬臂施工法，为保证施工过程中结构的稳定可靠，必须采取 0 号块梁段与桥墩间临时固结或支承措施。

临时梁墩固结要考虑两侧对称，施工时有一个梁段超前的不平衡力矩，应验算其稳定性，稳定性系数不小于1.5。

当采用硫磺水泥砂浆块作临时支承的卸落设备，采取高温熔化撤除支承时，必须在支承块之间设置隔热措施，以免损坏支座部件。

5. 施工挂篮

挂篮是挂篮悬臂施工的主要机具。挂篮是一个能沿着轨道行走的活动脚手架，挂篮悬挂在已经张拉锚固的箱梁梁段上，悬臂浇筑时，箱梁梁段的模板安装、钢筋绑扎、管道安装、混凝土浇筑、预应力张拉、压浆等工作均在挂篮上进行。当一个梁段的施工程序完成后，挂篮解除后锚，移向下一梁段施工，所以挂篮既是空间的施工设备，又是预应力筋未张拉前梁段的承重结构。挂篮主要有梁式挂篮、斜拉式挂篮和组合斜拉式挂篮三种。

挂篮安装时应注意：①挂篮组拼后，应全面检查安装质量，并做载重试验，以测定其各部位的变形量，并设法消除其永久变形。②在起步长度内，梁段浇筑完成并获得要求的强度后，在墩顶拼装挂篮。有条件时，应在地面上先进行试拼装，以便在墩顶熟练有序地开展拼装挂篮工作，拼装时应对称进行。③挂篮的操作平台下应设置安全网，防止物件坠落，以确保施工安全。挂篮应全封闭，四周设围护，上下应有专用扶梯，方便施工人员上下挂篮。④挂篮行走时，须在挂篮尾部压平衡重，以防倾覆。浇筑混凝土梁段时，必须在挂篮尾部将挂篮与梁进行锚固。

6. 结构体系转换

悬臂梁桥或连续梁桥采用悬臂施工法，在结构体系转换时，为保证施工阶段的稳定，一般边跨先合龙，释放梁墩锚固，结构由双悬臂状态变成单悬臂状态，最后跨中合龙，成连续梁受力状态。这中间就存在体系转换。

7. 合龙段施工

合龙段施工时通常由两个挂篮向一个挂篮过渡，所以先拆除一个挂篮，用另一个挂篮走行跨过合龙段至另一端悬臂施工梁段上，形成合龙段施工支架。也可采用吊架的形式形成支架。

在合龙段施工过程中，由于昼夜温差，现浇混凝土的早期收缩、水化热，已完成梁段混凝土的收缩、徐变，结构体系的转换和施工荷载等因素影响，需采取必要措施，以保证合龙段的质量。

8. 施工控制

挂篮悬臂施工控制是桥梁施工中的一个难点，控制不好，两端悬臂浇筑至合龙时，梁底高程误差会超出允许范围（公路桥梁挠度允许误差为20mm，

239

轴线允许偏位 10mm），既对结构受力不利，又会因梁底曲线产生转折点而影响美观，形成永久性缺陷。

悬臂浇筑大跨径桥梁施工过程中，由于多种因素的影响，施工中的实际结构状态将偏离预定目标，这种偏差严重的将影响结构的使用。为了使悬臂浇筑状态尽可能达到预定目标，必须在施工过程中逐段进行跟踪控制和调整，采用计算机程序控制可提高控制速度和精度。

6.5　顶推法施工

顶推法是预应力混凝土连续梁桥常用的施工方法，适用于中等跨径、等截面的直线或曲线桥梁。顶推法施工是沿桥轴方向，在台后开辟预制场地，分节段预制梁身，并用纵向预应力筋将各节段连成整体，然后通过水平液压千斤顶施力，借助不锈钢板和聚四氟乙烯模压板组成的滑动装置，将梁段向对岸推进。这样分段预制，逐段顶推，待全部顶推就位后，落梁、更换正式支座，即可完成桥梁施工。

顶推法施工的关键是顶推作业，核心问题在于应用有限的顶力将梁顶推就位。顶推施工中所用的滑移设备与在转体施工中采用的聚四氟乙烯转动设备相似。

6.5.1　单点顶推施工

顶推的装置集中在主梁预制场附近的桥台或桥墩上，前方墩各支点上设置滑动支承。顶推装置又可分为两种：一种是由水平千斤顶通过沿箱梁两侧的牵动钢杆给预制梁一个顶推力；另一种是由水平千斤顶与竖直千斤顶联合使用，顶推预制梁前进，如图 6-16 所示。它的施工程序为顶梁、推移、落下竖直千斤顶和收回水平千斤顶的活塞杆。

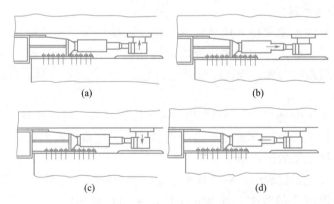

图 6-16　水平千斤顶与竖直千斤顶联用的装置

滑道支承设置在混凝土临时垫块上，它由光滑的不锈钢板和组合的聚四氟乙烯滑块组成，其中滑块由四氟板和具有加劲钢板的橡胶块构成，外形尺寸有 420mm×420mm、200mm×400mm、500mm×200mm 等数种，厚度也有 40mm、31mm、21mm 之分。顶推时，组合的聚四氟乙烯滑块在不锈钢板上滑动，并在前方滑出，通过在滑道后方不断喂入滑块，带动梁身前进，如图 6-17 所示。

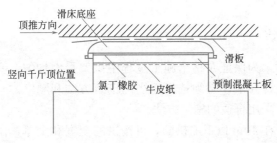

图 6-17　顶推使用的滑道装置

顶推时，升起竖向顶活塞，使临时支承卸载，开动水平千斤顶去顶推竖向千斤顶。由于竖向千斤顶下面设有滑道，顶的上端装有一块橡胶板，因此竖向千斤顶在前进过程中会带动梁体向前移动。当水平千斤顶达到最大行程时，降下竖向顶活塞，使梁体落在临时支承上，收回水平顶活塞，带动竖向千斤顶后移，回到原来位置，如此反复不断地将梁顶推到设计位置。

6.5.2　多点顶推施工

在每个墩台上设置一对小吨位（400～800kN）的水平千斤顶，将集中的顶推力分散到各墩上。由于利用水平千斤顶传给墩台的反力来平衡梁体滑移时在桥墩上产生的摩阻力，从而使桥墩在顶推过程中承受较小的水平力，因此可以在柔性墩上采用多点顶推施工。同时，多点顶推所需的顶推设备吨位小，容易获得。在顶推设备方面，国内一般采用拉杆式顶推方案，每个墩位上设置一对液压穿心式水平千斤顶，每侧的拉杆使用一根或两根 $\phi25$mm 高强螺纹钢筋，它的前端通过锥形楔块固定在水平千斤顶活塞杆的头部，另一端使用特制的拉锚器、锚定板等连接器与箱梁连接，水平千斤顶固定在墩身特制的台座上，在梁体下设置滑板和滑块。顶推时，通过在滑道上不断滑入滑块，带动箱梁前进。拉杆式顶推装置如图 6-18 所示。

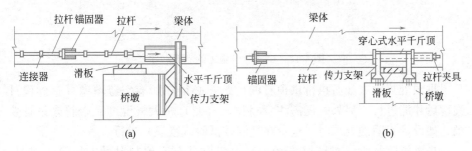

(a)　　　　　　　　　　　　　　　　(b)

图 6-18　拉杆式顶推装置

多点顶推装置由竖向千斤顶、水平千斤顶和滑移支承组成。施工程序为落梁、顶推、升梁和收回水平千斤顶的活塞，拉回支承块，如此反复作业。

241

多点顶推施工的关键在于同步。

6.6 现浇拱桥施工

6.6.1 拱圈浇筑

修建拱圈时，为保证在整个施工过程中拱架受力均匀，变形最小，使拱圈的质量符合设计要求，必须选择适当的砌筑方法和顺序。一般根据跨径大小、构造形式等采用合适的施工方法。

通常，跨径在10m以下的拱圈，可按拱的全宽和全厚，由两侧拱脚同时对称地向拱顶砌筑，但速度应尽可能快，使在拱顶合龙时，拱脚处的混凝土未初凝，或石拱桥拱石砌缝中的砂浆尚未凝结。

跨径10~15m的拱圈，最好在拱脚预留空缝，由拱脚向拱顶按全宽、全厚进行砌筑（浇筑混凝土），为了防止拱架的拱顶部分上翘，可在拱顶区段预先压重（一般自拱脚向上砌到1/3矢高左右，就在拱顶1/3跨度范围内预压占总数20%的拱石）。待拱圈砌缝的砂浆达到设计强度的70%后（或混凝土达到设计强度），再将拱脚预留空缝用砂浆（或混凝土）填塞。

大、中跨径的拱桥，一般采用分段施工或分环（分层）与分段相结合的施工方法。分段施工可使拱架变形比较均匀，并可避免拱圈的反复变形。分段的位置与拱架的受力和结构形式有关，一般应设置在拱架挠曲线有转折和拱圈弯矩比较大的地方，如拱顶、拱脚和拱架的节点处。对于石拱桥，分段间应预留0.03~0.04m的空缝或设置木撑架，混凝土拱圈则应在分段间设混凝土挡板（模板），待拱圈砌筑后再用砂浆（或埋入石块、浇筑混凝土）灌缝。分段时对称施工的顺序一般如图6-19所示。

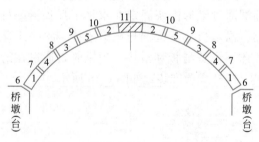

图 6-19 拱圈分段施工的一般顺序

拱顶处封拱（如石拱桥拱顶石的砌筑）必须在所有空缝填塞并达到设计强度后才能进行。另外，还需注意封拱（合龙）时大气温度是否符合设计要求，如设计无明确要求时，也宜在气温较低时（凌晨）进行。

当拱桥跨径大、拱圈厚度较大，由多层拱石或预制混凝土块等组成时，可将拱圈全厚分层（即分环）施工，按分段施工法修建好一环合龙成拱，待砂浆或混凝土强度达到设计要求后再浇筑（或砌筑）上面的一环。这样，第一环拱圈就能起拱的作用，参与拱架共同承受第二环拱圈结构（如拱石）的重力。以后各环均照此进行，这样可以大大减小拱架的设计荷载（一般可按拱圈总重的 60%～75% 计算石拱桥的拱架）。同时，分环施工合龙速度快，能保证施工安全，节省拱架材料。

6.6.2 拱上结构砌筑

拱上建筑的施工，应在拱圈合龙，混凝土或砂浆达到设计强度的 30% 后进行。对于石拱桥，一般不少于合龙后三昼夜。

拱上建筑的施工，应避免使主拱圈产生过大的不均匀变形。实腹式拱上建筑，应由拱脚向拱顶对称地砌筑，当侧墙砌筑好以后，再填筑拱腹填料和修建桥面结构等。

空腹式拱桥一般是在腹孔墩砌完后卸落拱架，然后再对称均衡地砌筑腹拱圈，以免由于主拱圈的不均匀下沉而使腹拱圈开裂。

在多孔连续拱桥中，当桥墩不是按施工单向受力墩设计时，仍应注意相邻孔间的对称均衡施工，避免桥墩承受过大的单向推力。

6.7 缆绳吊机安装拱桥

在峡谷或水深流急的河段上，或在通航的河流上，需要满足船只顺利通行，或在洪水季节施工受漂流物影响等条件下修建拱桥，以及采用有支架的方法施工将会遇到很大困难时，宜采用无支架的施工方法，如扒杆、龙门架、塔式吊机、浮吊、缆索吊装等方法。缆索吊装施工具有跨越能力大、水平和垂直运输机动灵活、适应性广、施工比较稳妥方便等优点，在拱桥施工中被广泛采用。

缆索吊装施工工序为：在预制场预制拱肋（箱）和拱上结构，将预制拱肋和拱上结构通过平车等运输设备移运至缆索吊装位置，将分段预制的拱肋吊运至安装位置，利用扣索对分段拱肋进行临时固定，吊装合龙段拱肋，对各段拱肋进行轴线调整，主拱圈合龙，拱上结构安装。缆索吊装设备和布置形式如图 6-20 所示。

6.7.1 拱箱（肋）预制

箱形拱和双曲拱桥虽在构造上有所不同，但采用缆索吊装施工时，其施工工序的要求和方法并无明显差别，以箱形拱桥为例进行介绍。

为了预制安装方便，通常要将箱形截面主拱圈从横向划分成若干根箱形拱肋，再沿纵向划分为若干段，待拱肋拼装成拱后，再在箱壁间用现浇混凝土把各箱形拱肋连成整体，形成主拱圈截面。

拱箱（肋）沿纵向的分段数目和长度应根据桥梁跨径大小、运输设备和吊装能力等条件来考虑。由于拱顶往往是受力最不利的截面，因此拱肋分段时接头不宜布置在拱顶，而接头宜选择在拱肋自重作用下弯矩最小的位置及其附近。当跨径在 30m 以内时，可单根拱肋整体预制吊装；当跨径在 80m 以

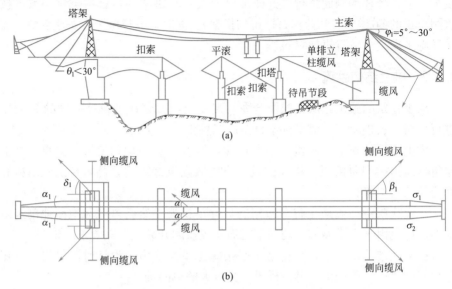

图 6-20 缆索吊装设备及布置示例

(a) 立面；(b) 平面

内时，可分为三段预制安装；当跨径超过 80m 时，可考虑分为 5 段或 7 段。

拱箱节段常采用组拼预制的方法，即将拱箱分成底板、侧板、横隔板和盖板等几个部件分别进行预制，其施工主要步骤如下：

（1）预制拱箱首先要按设计图的要求，在样台上放出拱箱大样，然后在大样上按设计要求分出拱箱的吊装节段，对拱箱进行分节放样。

（2）预制侧板、横隔板。

（3）在拱箱节段的底模上组拼开口箱。先在拱胎面上放出拱箱边线，并分出横隔板中线，两侧钉好铁钉，然后在底模上铺设底板钢筋，将侧板和横隔板安放就位，并绑扎好接头钢筋，浇筑底板混凝土和接缝混凝土，组成开口箱。

（4）若采用闭口箱吊装，可在开口箱内立顶板的底模，绑扎钢筋，浇筑顶板混凝土，组成闭口箱。待节段混凝土强度达到设计要求后，即可进行下一节段拱箱的预制。

对于双曲拱桥，其拱肋的预制方法同上，但采用一次现浇而成。

6.7.2 吊装方法和加载顺序

1. 拱箱（肋）的吊装

采用缆索吊装施工的拱桥，其吊装方法应根据拱桥的跨径大小、桥的总长和桥的宽度等情况而定。

大跨径拱桥吊装，由于每段拱肋较长、重量较大，为使拱肋吊装安全，应尽量采用正吊、正落位、正扣，索塔的宽度应与桥宽相适应。拱肋的吊装，除拱顶段外，其余每段拱肋由扣索临时固定在扣架上，此时每段拱肋必须设置缆风。起重索和扣索承重交接时速度不能太快，每次升降应控制在一定的范围内，交接过程中对缆风随时进行调整。拱肋分 3 段或 5 段拼装时，至少应保持 2 根基肋设置固定缆风，拱肋接头处应横向连接。

对于中、小跨径的箱形拱桥，当其拱肋高度大于 0.009～0.012 跨径，拱肋底面宽度为肋高的 0.6～1.0，且横向稳定安全系数小于 4 时，可采取单肋合龙，嵌紧拱脚后，松索成拱，如图 6-21（a）所示。

对于大、中跨径的箱形拱桥，当其单肋合龙横向稳定安全系数小于 4 时，可先悬扣多段拱脚或次拱脚拱肋，然后用横夹木临时将相邻两肋连接后，安装拱顶单根拱肋合龙，松索成拱，如图 6-21（b）、（c）所示。当拱肋跨度大于 80m 或横向稳定安全系数小于 4 时，应采用双基合龙松索成拱的方式，即当第一根拱肋合龙并校正拱轴线，楔紧拱肋接头缝后，稍松扣索和起重索，压紧接头缝，但不卸掉扣索和起重索，待第二根拱肋合龙，两根拱肋横向连接固定好并拉好缆风后，再同时松卸两根拱肋的扣索和起重索。

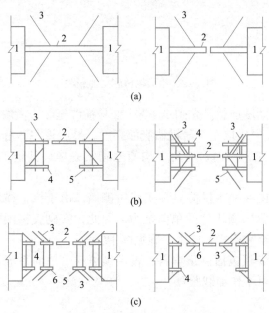

图 6-21　拱肋合龙方式示意图
(a) 单肋合龙；(b) 3 段吊装合龙；(c) 5 段吊装合龙
1—墩台；2—基肋；3—缆风；4—拱脚段；5—横间木；6—次拱脚段

2. 施工加载顺序

当拱箱（肋）吊装合龙成拱后，对后续工序的施工，如果采用的施工步骤不合理，加载不对称，左、右半拱施工进度不平衡等，都会引起拱轴线变形不均匀，从而导致拱圈开裂，严重的甚至造成倒塌事故，必须对施工顺序进行合理设计。

施工加载顺序设计的目的，就是在裸拱上加载时，使拱肋各个截面在整个施工过程中都能满足应力、强度和稳定性要求，并在保证施工安全和工程质量前提下，尽量减少施工工序，以便加快施工速度。

图 6-22 所示是一座跨径 85m 箱形拱桥的施工加载顺序，拱箱阶段采用闭

合箱，图中数字代表施工步骤，其加载顺序如下：

（1）先将各片拱箱逐一吊装合龙，形成一孔裸拱圈。然后将全部纵、横接头处理完毕，即浇筑接头混凝土，完成第一阶段加载。

（2）浇筑拱箱间纵缝混凝土。纵缝应分两层浇筑，先浇筑到大约箱高一半处，待其初凝后，再浇满全高与箱顶齐平，横桥向各缝齐头并进，且下层纵缝应分段浇筑。图中②、③、④、⑤各步骤均为纵缝浇筑。

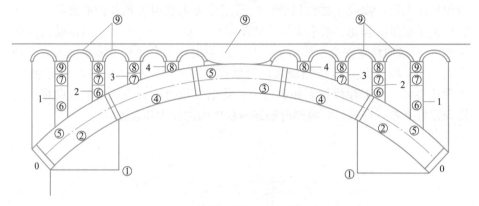

图 6-22　箱形拱桥施工加载顺序

（3）拱上各横墙加载。先砌筑 1 号、2 号横墙至 3 号横墙底面高度。再砌筑 1 号、2 号、3 号横墙至 4 号横墙底面高度。最后将左、右两半拱的全部横墙（包括小拱拱座）同时、对称、均衡地砌筑完毕。其施工步骤见图中⑥、⑦、⑧。

（4）安砌腹拱圈和主拱圈拱顶实腹段侧墙。由于拱上横墙断面单薄，只能承受一片预制腹拱圈块件的单向推力。因此，安砌腹拱圈时，应沿总线逐条对应安砌，直至完毕。其施工步骤见图中⑨。

（5）以后各步骤包括拱顶填料、腹拱顶填料、桥面系等，均按常规施工工艺要求进行，可不作加载验算。

6.8　转体法施工

6.8.1　有平衡重转体施工

有平衡重转体施工的特点是转体重量大，施工的关键是转体。要把数百吨重的转动体系顺利、稳妥地转到设计位置，主要依靠以下两项措施实现：正确的转体设计；制作灵活可靠的转体装置，并布设牵引驱动系统。

目前使用的转体装置有：以四氟乙烯作为滑板的环道平面承重转体；以球面转轴支承，辅以滚轮的轴心承重转体，如图 6-23 所示。

第一种转体装置是利用了四氟材料摩擦系数特别小的物理特性，使转体成为可能。第二种转体装置是用混凝土球面铰作为轴心承受转动体系重力，四周设保险滚轮，转体设计时要求转动体系的重心落在轴心上，该装置一方

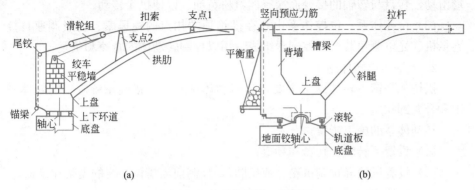

(a)   (b)

图 6-23 转动体系的一般构造

（a）四氟乙烯滑板环道转体；（b）球面支承转体

面由于铰顶面涂了二硫化钼润滑剂，减小了牵引阻力，另一方面由于牵引转盘直径比球铰的直径大许多倍，而且又用了牵引增力滑轮组，因而转体十分方便可靠。

6.8.2 无平衡重转体施工

无平衡重转体施工是把有平衡重转体施工中的拱圈扣索拉力锚在两岸岩体中，从而节省了庞大的平衡重。锚碇拉力由尾索预加应力传给引桥桥面板（或平撑斜撑），以压力的形式储备。桥面板的压力随着拱箱转体角度变化而变化，当转体到位时达到最小。

根据桥位两岸的地形，无平衡重转体可以把半跨拱圈分为上、下游两个部件，同步对称转体；或在上、下游分别在不对称的位置上预制，转体时先转到对称位置，再对称同步转体，以使扣索产生的横向力互相平衡；或直接做成半跨拱体（桥全宽），一次转体合龙。

无平衡重转体施工需要有一个强大牢固的锚碇，因此宜在山区地质条件好或跨越深谷急流处建造大跨桥梁时选用。

1. 构造

拱桥无平衡重转体施工具有锚固、转动、位控三大体系。

（1）锚固体系。锚固体系由锚碇、尾索、平撑、锚梁（或锚块）和立柱组成。锚碇设在引道或边坡岩石中，锚梁（或锚块）支承于立柱上，两个方向的平撑与尾索形成三角形稳定体，使锚块和上转轴为一确定的固定点。拱箱转至任意角度，由锚固体系平衡拱箱扣索力。

（2）转动体系。转动体系由上转动构造、下转动构造、拱箱和扣索组成。上转动构造由埋入锚梁（或锚块）中的轴套、转轴和环套组成，扣索一端与环套连接，另一端与拱箱顶端连接，转轴在轴套与环套间均可转动。

下转动构造由下转盘、下环道和下转轴组成。拱箱通过拱座铰支承在转盘上，马蹄形的转盘中部卡套在下转轴上，并支承在下环道上，转盘下安装了许多聚氟乙烯蘑菇头（千岛走板），转盘的走板可在下环道上沿下转轴作弧形滑动，转盘与转轴的接触面涂有四氟粉黄油，以使拱箱转动。

（3）位控体系。位控体系由系在拱箱顶端扣点的缆风索、无级调速自控卷扬机、光电测角装置和控制台组成，用以控制转动体的转速和位置。

2. 无平衡重转体施工

拱桥无平衡重转体施工主要包括转动体系施工、锚碇系统施工、转体施工和合龙卸扣施工。

转动体系的施工步骤：

（1）设置下转轴、转盘和环道；

（2）设置拱箱和预制拱箱（或拱肋），预制前需搭设必要的支架和模板；

（3）设置立柱；

（4）安装锚梁、上转轴、轴套和环套；

（5）安装扣索。

这一部分的施工主要保证转轴、转盘、轴套、环套的制作安装精度和环道水平高差的精度，并要做好安装完毕到转体前的防护工作。

锚碇系统的施工步骤：

（1）制作桥轴线上的开口地锚；

（2）设置斜向洞锚；

（3）安装轴向、斜向平撑；

（4）尾索张拉；

（5）扣索张拉。

这一部分的施工对锚碇部分应绝对可靠，以确保安全。

转体施工应注意：①正式转体前应再次对桥体各部分进行系统、全面检查，检查通过后方可转体。拱箱的转体是靠上、下转轴事先预留的偏心值形成的转动力矩来实现的。②启动时放松外缆风索，转到距桥轴线约60°时开始收紧内缆风索，索力逐渐增大，但应控制在20kN以下，如转不动，则应以千斤顶在桥台上顶推马蹄形下转盘。为了使缆风索受力角度合理，可设置两个转向滑轮。③缆风索走速，在启动时宜选用0.5~0.6m/min，在一般行走时宜选用0.8~1.0m/min。

合龙卸扣施工应注意：①拱顶合龙后的高差，通过张紧扣索提升拱顶、放松扣索降低拱顶来调整到设计位置。②封拱宜选择低温时进行。先用8对钢楔楔紧拱顶，焊接主筋、预埋铁件，然后先封桥台拱座混凝土，再浇封拱顶接头混凝土。当混凝土达到70%设计强度后，即可卸扣索，卸索应对称、均衡、分级进行。

6.9 桥梁工程智能施工

桥梁工程智能施工通过自动化减人、机械化换人，充分利用大数据、物联网、智能传感、人工智能等新技术，实现智能化安装、动态监控、信息化管理，有助于提升桥梁的整体施工质量和施工速度，降低施工成本，提高安全性。以下主要围绕智能工程设备、数字化控制技术展开介绍。

6.9.1 智能工程设备

复杂的桥梁施工环境，对施工工艺、专用装备智能化程度要求较高，主要有智能化步履式顶推设备、智能化挂篮系统等。

（1）智能化步履式顶推设备

在桥梁装配化施工中，实现等截面箱梁、变高截面箱梁、梁拱组合式桥梁、钢桁梁桥或曲线桥梁顶推时，该设备可完成机械行走、液压驱动、施工控制、监视报警等功能，实现桥梁向前推移就位。该设备包括顶推机械系统、顶推液压系统和顶推控制系统，顶推机械系统是步履式顶推机，主要由千斤顶、纠偏装置和滑箱组成，顶推液压系统是液压泵站，顶推控制系统主要包括主控台和上位机远程操控系统。

1）设备安装。步履式顶推机安装在桥墩和临时支撑墩上，其千斤顶装有压力传感器和位移传感器，滑箱在步履式顶推机的最上方，是顶推机的组成部分，临时垫梁布置在顶推机的前后或两侧位置，桥梁放置在垫梁上，如图 6-24 所示。步履式顶推机与液压泵站和主控台相连。

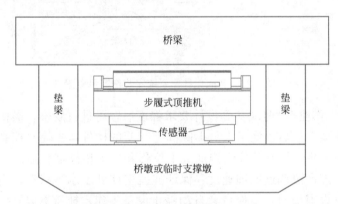

图 6-24　步履式顶推机安装位置示意图

2）施工作业。操作人员通过主控台启动液压泵站，液压泵站为步履式顶推机提供动力，使顶推机的千斤顶升高，完成托起桥面作业，由于千斤顶上布置有压力传感器，在顶升过程中，传感器将采集到的压力信息传输到主控台，主控台检测到桥梁脱离桥墩和临时支撑时，千斤顶停止升高。操作人员通过主控台控制千斤顶平移，千斤顶向前推动滑箱和桥梁，位移传感器和光电传感器将采集到的位移信息传输到主控台，与设定值对比，如果位移大于设定值，主控台会自动调节设备，完成纠偏工作，顶推机和桥梁到达设定位移后，停止平移。通过主控台控制液压泵站回油，使顶推千斤顶下降，将梁体搁置于桥墩和临时支撑上。千斤顶下降到初始位置后，再驱动平移千斤顶向后移动，回到顶推机的最初状态。

（2）智能化挂篮系统

挂篮是悬臂浇筑施工的重要机械设备。当连续梁桥（或连续刚构桥）采用悬臂浇筑式施工时，智能化挂篮系统可通过机械、液压和电气自动化技术等功能，对挂篮受力、位移等参数实时跟踪，实现挂篮动作远程监控与智能系统同步，利用反馈控制系统，实现同步精确控制。该系统包括执行机构、智能化挂篮液压系统和智能化挂篮控制系统。执行机构包括组成挂篮的各构件，智能化挂篮液压系统是液压泵站，智能化挂篮控制系统包括主控台、分控柜和传感器等。

1）设备安装。在桥墩上完成 0 号块（第 1 块现浇桥梁）浇筑，在 0 号块两侧布置挂篮系统的执行机构，执行机构中的油缸安装有位移传感器和压力传感器，执行机构与液压泵站和控制系统相连，如图 6-25 所示。

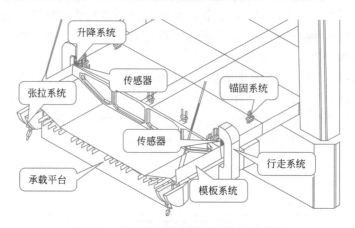

图 6-25　智能化挂篮系统安装位置示意图

2）施工作业。0 号块达到设计要求强度后，可进行脱模。操作人员通过主控台将拱架下放后，施工人员拆除固定挂篮的构件，主控台控制挂篮升降机构使挂篮下降，挂篮升降机构油缸上位移和压力传感器将监测信息传输给主控台，主控台协调进回油速度，保证挂篮整体处于水平状态，当采集到的信息达到预设限值时，主控台会自动停止设备工作。挂篮下放到位后，操作人员通过主控台启动行走系统，驱动整个执行机构前进至下一个节段，主控台可精确控制执行机构的行走速度，确保行走过程中不出现偏差。再次启动挂篮升降机构，使挂篮提升至设计标高，现场施工人员安装固定挂篮的构件，安装完成后控制拱架提升，起到支撑模板的作用。挂篮在下一节段就位好后，由现场施工人员进行钢筋骨架安装、混凝土浇筑施工。

6.9.2　数字化控制技术

将建筑信息模型与数字化技术和物联网技术结合，构建数字化管理平台，如图 6-26 所示，可有效提升信息收集时相关数据的时效性和精准程度，在有效控制桥梁施工进度的基础上实现效率提升和资源节约，如虚拟预拼装平台、转体施工控制系统。

（1）虚拟预拼装平台

虚拟预拼装平台可实现对桥梁结构预制构件的数字化模型的模拟拼装。

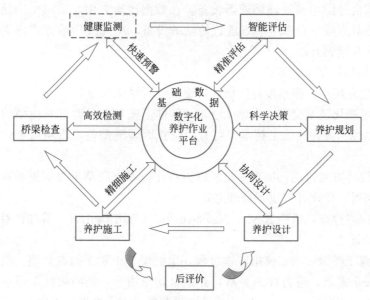

图 6-26　桥梁数字化管理平台

参考构件的三维设计模型，以构件的实测数据为基准进行模拟，通过旋转、移动等平台功能，能自动分析预拼装条件（桁高、节间长度、旁弯、试装全长、拱度、对角线、主桁中心距离等），可自动生成图文结合的虚拟预拼装报告。

虚拟预拼装工艺流程：

1) 建立模型：通过建模软件，依据电子图纸建立桥梁结构模型。

2) 扫描数据：利用三维扫描仪、测量机器人等设备扫描已生产的成品构件。

3) 比较数据：将 2) 中测量得到数据与 1) 中软件模型进行比较，并进行拟合，对模型中构件进行调整。

4) 模拟拼装：构件调整完成后，可在软件中进行构件之间的模拟拼装。

5) 实测修正：实测构件模拟预拼装，符合规范和设计标准的构件，可以进行现场拼装；对于不合格的构件，经过软件对构件的数据修正后，再重新生产该构件，并再次经过虚拟预拼装，直至构件合格，才可进行现场拼装。

6) 现场施工：出具检测数据，指导现场安装施工。

（2）转体施工控制系统

转体施工控制系统通过云端读取实时施工监控数据，利用数据驱动模型进行转体，将转体过程中桥梁构件的实时状态以三维可视化的方式展示。该控制系统由硬件系统和软件系统组成，硬件系统包含施工数据的采集和传输，软件系统包含数据的存储、计算和展示功能。

1) 系统设计

在数据采集方面，整座桥梁的监测网络由一定数量的数据自动采集系统组成，每个采集系统包括一个区域监测点，采集系统中采用高精度智能传感

251

器、数据自补偿和预处理调理器设备。在数据传输方面，采用低功耗、传输远、可点对点或一对多组节点进行传输的设备，用无线传输方式将实时数据传输，并存储到云端。

2）模拟控制工艺流程

① 建立模型：根据设计图纸，构建三维可视化模型。

② 可视化技术交底：借助 Lumion 软件，施工人员通过对模型的观察和分析，熟练掌握相关施工技术，可有效防止因理解偏差而影响施工效果的情况发生。

③ 设计方案讨论：项目参与者以可视化技术交底结果为依据，对设计方案展开探讨，发现并修正不合理之处。

④ 碰撞检查：借助 Revit、Navisworks、Clash Detective 等软件对模型进行碰撞检查。

⑤ 施工模拟：动态模拟转体过程，根据模型中赋予的参数值，结合施工质量和安全需求，进行详细分析，并结合动画演示，判断梁柱节点加固是否合理有效，若出现偏差，可进行设计方案调整，直至模拟施工成功。

⑥ 现场施工：根据模拟转体施工结果，指导现场施工。

本章小结

了解悬臂施工法的施工特点和分类，了解转体施工法的特点和应用范围；掌握悬臂拼装施工和挂篮悬臂施工工艺过程，掌握转体施工工艺，掌握顶推法施工工艺，了解智能工程设备。

思考题

6-1 桥梁施工方法主要有哪些？

6-2 桥梁施工应该经常备用哪些机具和设备？

6-3 简述简支梁桥梁段安装工艺。

6-4 试比较悬臂拼装和挂篮悬臂施工方法的优缺点。

6-5 简述顶推施工的主要方法。

6-6 简述拱圈浇筑的施工方法。

6-7 简述虚拟预拼装的工艺流程。

6-8 简述智能化步履式顶推设备的工作流程。

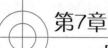

第7章
路面工程施工

【知识点】

基层施工方法、质量控制与检查验收，水泥混凝土路面（混凝土的制备、浇筑、接缝施工、养护），沥青路面施工工艺以及有关路面工程的智能施工技术。

【重点】

水泥混凝土路面的构造及施工方法，沥青路面施工的种类和方法。

【难点】

水泥混凝土路面的构造，沥青路面施工的方法。

7.1 路面基层（底基层）施工

7.1.1 概述

路面是用各种坚硬材料或混合料分层修筑在路基顶面供车辆行驶的层状结构物，直接经受车辆荷载与自然因素综合作用，路面的性能应能满足车辆安全、迅速、舒适的行驶要求。

路面结构一般由面层、基层、底基层和垫层组成，如图7-1所示。

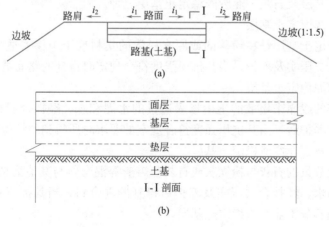

图 7-1 路面结构构造示意图

面层是直接承受车轮荷载反复作用和自然因素影响的结构层,因此面层材料应具有较高的力学强度和稳定性,应当耐磨、平整、不透水,表面还应有良好的抗滑性、防渗性。

直接位于路面面层之下、用高质量材料铺筑的主要承重层称为基层;用质量较次材料铺筑在基层下的次要承重层称为底基层。基层、底基层视公路等级或交通量的需要可以是一层或者是两层以上,可以是一种或两种材料。当基层和底基层较厚、需分两层施工时,可分别称为上基层、下基层或上底基层、下底基层。基层和底基层一般统称为基层。

垫层是设置在底基层与土基之间的结构层,用以调节和改善土基的水文状况,起排水隔水、防冻和防污等作用,扩散由基层传来的荷载应力,减少土层所产生的变形。

根据材料组成及使用性能的不同,可将基层分为半刚性基层(有结合料稳定类基层)和无结合料的粒料类基层。

7.1.2 半刚性基层施工

1. 半刚性基层的特点

半刚性基层是由无机结合料如水泥、石灰等与集料或土组成的混合料铺筑的,具有一定厚度的路面结构层。无机结合料稳定类基层(底基层)在前期具有柔性路面的力学特性,当环境适宜时,其强度和刚度会随着时间的推移而增大,但其最终抗弯、抗拉强度和弹性模量,还是较刚性基层低,因此把这类基层称为半刚性基层。

半刚性基层材料的显著特点是:整体性强、承载力高、刚度大、水稳性好而且较经济。在我国半刚性材料已广泛用于修建高等级公路路面基层或底基层。

2. 半刚性基层的分类

按结合料种类和强度形成机理的不同,半刚性基层分为石灰稳定土基层、水泥稳定土基层及石灰工业废渣稳定土基层三种。

(1) 石灰稳定土基层

石灰稳定土基层是在粉碎的或原来松散的集料或土中掺入适量的石灰和水,经拌合、压实及养护,当其抗压强度符合规定时得到的路面结构层。

(2) 水泥稳定土基层

在粉碎的或原来松散的土中掺入适量的水泥和水,经拌合后得到的混合料在压实和养护后,当其抗压强度符合规定的要求时所得到的结构层。

(3) 石灰工业废渣稳定土基层

用一定数量的石灰与粉煤灰或石灰与煤渣等混合料与其他集料或土配合,加入适量的水,经拌合、压实及养护后得到的混合料,当其抗压强度符合规定时即得到石灰工业废渣稳定土基层。

3. 材料质量要求

对集料和土的一般要求是:粉碎经济性好,满足一定级配要求,便于碾压成型。

常用的无机结合料为水泥、石灰、粉煤灰及煤渣等。强度等级为 32.5 级或 42.5 级普通硅酸盐水泥、矿渣硅酸盐水泥和火山灰质硅酸盐水泥均可用于稳定集料和土；为了有充实的时间组织施工，不应使用快硬水泥、早强水泥或受潮变质的水泥，应选用终凝时间较长（6h 以上）的水泥。石灰质量应符合三级以上消石灰或生石灰的质量要求。准备使用的石灰应尽量缩短存放时间，以免有效成分损失过多，若存放时间过长则应采取措施妥善保管。

粉煤灰的主要成分是 SiO_2、Al_2O_3、Fe_2O_3，三者总含量应超过 70%，烧失量不应超过 20%；若烧失量过大，则混合料强度将明显降低，甚至难以成型。煤渣是煤燃烧后的残留物，主要成分是 SiO_2 和 Al_2O_3，其总含量一般要求超过 70%，最大粒径不应大于 30mm，颗粒组成以有一定级配为佳。

一般的人、畜饮用水均可作为施工用水。

4. 混合料组成设计

混合料组成的设计步骤是：首先通过有关试验，检查拟采用的结合料、集料和土的各项技术指标，初步确定适宜的原材料；其次是确定混合料中各种原材料比例，制成混合料后通过击实试验测定最大干密度和最佳含水量，并在此基础上进行承载力试验和抗压强度试验。

表 7-1 所列强度指标为龄期 7d（包括常温湿养 6d，浸水 1d；常温对非冰冻地区指 25℃，冰冻地区指 20℃）的无侧限抗压强度。

无机结合料稳定类材料无侧限抗压强度标准（MPa）　　　　　表 7-1

公路等级		高速公路及一级公路		二级及二级以下公路	
层位		基层	底基层	基层	底基层
材料类型	水泥稳定类	3.0～4.0	≥1.5	2.0～3.0	≥1.5
	石灰稳定类		≥0.8	≥0.8	0.5～0.7
	工业废渣稳定类	≥0.8	≥0.5	≥0.6	≥0.5

5. 半刚性基层的施工

半刚性基层的施工中，混合料的拌合方式有路拌法和厂拌法；摊铺方式有人工和机械两种。在进行大面积施工以前，要修筑一定长度的试验路段，以便进行施工优化组合。

（1）路拌法施工

路拌法施工是将集料或土、结合料按一定顺序均匀平铺在施工作业面上，用路拌机械拌合均匀并使混合料含水量接近最佳含水量，随后进行碾压等工序的作业。

路拌法施工的主要工艺如图 7-2 所示。

（2）厂拌法施工

厂拌法施工是指在中心拌合厂（场）用拌合设备将原材料拌合成混合料，然后运至施工现场进行摊铺、碾压、养护等作业的施工方法。对于高速公路和一级公路，应采用专用稳定土，集中厂拌机械拌制混合料。

255

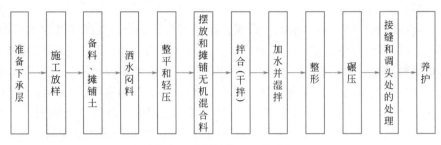

图 7-2 路拌法施工工艺流程

集中拌合时，应符合下列要求：

① 土块最大尺寸不应大于 15mm，粉煤灰块最大尺寸不应大于 12mm；

② 不同粒级的砾石或碎石以及细集料都应分开堆放，石灰、粉煤灰和细集料应加以覆盖，防止雨淋过湿；

③ 配料要准确；

④ 含水量要略大于最佳值，使混合料运到现场摊铺后碾压时的含水量能接近最佳值；

⑤ 拌合要均匀，当采用连续式的稳定土厂拌设备时，应保证原集料的最大粒径和级配都符合要求，在正式拌制混合料之前，必须先调试所用的厂拌设备，找出各料斗闸门的开启刻度，使混合料的颗粒组成和含水量都达到规定要求。当采用水泥稳定土层时，从加水拌合到碾压终了的延迟时间，一般不应超过 3h。

6. 施工质量控制与检查验收

施工质量控制的内容包括原材料与混合料质量技术指标试验、铺筑试验路及施工过程中的质量控制与外形管理三大部分。

（1）原材料与混合料质量技术指标试验

基层施工前及施工过程中原材料出现变化时，应对拟采用的原材料进行规定项目的质量技术指标试验，以试验结果作为判定材料是否适用于基层的主要依据。

（2）铺筑试验路

为了有一个标准的施工方法作指导，在正式施工前应铺筑一定长度的试验路，以便考查混合料的配合比是否适宜，确定混合料的松铺系数、标准施工方法及作业段的长度等，并根据铺筑试验路的实际过程优化基层的施工组织设计。

（3）质量控制与外形管理

基层施工质量控制是在施工过程中对混合料的含水量、集料级配、结合料剂量、混合料抗压强度、拌合均匀性、压实度、表面回弹弯沉值等项目进行检查。施工过程中的外形管理包括外形尺寸的控制和检查以及质量控制和检查。质量控制的项目、频度和质量标准应符合规范要求。

基层施工完毕应进行竣工检查验收，内容包括竣工基层的外形、施工质量和材料质量等三个方面。判定路面结构层质量是否合格，是以 1km 长的路段为评定单位，当采用大流水作业时，也可以每天完成的段落为评定单位。检查验收过程中的试验、检验应做到原始记录齐全、数据真实可靠，为质量评定提供客观、准确的依据。

7.1.3 粒料类基层施工

1. 粒料类基层分类

粒料类基层是由一定级配的矿质集料经拌合、摊铺、碾压，当强度符合规定时得到的基层。

（1）级配碎石基层

级配碎石基层由粗、细碎石和石屑各占一定比例、级配符合要求的碎石的混合料铺筑而成。级配碎石基层适用于各级公路的基层和底基层，还可用作较薄沥青面层与半刚性基层之间的中间层。

（2）级配砾石基层

级配砾石基层是用粗、细砾石和砂按一定比例配制的混合料铺筑的、具有规定强度的路面结构层，适用于二级及二级以下公路的基层及各级公路的底基层。

（3）填隙碎石基层

填隙碎石基层是用单一粒径的粗碎石作主骨料，用石屑作填隙料铺筑而成的结构层。填隙碎石适用于各级公路的底基层和二级以下公路的基层。

2. 粒料类基层施工

（1）级配碎（砾）石基层（底基层）施工

级配碎（砾）石基层大都采用路拌法施工。为保证质量要求，级配碎石有时采用厂拌法集中拌合。

1）路拌法

① 准备下承层

下承层的平整度、压实度和弯沉值应符合规范的规定，不论是路堑还是路堤，都必须用 12～15t 三轮压路机或等效的碾压机械进行碾压检验（压 3～4 遍），若发现问题，应及时采取相应措施进行处理。

② 施工放样

在下承层上恢复中线，直线段上每 10～20m 设一桩，曲线上每 10～15m 设一桩，并在两侧路肩边缘外 0.3～0.5m 设指示桩，进行水平测量，在两侧指示桩上用明显标记标出基层或底基层边缘的设计高程。

③ 计算材料用量

根据各路段基层或底基层的宽度、厚度、预定的干压实密度和确定的配合比分别计算。

④ 运输和摊铺集料

集料装车时，应控制每车料的数量基本相等，卸料距离应严格掌握，避免料不足或过多；人工摊铺时，松铺系数为 1.40～1.50，平地机摊铺时，松铺系数为 1.25～1.35。

⑤ 拌合及整形

当采用稳定土拌合机进行拌合时，应拌合两遍以上，拌合深度应直到级配碎（砾）石层底，在进行最后一遍拌合前，必要时先用多铧犁紧贴底面翻拌一遍；当采用平地机拌合时，用平地机将铺好的集料翻拌均匀，平地机拌合的作业长度，每段宜为 300～500m，并拌合 5～6 遍。

⑥ 碾压

混合料整形完毕，含水量等于或略大于最佳含水量时，用 12t 以上三轮压路机或振动压路机碾压。在直线段，由路肩开始向路中心碾压；在平曲线段，由弯道内侧向外侧碾压，碾压轮重叠 1/2 轮宽，后轮超过施工段接缝。后轮压完路面全宽即为一遍，一般应碾压 6～8 遍，直到符合规定的密实度，表面无轮迹为止。压路机碾压头两遍的速度为 1.5～1.7km/h，然后为 2.0～2.5km/h。路面外侧应多压 2～3 遍。

2）厂拌法

级配碎石混合料可以在中心站利用强制式拌合机、卧式双转轴桨叶式拌合机、普通混凝土拌合机等进行集中拌合。然后将混合料运到现场，用沥青混凝土摊铺机、水泥混凝土摊铺机或稳定土摊铺机等摊铺混合料。在摊铺过程中，应注意消除粗细集料离析现象。

摊铺后用振动压路机、三轮压路机等进行碾压，其他方法与路拌法相同。

（2）填隙碎石基层（底基层）施工

填隙碎石基层（底基层）施工的工序为：准备下承层→施工放样→运输和摊铺粗骨料→稳压→撒布石屑→振动压实→第二次撒布石屑→振动压实→局部补撒石屑并扫匀→振动压实、填满空隙→洒水饱和（湿法）或洒少量水（干法）→碾压→干燥。

3. 施工质量控制和现场检测

施工质量控制是粒料基层（底基层）能否正常发挥其良好特性的关键，只有保证了粒料基层（底基层）的高密实度和均匀性，才能保证其减缓裂缝、排水和抗疲劳等功能的发挥。为此，对于粒料基层（底基层）的施工应严格控制施工质量和加强现场检测。

严格控制粒料原材料的质量。集料应该洁净，应严格按照相关规范要求控制碎石原材料强度、压碎值、集料中小于 0.5mm 细料的塑性指数。同时，集料中针片状颗粒含量等指标应满足要求。严格控制粒料基层（底基层）材料的级配组成。这是粒料基层（底基层）取得良好嵌锁力，从而获得高密实度、高强度及保证具有良好透水性的关键因素。因而在粒料基层的施工中必须始终保持其级配于规定值范围内。严格按照要求和程序进行碾压，确保压实度。这些是粒料基层（底基层）获得较高强度和刚度，具有良好抗永久性变形能力的保证。

施工后的粒料基层（底基层）应马上洒透层沥青或铺封层，在未洒透层沥青或铺封层时，禁止开放交通，以避免表层在车辆的行驶作用下松散，保证粒料基层（底基层）强度和整体性。

7.2 水泥混凝土路面施工

7.2.1 概述

水泥混凝土路面（水泥混凝土，简称为混凝土）是由混凝土面板、基层和垫层所组成的路面，混凝土板作为主要承受交通荷载的结构层，而板下的基层（底基层）和路基起着支承的作用。混凝土路面具有刚度大、强度高、稳定性好、耐久性好、平整度和粗糙度好、养护维修费用低、运输成本低、抗滑性能好、夜间能见度好等优点。但混凝土路面同时也存在接缝较多、对超载较敏感、造价高、噪声大、铺筑后不能立即开放交通、养护修复困难等缺点。

混凝土路面根据对材料的要求及组成不同分为：素混凝土路面（包括碾压混凝土）、钢筋混凝土路面、连续配筋混凝土路面、预应力混凝土路面、装配式混凝土路面、钢纤维混凝土路面和混凝土小块铺砌路面等。目前采用最广泛的是就地浇筑的素混凝土路面，简称混凝土路面。这种路面的混凝土面板只在接缝区和局部范围（如角隅和边缘）配置钢筋，其余部位均不配钢筋，本节主要介绍这种路面的施工。

混凝土路面板下常采用水泥稳定粒料或碾压式水泥混凝土等基层，或者具有足够刚度的老路面。在水温状况不良路段的路基与基层之间宜设置垫层，垫层应具有一定的强度和较好的水稳定性，在冰冻地区尚需具有较好的抗冻性。

7.2.2 混凝土路面的构造要求

（1）路面板厚度

理论分析表明，汽车轮载作用于板中部时，板所产生的最大应力约为轮载作用于板边部时产生应力的 2/3。因此，面层板的横断面采用中间薄两边厚的形式，可以适应荷载应力的变化。一般边部厚度可较中部厚约 25%。但是厚边式路面对于土基和基层的施工整形带来不便，而且使用经验也表明，在厚度变化转折处，容易引起板的折裂。因此，目前国内常采用等厚式路面，或在等厚式断面板的最外两侧板边部配置边缘钢筋予以加固。

（2）横向接缝

混凝土路面具有热胀冷缩的性质，由于热胀冷缩会在混凝土板内产生温度胀缩应力，而在一昼夜中，白天气温高，夜间气温低，在板顶与板底之间会产生温差，使混凝土板发生翘曲变形，当这种翘曲受阻和在汽车荷载的作用下，会在板内产生过大的温度翘曲应力，造成板的断裂或拱胀等破坏。为避免这些缺陷，混凝土路面不得不在纵横两个方向建造许多接缝，把整个路面分成许多板块。

横向接缝是垂直于行车方向的接缝，共有三种：缩缝、胀缝和施工缝，构造形式如图 7-3 和图 7-4 所示。缩缝是指为保证水泥混凝土路面板在硬化过程中和温度降低时，不致因收缩而产生不规则裂缝在路面板上设置的不贯穿路面板的横向假缝。胀缝是保证板在温度升高时能部分伸张，从而避免路面板产生在热天的拱胀和折断破坏，同时胀缝也能起到缩缝的作用。施工缝是指混凝土路面因施工中断而设置的接缝。混凝土路面每天晚上及阴雨天或其他原因不能继续施工时，应尽量做到胀缝处，如不可能，也应做至缩缝处，并做成施工缝的构造形式。

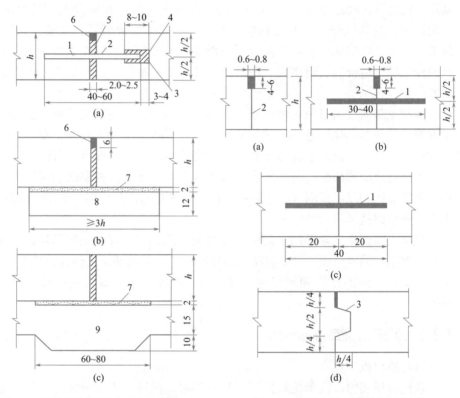

图 7-3　胀缝的构造形式（尺寸单位：cm）
（a）传力杆式；（b）枕垫式；（c）基层枕垫式
1—传力杆；2—传力杆活动端；3—金属套筒；
4—弹性材料；5—软木板；6—沥青填缝料；
7—沥青砂；8—混凝土预制枕垫；9—煤渣石灰土

图 7-4　缩缝与施工缝的构造形式
（尺寸单位：cm）
（a）无传力杆的假缝；（b）有传力杆的假缝；
（c）有传力杆的施工缝；（d）企口式施工缝
1—传力杆；2—自行断裂缝；3—涂沥青

缩缝的间距一般为 4～6m（即板长），缝宽 5～10mm，深度为 40～60mm；胀缝应少设或不设，但在邻近桥梁或建筑物处，小半径曲线和纵坡变换处，应该设置胀缝。胀缝宽为 18～25mm，在上部约为板厚 1/4 或 5mm 深度内浇灌填缝料，下部则设置富有弹性的嵌缝板。

（3）纵缝

纵缝是指平行于行车方向的接缝。纵缝一般按 3～4.5m 设置。

（4）钢筋

当采用板中计算厚度时的等厚式板，或者板的纵、横向自由边缘下的基础有可能产生较大的塑性变形时，应在其自由边缘和角隅处设置边缘钢筋和角隅钢筋。

（5）传力杆

对于交通繁重的道路，为保证混凝土板之间能有效地传递荷载，防止形成错台，可在胀缝处板厚中央设置传力杆。传力杆一般采用长 0.4～0.6m、直径 20～25mm 的光圆钢筋，每隔 0.3～0.5m 设一根。杆的半段固定在混凝土内，另半段涂以沥青，套上长 80～100mm 的铁皮或塑料套筒，筒底与杆端之间留出宽为 30～40mm 的空隙，并用木屑与弹性材料填充，以利于板的自由伸缩。在同一条胀缝上的传力杆，设有套筒的活动端最好在缝的两边交错布置。

缩缝处一般不必设置传力杆，但对于交通繁重或地基水文条件不良路段，也应在板厚中央设置传力杆。这种传力杆长 0.3～0.4m、直径 14～16mm，每隔 0.30～0.75m 设置一根。一般全部锚固在混凝土内，以使缩缝下部凹凸面的传荷作用有所保证；但为便于板的翘曲，有时也将传力杆半段涂以沥青，称为滑动传力杆，而这种缝称为翘曲缝。

7.2.3 材料质量要求

组成混凝土路面的原材料包括水泥、粗集料（碎石）、细集料（砂）、水、外加剂、接缝材料及局部使用的钢筋。因为面层受到动荷载的冲击、摩擦和反复弯曲作用，同时还受到温度和湿度反复变化的影响，因此，面层混合料必须具有较高的抗弯拉强度和抗磨性，良好的耐冻性以及尽可能低的膨胀系数和弹性模量。

为了保证混凝土具有足够的强度、良好的抗磨耗、抗滑及耐久性能，应按规定选用质地坚硬、洁净、具有良好级配的粗集料（粒径大于 5mm），混凝土集料的最大粒径不应超过 40mm。粗集料的级配范围应符合表 7-2 的技术要求。

粗集料级配范围   表 7-2

级配 类型	粒径	方筛孔尺寸(mm)							
		2.36	4.75	9.50	16.0	19.0	26.5	31.5	37.5
		累计筛余（以质量计）(%)							
合成 级配 (mm)	4.75～16	95～100	85～100	40～60	0～10				
	4.75～19	95～100	85～95	60～75	30～45	0～5	0		
	4.75～26.5	95～100	90～100	70～90	50～70	25～40	0～5	0	
	4.75～31.5	95～100	90～100	75～90	60～75	40～60	20～35	0～5	0
粒级 (mm)	4.75～9.5	95～100	80～100	0～15	0				
	9.5～16		95～100	80～100	0～15	0			
	9.5～19		95～100	85～100	40～60	0～15	0		
	16～26.5			95～100	55～70	25～40	0～10	0	
	16～31.5			95～100	85～100	55～70	25～40	0～10	0

混凝土中粒径 0.15~5mm 范围的集料为细集料。细集料应尽可能采用天然砂，无天然砂时也可用人工砂。要求颗粒坚硬耐磨，具有良好的级配，表面粗糙，有棱角，清洁，有害杂质含量少。细集料的级配应符合表 7-3 的规定。

细集料级配范围　　　　　　　　表 7-3

砂分级	方筛孔尺寸(mm)					
	0.15	0.30	0.60	1.18	2.36	4.75
	累计筛余(以质量计)(%)					
粗砂	90~100	80~95	71~85	35~65	5~35	0~10
中砂	90~100	70~92	41~70	10~50	0~25	0~10
细砂	90~100	55~85	16~40	0~25	0~15	0~10

用于清洗集料、拌合混凝土及养护用的水，不应含有影响混凝土质量的油、酸、碱、盐类及有机物等。

为了改善混凝土的技术性能，可在混凝土拌合过程中加入适宜的外加剂。常用的外加剂有流变剂（改善流变性能）、调凝剂（调节凝结时间）及引气剂（提高抗冻、抗渗、抗腐蚀性能）三大类。

用于填塞混凝土路面板的各类接缝的接缝材料，按使用性能的不同，分为接缝板和填缝料两类。接缝板应能适应混凝土路面板的膨胀与收缩，施工时不变形，耐久性良好。填缝料应与混凝土路面板缝壁黏附力强、回弹性好，能适应混凝土路面的胀缩，不溶于水，高温不挤出，低温不脆裂，耐久性好。

用于混凝土路面的钢筋应符合设计规定的品种和规格要求，钢筋应顺直，无裂缝、断伤、刻痕及表面锈蚀和油污等。

混凝土所用水应达到饮用水标准。

7.2.4　混凝土配合比设计

混凝土配合比，应保证混凝土的设计强度、耐磨、耐久和混凝土拌合物和易性的要求。在冰冻地区还应符合抗冻性的要求。混凝土配合比设计的主要工作是确定混凝土的水灰比、砂率及用水量等组成参数。应满足以下要求：

（1）混凝土试配强度应比设计强度提高 10%~15%；

（2）混凝土水灰比一般在 0.46 左右，最大不超过 0.5；

（3）每立方米混凝土水泥用量不小于 300kg，一般为 300~350kg/m³，碎石集料一般为 150~170kg/m³，砾石集料一般为 140~160kg/m³；

（4）混凝土应按碎（砾）石和砂的用量、种类、规格等确定，并应按表 7-4 选用。

	集料类型	碎石最大粒径 40mm	砾石最大粒径 40mm
水灰比 砂率(%)			
0.4		27～32	24～30
0.5		30～35	28～33

混凝土砂率   表 7-4

7.2.5 水泥混凝土路面施工

目前，水泥混凝土路面面层的施工方法有人工施工法和机械施工法；机械施工法又分为滑模施工法和轨道施工法。这些施工方法只是在摊铺及相应的工序上不同，总的施工工艺流程基本相同。

混凝土路面施工工艺流程如图 7-5 所示。

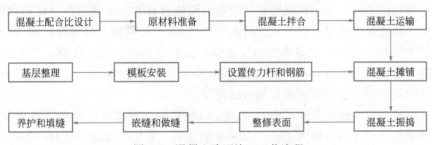

图 7-5 混凝土路面施工工艺流程

1. 机械摊铺法施工

（1）轨道式摊铺机施工

① 轨道模板安装

轨道式摊铺机施工是机械化施工中最普遍的一种方法。轨道式摊铺机的整套机械在轨模上前后移动，并以轨模为基准控制路面的高程。摊铺机的轨道与模板同时进行安装，轨道固定在模板上，然后统一调整定位，形成的轨模既是路面边模又是摊铺机的行走轨道。轨道模板必须安装牢固，并校对高程，在摊铺机行驶过程中不得出现错位现象。轨道的高程控制、铺轨的平直、接头的平顺，将直接影响路面的质量和行驶性能。

② 摊铺

摊铺是将卸在基层上或摊铺机箱内的混凝土按摊铺厚度均匀地充满模板范围内。轨模式摊铺机械有刮板式、箱式和螺旋式三种。

刮板式摊铺机本身能在模板上自由地前后移动，在前面的导管上左右移动。由于刮板自身也要旋转，可以将卸在基层上的混凝土堆向任意方向摊铺。箱式摊铺机是混凝土通过卸料机卸在钢制箱子内。箱子在机械前进行驶时横向移动，同时箱子的下端按松散厚度刮平混凝土。螺旋式摊铺机是用正反方向旋转的旋转杆（直径约 50cm）将混凝土摊开，螺旋后面有刮板，可以准确地调整高度。这种摊铺机的摊铺能力大，其松铺系数在 1.15～1.30 之间。

263

摊铺时将卸在基层上或摊铺箱内的混凝土拌合物按摊铺厚度均匀地充满轨模范围内。摊铺过程中应严格控制混凝土拌合物的松铺厚度，确保路面厚度和标高符合设计要求。

③ 振捣

用摊铺机摊铺时，振捣机跟在摊铺机后面对拌合物作进一步的整平和捣实。在振捣梁前方设置一道长度与铺筑宽度相同的复平梁，用于纠正摊铺机初平的缺陷，并使松铺的拌合物在全宽范围内达到正确的高度。复平梁的工作质量对振捣密实度和路面平整度影响很大。复平梁后面是一道弧面振动梁，以表面平板式振动，将振动力传到全宽范围内。振捣机械的工作行走速度一般控制在 0.5～1.0m/min，但随拌合物坍落度的增减可适当变化，混凝土拌合物坍落度较小时可适当放慢速度。

④ 整平饰面

振捣密实后的混凝土要进行整平、精光、纹理制作等工序，以便获得平整、粗糙的表面。采用机械整修时的表面整修机有斜向移动和纵向移动两种。斜向表面整修机通过一对与机械行走轴线呈 10°左右的整平梁作相对运动来完成整平作业，其中一根整平梁为振动梁；纵向表面整修机工作时，整平梁在混凝土表面纵向往返移动，通过机身的移动将混凝土表面整平。机械整平的速度取决于混凝土的易整修性和机械特性。

机械行走的轨模顶面应保持平顺，以便整修机械能顺畅通行。整平时应使整平机械前保持高度为 100～150mm 的壅料，并使壅料向较高的一侧移动，以保证路面板的平整，防止出现麻面及空洞等缺陷。

精光是对混凝土路面进行最后的精平，使混凝土表面更加致密、平整、美观，此工序是提高混凝土路面外观质量的关键工序之一。混凝土路面整修机配置有完善的精光机械，只要在施工过程中加强质量检查和校核，便可保证精光质量。

在混凝土表面制作纹理是提高路面抗滑性能的有效措施之一。制作纹理时用纹理制作机在路面上拉毛、压槽或刻纹，纹理深度控制在 1～2mm 范围内；在不影响平整度的前提下提高混凝土路面的构造深度，可提高表面的抗滑性能。纹理应与行车方向垂直，相邻板的纹理应相互沟通以利排水。适宜的纹理制作时间以混凝土表面无波纹水迹开始，过早或过晚均会影响纹理制作质量。

⑤ 养护

混凝土表面整修完毕，应立即进行湿法养护，以防止混凝土板水分蒸发或风干过快而产生缩裂，保证混凝土水化过程的顺利进行。在养护初期，可用活动三角形罩棚遮盖混凝土，以减少水分蒸发，避免阳光照晒，防止风吹、雨淋等。混凝土泌水消失后，在表面均匀喷洒薄膜养护剂。喷洒时在纵横方向各喷一次，养护剂用量应足够，一般为 0.33kg/m³ 左右。在高温、干燥、大风时，喷洒后应及时用草帘、麻袋、塑料薄膜、湿砂等遮盖混凝土表面并适时均匀洒水。养护时间由试验确定，以混凝土达到 28d 强度的 80% 以上为准。

⑥ 接缝施工

混凝土路面必须设置横向接缝和纵向接缝，其构造规定已在 7.2.2 节中叙述。

横向接缝中的胀缝应与混凝土路面中心线垂直，缝壁垂直于板面，缝隙宽度均匀一致，缝中心不得有黏浆、坚硬杂物，相邻板的胀缝应设在同一横断面上。胀缝传力杆能否准确定位是胀缝施工成败的关键，传力杆固定端可设在缝的一侧或交错布置。施工过程中，固定传力杆位置的支架应准确、可靠地固定在基层上，使固定后的传力杆平行于板面和路中线，误差不大于 5mm。

胀缝的施工分为浇筑混凝土完成时设置和施工过程中设置两种。当混凝土不能连续浇筑时，先安装、固定传力杆和接缝板，再浇筑传力杆以下的混凝土拌合物，用插入式振捣器振捣密实，并注意校正传力杆的位置，然后再摊铺传力杆以上的混凝土拌合物。摊铺机摊铺胀缝另一侧的混凝土时，先拆除端头钢挡板及钢钎，然后按要求铺筑混凝土拌合物。填缝时必须将接缝板以上的临时插入物清除。胀缝两侧相邻板的高差，对高速公路和一级公路应不大于 3mm，其他等级公路不大于 5mm。

混凝土面板的横向缩缝一般采用锯缝的办法形成。当混凝土强度达到设计强度的 25%～30% 时，用切缝机切割，缝的深度一般为板厚的 1/4～1/3。合适的锯缝时间应控制在混凝土已达到足够的强度，而收缩变形受到约束时产生的拉应力仍未将混凝土面板拉断的时间范围内。经验表明，锯缝时间以施工温度与施工后时间的乘积为 200～300℃·h（如混凝土浇筑完后的养护温度为 20℃时，则锯缝的控制时间为 200/20～300/20＝10～15h）或混凝土抗压强度为 8～10MPa 较为合适。锯缝时间不仅与施工温度有关，还与混凝土的组成和性质等因素有关。锯缝时应做到宁早不晚，宁深不浅。

施工中断形成的横向施工缝尽可能设置在胀缝或缩缝处，多车道路面的施工缝应避免设在同一横断面上。施工缝设在缩缝处应增设一半锚固、另一半涂刷沥青的传力杆，传力杆必须垂直于缝壁、平行于板面。

纵向接缝一般做成平缝，施工时在已浇筑混凝土板的缝壁上涂刷沥青，并注意避免涂在拉杆上。然后浇筑相邻的混凝土板。在板缝上部应压成或锯成规定深度 30～40mm 的缝槽，并用填缝料灌缝。

假缝型纵缝的施工应预先用门型支架将拉杆固定在基层上或用拉杆置放机在施工时置入。假缝顶面的缝槽采用锯缝机切割，深度 60～70mm，使混凝土在收缩时能从切缝处规则开裂。

（2）滑模式摊铺机施工

滑模式摊铺机施工混凝土路面铺筑混凝土时，首先由螺旋式摊铺器将堆积在基层上的混凝土拌合物横向铺开，刮平器进行初步刮平，然后用振捣器进行捣实，随后刮平板进行振捣后整平，形成密实而平整的表面，再使用振动式振捣板对拌合物进行振实和整平，最后用光面带进行光面。其余工序作业与轨道式摊铺机施工基本相同，但轨道式摊铺机与之配套的施工机械较复杂，工序多，不仅费工，而且成本大。而滑模式摊铺机由于整机性能好，操纵采用电子液压系统控制，生产效率高。

2. 常规施工法

混凝土路面采用机械化施工具有生产效率高、施工质量容易得到保证等优点，是我国混凝土路面施工的发展方向。但从目前技术力量、施工机械现状来看，对于一般工程仍离不开人工加小型机具的常规施工方法。小型配套机具施工普通混凝土路面的工序为：施工准备→模板安装→传力杆安设→混凝土拌合物拌合和运输→拌合物摊铺与振捣→接缝施工→表面整修→养护与填缝。其中，施工准备、传力杆安设、混凝土拌合物拌合与运输、接缝施工、表面整修、养护及填缝与机械摊铺法施工的方法基本相同。

7.3 沥青路面施工

7.3.1 概述

沥青路面是用沥青材料作结合料铺筑面层并与各类基层和垫层所组成的路面结构。沥青路面具有平整、坚实、无接缝、行车舒适、晴天无尘土、雨天不泥泞、不反光、耐磨、噪声低、施工期短、养护维修简便，且适宜分期修建等优点，因此得到广泛应用。但沥青路面的抗弯拉强度较低，所以对基层的强度和稳定性要求较高；沥青面层的温度稳定性较差，施工受季节影响较大，履带式车辆不能在沥青路面上行驶。

1. 沥青路面的分类

目前国内外的高等级公路路面，较常见的类型是沥青混凝土路面和沥青碎石路面。按强度构成原理，沥青路面可划分为嵌挤类和密实类（级配类）两大类型。

2. 沥青混合料及材料要求

沥青混合料是由沥青与矿料拌合而成的混合料的总称。

（1）沥青

路用沥青材料包括道路石油沥青、煤沥青、乳化石油沥青、液体石油沥青等。高速公路、一级公路的沥青路面，应选用符合"重交通道路石油沥青技术要求"的沥青以及改性沥青；二级及二级以下公路的沥青路面可采用符合"中、轻交通道路石油沥青技术要求"的沥青或改性沥青；乳化沥青应符合"道路乳化石油沥青技术要求"的规定；煤沥青不宜用于沥青面层，一般仅作为透层沥青使用。

（2）矿料

沥青混合料的矿料包括粗集料、细集料及填料。粗、细集料形成沥青混合料的矿质骨架，填料与沥青组成的沥青胶浆填充于骨料间的空隙中，并将矿料颗粒黏结在一起，使沥青混合料具有抵抗行车荷载和环境因素作用的能力。

7.3.2 沥青表面处置路面施工

沥青表面处置路面是指用沥青和集料按层铺法或拌合法施工的厚度不大于 30mm 的一种薄层面层。由于处置层很薄，故一般不起提高强度作用，其主要作用是抵抗行车的磨耗、增强防水性、提高平整度、改善路面的行车条件。沥青表面处置适用于三级及三级以下公路、城市道路的支路、县镇道路、各级公路的施工便道以及在旧沥青面层上加铺的罩面层或磨耗层。

沥青表面处置面层可采用道路石油沥青、煤沥青或乳化沥青作结合料。沥青用量根据气温、沥青标号、基层等情况确定。沥青表面处置路面施工方法有层铺法和拌合法两类。

(1) 层铺法施工

层铺法是用分层洒布沥青、分层铺撒矿料和碾压的方法重复几次修筑成一定厚度的路面。其主要优点是施工工艺和设备简便，工效较高，施工进度快，造价较低；其缺点是路面成型期较长，需要经过一个炎热季节行车碾压反油期，路面才能成型。用这种方法修筑的沥青路面有沥青表面处置和沥青贯入式两种。层铺法施工宜选择在干燥和较热的季节施工，并在雨期前及日最高温度低于 15℃ 到来以前半个月结束，使表面处置层通过开放交通压实，成型稳定。

层铺法施工时一般采用先油后料法，单层式沥青表面处置层的施工在清理基层后可按下列工序进行：施工准备→浇洒第一层沥青→撒布第一层集料→碾压。

(2) 拌合法施工

拌合法的施工质量容易保证，且用油量少，路面成型快，并可适当延长施工季节。拌合法又分为路拌法和厂拌法两类。拌合法施工，在拌合时要严格控制油石比，厂拌时装车温度不超过 90℃，摊铺温度不低于 40℃，摊铺时要近锹翻料，不得远甩扬掷，整形时也不得使用齿耙，以防止粗细集料分离。碾压和初期养护同层铺法。

7.3.3 沥青贯入式路面施工

沥青贯入式路面是在初步压实的碎石（或破碎砾石）上，分层浇洒沥青、撒布嵌缝料，或再在上部铺筑热拌沥青混合料封层，经压实而成的沥青面层。沥青贯入式路面具有较高的强度和稳定性，其强度主要以矿料的嵌挤为主，沥青的黏结力为辅。由于沥青贯入式路面是一种多空隙结构，所以为防止路表面水的浸入和增强路面的水稳定性，最上层应撒布封层料或加铺拌合层。乳化沥青贯入式路面铺筑在半刚性基层上时，应铺筑下封层。沥青贯入层作为联结层使用时，可不撒表面封层料。

沥青贯入式路面适用于三级及三级以下公路，也可作为沥青路面的连接层或基层。

沥青贯入式路面可选用黏稠石油沥青、煤沥青或乳化沥青作结合料。沥青贯入式路面集料应选用有棱角、嵌挤性好的坚硬石料,主层集料中粒径大于级配范围中值的颗粒含量不得少于50%。细粒料含量偏多时,嵌缝料宜用低限,反之用高限。主层集料最大粒径宜与沥青贯入层的厚度相同。当采用乳化沥青时,主层集料最大粒径可为厚度的0.8~0.85倍。

沥青贯入式路面应铺筑在已清扫干净并浇洒透层或黏层沥青的基层上,一般按以下工序进行:施工准备→撒布主层集料→碾压主层集料→浇洒第一层沥青→撒布第一层嵌缝料→碾压→浇洒第二层沥青→撒布第二层嵌缝料→碾压→浇洒第三层沥青→撒布封层料→终压。

7.3.4 热拌沥青混凝土路面施工

1. 热拌沥青混合料类型

热拌沥青混合料适用于各种等级公路的沥青路面。选择沥青混合料类型应在综合考虑公路所在地区的自然条件、公路等级、沥青层位、路面性能要求、施工条件及工程投资等因素的基础上,确定沥青混合料的类型。对于双层式或三层式沥青混凝土路面,其中至少应有一层是Ⅰ型密级配沥青混凝土。多雨潮湿地区的高速公路和一级公路,上面层宜选用抗滑表层混合料;干燥地区的高速公路和一级公路,宜采用Ⅰ型密级配沥青混合料作上面层。高速公路的硬路肩也宜采用Ⅰ型密级配沥青混合料作表层。

2. 热拌沥青混凝土路面施工工序

热拌沥青混合料路面采用厂拌法施工,集料和沥青均在拌合机内进行加热与拌合,并在热的状态下摊铺碾压成型。

施工按下列顺序进行:施工准备→沥青混合料拌合→沥青混合料运输→沥青混合料摊铺→压实→接缝处理→开放交通。

7.3.5 乳化沥青碎石混合料路面施工

用乳化沥青与矿料在常温下拌合、压实后剩余孔隙率在10%以上的常温冷却混合料,称为乳化沥青碎石混合料。由这类沥青混合料铺筑而成的路面称为乳化沥青碎石混合料路面。

乳化沥青碎石混合料适用于三级及三级以下公路的路面、二级公路的罩面以及各级公路的整平层。乳化沥青的品种、规格、标号应根据混合料用途、气候条件、矿料类别等按规定选用,混合料配合比可按经验确定。

乳化沥青碎石混合料路面施工工序为:混合料的制备→摊铺和碾压→养护及开放交通。

7.3.6 沥青路面施工质量管理与检查

沥青路面施工质量控制的内容包括材料质量检验、铺筑试验路段、施工过程中的质量管理与检查及交工验收阶段的工程质量检查与验收。

(1)材料质量检验

沥青路面施工前应按规定对原材料的质量进行检验。在施工过程中逐班抽样检查时，对于沥青材料可根据实际情况只做针入度、软化点、延度的试验；检测粗集料的抗压强度、磨耗率、磨光值、压碎值、级配等指标和细集料的级配组成、含水量、含土量等指标；对于矿粉，应检验其相对密度和含水量并进行筛析。材料的质量以同一料源、同一次购入并运至生产现场为一"批"进行检查。

（2）铺筑试验路段

高速公路和一级公路在施工前应铺筑试验段。通过试拌试铺为大面积施工提供标准方法和质量检查标准。

（3）施工过程中的质量管理与检查

在沥青路面施工过程中，施工单位应随时对施工质量进行抽检，工序间实行交接验收。施工过程中工程质量检查的内容、频度及质量标准应符合规定的要求。

（4）交工验收阶段的工程质量检查与验收

检测项目有厚度、平整度、宽度、标高、横坡度等。对于沥青混凝土及沥青碎石路面除上述项目外还要检验压实度、弯沉；对于抗滑表层沥青混凝土，则还要检验构造深度、摩擦系数摆值或横向力系数。

以上各检测项目具体测定频率和质量标准详见现行行业标准《公路沥青路面施工技术规范》JTG F40 的规定。

施工企业在质保期内，应进行路面使用情况观测、局部损坏的原因分析和维修保养等。质量保证的期限根据国家规定或招标文件等要求确定。

7.4 路面工程智能施工

路面工程智能施工是智慧建造在公路工程领域应用的具体体现，是建筑业信息化与工业化融合的有效载体，是建立在高度信息化基础上的一种支持对人和事物全面感知、施工技术全面智能、工作互通互联、信息协同共享、决策科学分析、风险智慧预控的新型施工管理手段。它运用信息化手段，通过三维设计平台对路面工程进行精确设计和施工模拟。路面工程智能施工聚焦路面施工现场，围绕施工过程管理，建立互联协同、智能生产、科学管理的施工项目信息化生态圈，紧紧围绕人、机、料、法、环等关键要素，综合运用 BIM、物联网、云计算、大数据、移动计算和智能设备等软硬件信息技术，与施工生产过程相融合，提供过程趋势预测及专家预案，实现路面工程施工的数字化、精细化、智慧化生产和管理。路面工程智能施工涉及智能施工机械设备和智能技术等，智能施工机械设备在第 1 章土方工程智能施工部分已介绍，此处不再赘述。

7.4.1 路面工程施工可视化交底技术

在现在的路面施工过程中，经常需要对班组和施工队伍进行具有可操作性、符合技术规范的分项工程施工技术交底、安全技术交底，但现状是仍在沿用过去死板的交底教育模式,由安全和技术人员对现场作业层及管理层进行口述或纸质交底,施工方案、技术交底的编制也一直是以施工图纸、技术规范和施工现场实际情况为依据,根据以往的施工经验来编写,这就有可能出现因审图不清或个人表述等问题,导致交底不细、需重复交底、交底后施工人员难以理解、印象不深刻等现象,进而导致施工进度缓慢,安全、质量问题频发,增加返工率、施工成本超支等通病。但是利用 BIM 技术的虚拟施工对安全隐患、施工难点提前展示(可视化的交底、教育等形式也更容易被施工人员所接受,直观形象地让施工人员了解施工意图和细节),就能使施工计划更加精准,施工人员可以统筹安排,提前做好安全布置及规划,以保证工程的顺利完成。

借助 BIM 的可视化模拟,对路面工程分项分段工程进行分析,将一些重要的施工环节、工艺等重点展示,提高管理人员和施工人员对施工工艺的理解和记忆,并利用 BIM 技术对施工现场各类安全设施的布置进行模拟,提高施工的安全性和布置的合理性。项目管理人员也可直观地理解路面施工过程的时间节点和工序交叉情况,提高施工效率和施工方案的安全性。

(1) BIM 技术对拌合站拆装、运作全过程的建模和模拟

众所周知,由于各种因素的影响,公路工程的前期筹备过程比传统的土建项目周期要长,且过程艰难、复杂,尤其对于公路路面施工而言更为艰难。

水泥稳定土拌合站和沥青拌合站这两个"黑白"拌合站在公路路面施工中起到了至关重要的作用,尤其是沥青拌合站,其各个功能区、相似部件纷繁芜杂,机械配合人员按图拼装时稍有不慎极易出现错误,造成返工现象时有发生,从而影响了施工生产的正常进行。

由项目 BIM 专员负责组织和应用 BIM 技术,在施工前将各专业 BIM 模型固化,并将各专业确认的 BIM 模型整合形成整体施工 BIM 模型,再整合形成施工 BIM 模型。同时,通过 BIM 模型与现场实际构件比对,便于现场管理人员检查构件是否按照设计图准确布置,也可提前发现设计问题,并及时反馈设计单位修改,为施工环节和验收环节提供可视化的参考和指导,以减少施工错误,降低返工成本,节约资金成本,提升整体的作业效率。

(2) BIM 技术与常规拆装方式比较

与常规的拆装方式相比,BIM 技术将四维的拌合站模拟与建模信息相结合,不仅可以直观地展现安装顺序,还可以对机械配置、劳动力配置、安装时间进行调控,减少重复作业,节约机械使用和人力成本,缩短了安装时间。

在传统的 CAD 图纸中,表达方式是二维的,有时平面图要结合多个剖面图才能表达清楚,而且对于刚刚毕业的新学员来说还有一个识图的过程,有些现场班组的施工人员识图能力有限,常常把技术人员交底的任务加工错误。而 BIM 技术以三维数字技术为基础,可以把相关的平面图形做出真实空间比例关系的 BIM 模型,其真实的空间尺寸和 360° 的视角可以让人清晰地识别真实结构。

BIM 模型完成并在组织内部评审后需要向各类人员对模型的整体情况进

行全面的、可视化的交底，为 BIM 模型的应用扫清技术层面障碍。BIM 的应用价值之一就是 4D 可视化，通过 BIM 模型的可视化交底，让复杂的空间问题简单化。

在道路施工中，地下管网工程是关键工程，涉及专业繁多，容易出现"错漏碰撞"等问题。在施工交底阶段，将各专业地下管网 BIM 模型 1∶1 投影在施工现场，可及时发现设计问题并解决问题，同时通过 BIM 模型可视化，也大大提升安装人员对地下管网安装构件与方向的理解。完成地下管网工程后，同样可以利用 BIM 技术进行实际施工情况与 BIM 模型之间的比对校核。漏装、错装、安装偏移和安装方向错误等问题，都可以通过可视化模型的比对被及时发现，并创建相应的整改单，通知相关负责人进行整改、反馈、复核。

7.4.2　路面工程施工信息动态采集技术

1. 动态采集的作用

我国传统意义上的路面工程施工质量控制实际上是一种事后检验与控制的模式，直接导致施工质量问题反馈时间较长，致使施工质量的实时控制失去重点，成为形式。施工过程动态控制在路面施工的质量管理和后期养护决策中起到至关重要的作用。

首先，通过安装施工各环节控制指标检测的传感器，结合物联网技术实时传输至信息系统平台，利用先进的统计控制理论进行施工生产数据的异常波动检测并及时反馈纠偏，设置自动报警功能以达到第一时间反馈至各施工环节的目的。

其次，通过以上手段使项目部、业主、施工单位及监理单位实时同步地掌握施工现场情况，及时发现问题并采取纠正措施，从而真正实现沥青路面施工过程的动态实时监控，提高路面施工控制的信息化管理水平。

最后，在施工过程的摊铺碾压环节，结合信息可视化手段，对摊铺碾压过程的关键指标和施工过程进行三维可视化展示，信息表达更加清晰直观，便于及时发现问题。

该信息采集系统构建的核心目标是实现路面施工质量的动态实时监控、远程可视化管理及质量信息评价与反馈，从而保证路面施工生产质量。

2. 动态采集技术

计算机系统与信息技术的高速发展加快了建设工程领域的信息化进程，施工现场信息采集的效率也随之提高。自动化识别作为一项施工信息采集的基本工具，在工程现场已得到普遍应用。当前在建设行业应用先进的数据采集技术可分为非空间数据采集技术与空间数据采集技术两类，具体如下。

（1）非空间数据采集技术

非空间数据采集技术具体包括卫星定位系统、条形码技术、RFID 技术与 MEMS 系统。全球定位系统利用卫星与信号接收机的无折线连接对目标进行定位，多数应用于室外，但新一代的具备激光和其他技术单元的 GPS 可对室内目标进行定位。目前该技术多用于人员监控与材料追踪领域。条形码作为一种成熟的信息采集技术被广泛应用于生活实践中。条形码的运用虽经济，但易损，须在适当环境与距离下使用。RFID 技术是传统条码识别技术的升级，是针对条形码技术在使用寿命与读取能力等方面的劣势领域进行的改进与提高，被称为新一代条码识别技术。该技术多数用于人员监控、材料追踪与进度监测领域。无限微机电系统 MEMS 是在微米级层面对工程目标进行监控的机械系统。采用体积小、价格低廉的微机电传感器，可对起重器的负重程度进行监测或者通过附在结构构件表面，对其应变能力进行测量。目前该技术多数用于材料追踪与机械监控领域。

（2）空间数据采集技术

空间数据采集技术具体包括视觉测绘技术与 LiDAR 技术。视觉测绘技术包含摄像测量技术、录像测量技术和 3D 测距照相机。摄像技术是从用照相机拍摄的 2D 图像照片中提取几何特征信息，并对相关构件进行三维创建的技术。录像测量技术和摄像测量技术原理相似，不同点在于录像测量技术用录像的帧代替了图像进行 3D 坐标的测量。3D 测距相机的优势在于可对运动目标进行检测、跟踪和建模。基于计算机视觉的测量技术，采用标准化的摄像机或立体视频记录仪，已被用于施工监控。经过一定的模式识别与人工处理，可得到表达工程进度的主要数据，并且可对现场中关键材料进行定位。结合以上视觉测绘技术，管理人员和施工人员不用到现场也能轻松了解现场施工状况，辅助远程监管和进度比对。

3D 激光扫描仪 LiDAR 可以通过扫描物体而得到扫描标的物的三维坐标，该技术可在短时间内采集到大量坐标点并生成数字影像和测绘地图的雏形，其强大的功能可用于 CAD 的 3D 建模。LiDAR 在工程施工中引入了 3D 打印、阴影分析、土地分类、隧道测量和缺陷检测等技术，给施工领域带来了一场革命。比如无人机技术，就是利用 3D 扫描技术及激光定位技术，实时把控现场施工情况，并将现场扫描数据与改造实施 BIM 模型进行对比，通过阶段模拟，指导下一步骤的施工，制订风险防控措施。目前，随着激光扫描仪性能的提高与成本的不断降低，LiDAR 技术将会在工程监控领域拥有广阔的发展前景。

3. 路面工程施工数据采集过程及要求

路面工程施工数据采集主要包括野外作业基站选址、定位系统安装以及拌合、运输、摊铺及碾压等施工全过程相应硬件的安装及关键工艺参数数据的采集。

路面工程施工数据采集过程如下：

（1）依据基站选取的地势和视野要求，将基准站安置在建筑物顶以便接入电源和网线。

（2）安装车载 GPS 于运输车内，利用北斗定位系统、RFID 等数据采集设备，准确识别填料运输车车辆信息、驾驶员信息、装料时间、装料地点、运输路线、运输时间等重要信息。

（3）摊铺数据采集终端是将温度、速度传感器、高精度卫星定位模块及集成控制箱，安装于摊铺机，以实时采集摊铺过程数据。

（4）采集的数据一并发送到信息系统软件平台。

路面工程施工采集数据指标可以分为两类指标：一级指标，是直接可以采集到数据信息的指标，如拌合站的矿料重量、沥青拌合温度、摊铺温度、速度、碾压温度、速度等；二级指标需要通过一级指标计算得到，如油石比、关键筛孔通过率、级配曲线等。施工数据采集过程需满足以下要求：

（1）全面：从原材料到生产、现场、试验检测全过程环节涵盖。

（2）实时：实时采集、实时解析、实时传输，确保及时响应。

（3）续传：在因故中断后，可自动续传，维护数据链完整性。

7.4.3 路面工程施工远程视频智能识别与预警

1. 远程视频智能识别的作用

施工工地远程视频智能识别和监控系统是指通过特定设备、特定数据传输方式和特定软件支持平台，实现施工现场安全信息的实时采集、远程传输、集中控制和网络发布，为远离施工现场的建筑安全监督部门和相关单位实施网上监控、实时监督提供的一种全新、直观的管理工具。通过安装远程识别系统，可实现以下目标：

（1）通过网络摄像机随时识别建筑工地现场的状况。监控系统分布点分布在各个施工现场内，其中每个工地分别安装在塔式起重机（工地最高点）和其他相应的各个位置。拆装方便，可随时布置于新工地。

（2）对特殊车辆进行视频识别。可在任何一台能够连接公网的电脑上监控多个监控点的信息，实现全方位识别。

（3）通过镜头及云台，对现场的部分细节进行缩放检视。

（4）录制现场监视情况，随时检索回放，杜绝危险事故及非法盗窃等行为，减少工地物资损失。

（5）系统配备红外灯，能够在夜间、强光等恶劣状况下正常工作。

通过本地计算机利用网络系统、遥感摄像机及其他辅助设备（云台、镜头等）来识别远端情况，并把受控场内的全部或部分图像和声音记录下来。

以计算机网络通信技术、视频压缩技术和硬盘存储技术为支撑，设计了高速公路建设过程远程视频识别系统，可以对整个建设过程进行全方位实时视频监控并存储，能及时发现施工过程中的质量问题，对现场施工人员有警示作用，能够有效遏制质量通病。同时为紧急情况下现场取证提供资料，可以提高管理水平，具有重要的工程应用价值。

2. 远程视频智能识别的流程

（1）视频采集

各监控点摄像机负责图像的采集，同时会有网络视频服务器对视频进行处理。采集到的视频数据通过编码器进行压缩，形成可以传输的视频流，这个过程就是视频的采集过程。

（2）视频传输

采集到的视频流首先通过有线传输到达无线网桥发射点，然后经过无线传输到达项目部，最后经过 Internet 网络传输到达后台处理中心。当后台没有控制命令发出时，服务器以组播的方式传输数据；当后台有控制命令发出时，则以单播的方式进行数据的传输。

（3）视频识别

视频识别需要前端视频采集摄像机提供清晰稳定的视频信号，视频信号质量将直接影响视频识别的效果。在经过前端视频信息的采集及传输后，再通过中间嵌入的智能分析模块，对视频画面进行识别、检测、分析、滤除干扰，对视频画面中的异常情况做目标和轨迹标记。

（4）远程控制

在远端通过浏览器或者客户端可以登录管理界面，对数据进行管理，如图像的显示和存储等。还可以通过发送指令，对远端的摄像机进行云台控制，以及抓图、录像的回放等操作。远程控制时，通常会在客户端或者视频软件上进行权限设置，这是为了让不同权限部门进行符合自己权限的操作，防止不当操作的发生。

3. 远程视频识别系统的设计实施

网络的设计实施是非常重要的一环，依据不同的环境条件，选择相宜的链路对于减少施工过程中的工作量有很大帮助，而且对于整个系统的搭建也至关重要。现代无线网络视频监控系统不但结合了最新技术而且在环境的适应方面也取得了很好的效果。通过结合无线网络技术、视频采集技术、计算机技术和存储技术，形成一个整体的系统。在整体技术路线的基础上，通过对每个模块具体功能的介绍，了解整个系统的运行过程。

本系统主要由监控中心、分控中心、监控前端、传输部分组成。

（1）监控中心。监控中心负责系统的整体管理、日志和备份的管理、信令调度；主要部署服务器、解码器、电视墙、对讲音频设备及网络设备等。

（2）分控中心。分控中心负责本标段前端监控点接入、录像前端存储、实时查看；主要部署网络 NVR 服务器、显示器及网络设备等。

（3）监控前端。监控前端主要负责信号的采集、编码、传输。

（4）传输部分。传输部分主要负责所有监控数据的传出；主要部署有线、无线网络设备、相应物理传输链路及配套设施。

4. 远程视频智能识别的注意事项

采用远程视频识别技术，建立区域级远程质量监控中心以及施工单位的远程监控中心，采用分布式的网络拓扑，实施公路工程远程质量监控是解决当前遇到的公路工程质量监管问题的一种重要手段。

远程质量监控系统重点建设视频数据采集、视频传输、视频管理 3 个关键部分，依据项目类型采取多种视频传输、存储、上报的方式是保障工程远程质量监控的关键环节。现场施工视频通过有线或无线方式首先汇聚到项目部监控中心并存储，对于有条件的项目，可通过电信骨干网络与公路视频网络定期上传质量视频到区域级的监控中心，部分相当偏远工程采用网络将关键视频数据上传到各质量监督局视频监控中心。对于偏远地区交通不便利的工程项目，采用定期收取或上报监控视频存储介质的方式以弥补网络环境不佳而不能传输视频的问题。

远程识别视频网络应参照质量监控系统国家标准和行业标准执行识别网络建立和设备选型。所有监控设备须按照建设规范，选取防雨、防盗、防尘、耐低温、耐高热、质量可靠的设备。摄像头采集视频信息时，应根据监控的距离与图像画质的要求确定镜头的选用类型。对于大面积监控区域，可采用旋转云台球机；对于远距离监测区域，可采用枪机式摄像机；短距离无线摄像头部署时，参照无线通信设备传输距离标准，离最近中继点距离无障碍物时小于200m，以保证视频传输质量。

监控点位应按照公路工程质量管理相关检测指标设计，采取有效覆盖、重点监控方式实施，在距离施工场地25～70m范围以内部署广角监控摄像头。

对于重点监控区域，可依据监控需要加装近距离摄像机。隧道等可见度低的封闭作业工程，沿工程顶部弱电线路，每隔25m布设防爆红外枪机。

施工场地监控距离小于300m，质量监控采取同轴电缆，点对点接入业主监控中心。中小型施工场地或路段，监控距离小于2000m，质量监控采取共缆方式，每间隔800m加装放大器1台。大型或超长距离施工场地与路段，采取光纤与共缆方式进行视频识别布设。

本章小结

了解路面等级与类型，掌握水泥混凝土路面的构造及施工要求、沥青路面施工要求。了解可视化交底技术、信息动态采集技术等在路面施工中的应用。

思考题

7-1 路面结构由哪些部分组成？

7-2 路面基层分哪几类？各类基层常采用哪些施工方法？

7-3 水泥混凝土路面的构造由哪几部分组成，具体构造要求是什么？

7-4 试述水泥混凝土路面的施工工艺。

7-5 怎样进行水泥混凝土路面的施工质量控制？

7-6 什么是沥青混合料？其组成材料有哪些要求？

7-7 沥青路面有哪些类型？各种沥青路面的施工工序是什么？

7-8 试述沥青路面质量管理和竣工验收的内容和要求。

7-9 试述路面工程智能施工的内涵。

第8章
隧道工程

> **【知识点】**
>
> 隧道工程施工方法的选择，新奥法、隧道掘进机法施工，隧道的支护与衬砌，隧道塌方事故的成因和处理措施，隧道工程智能化建造，智能化施工机械手段，智慧视频监控技术。
>
> **【重点】**
>
> 选择合适的隧道施工方案和施工机械，隧道的支护，隧道塌方事故的处理。
>
> **【难点】**
>
> 新奥法，隧道的支护，塌方事故的处理。

8.1　隧道工程施工的特点与原则

8.1.1　隧道工程特点

在进行隧道施工时，必须充分考虑隧道工程的特点，才能在保证隧道安全的条件下，优质、快速、低价地建成隧道建筑物。隧道工程的特点，可归纳如下：

（1）整个工程埋设于地下，因此工程地质和水文地质条件对隧道施工的成败起着重要的，甚至是决定性的作用；

（2）公路隧道是一个形状扁平的建筑物，正常情况下只有进、出口两个工作面，相对于桥梁、线路工程来说，隧道的施工速度比较慢，工期也比较长，使一些长大隧道往往成为控制新建公路通车的关键工程；

（3）地下施工环境较差，甚至在施工中还可能使之恶化，例如爆破产生有害气体等；

（4）公路隧道大多穿越崇山峻岭，因此施工工地一般都位于偏远的深山峡谷之中，往往远离既有交通线，运输不便，供应困难，这些也是规划隧道工程时应当考虑的问题之一；

（5）公路隧道埋设于地下，一旦建成就难以更改，所以，除了事先必须审慎规划和设计外，施工中还要做到不留后患。

当然，隧道工程也有很多有利的方面，例如施工可以不受或少受昼夜更替、季节变换、气候变化等自然条件改变的影响。

8.1.2 隧道施工应遵循的基本原则

(1) 因为岩体是隧道结构体系中的主要承载单元，所以在施工中必须充分保护岩体，尽量减少对它的扰动，避免过度破坏岩体的强度。为此，施工中断面分块不宜过多，开挖应当采用光面爆破、预裂爆破或机械掘进。

(2) 为了充分发挥岩体的承载能力，应允许并控制岩体的变形。一方面允许变形，使围岩中能形成承载环；另一方面又必须限制它，使岩体不致过度松弛而丧失或大大降低承载能力。为此，在施工中应采用能与围岩密贴、及时砌筑又能随时加强的柔性支护结构，例如锚喷支护等。这样，就能通过调整支护结构的强度、刚度和参与工作的时间（包括底拱闭合时间）来控制岩体的变形。

(3) 为了改善支护结构的受力性能，施工中应尽快使之闭合，成为封闭的筒形结构。另外，隧道断面形状要尽可能地圆顺，以避免拐角处的应力集中。

(4) 在施工的各个阶段，应进行现场量测监视，及时提出可靠的、数量足够的信息，如坑道周边的位移或收敛、接触应力等，及时反馈用来指导施工和修改设计。

(5) 为了敷设防水层，或为了承受由于锚杆锈蚀，围岩性质恶化、流变、膨胀所引起的后续荷载，采用复合式衬砌。

8.1.3 隧道施工方法及其选择

隧道施工方法分为：新奥法、隧道掘进机法、盾构法、矿山法、沉管法、顶进法、明挖法等。

矿山法因最早应用于矿石开采而得名。由于在这种方法中，多数情况下都需要采用钻眼爆破进行开挖，故又称为钻爆法。

掘进机法，包括隧道掘进机（Tunnel Boring Machine，简写为 TBM）法和盾构掘进机法。前者应用于岩石地层，后者则主要应用于土质围岩，尤其适用于软土、流砂、淤泥等特殊地层。

沉管法、顶进法、明挖法等则是用来修建水底隧道、地下铁道、城市市政隧道等，以及埋深很浅的山岭隧道。

选择施工方案时，要考虑的因素有如下几方面：工程的重要性，隧道所处的工程地质和水文地质条件，施工技术条件和机械装备状况，施工中动力和原材料供应情况，工程投资与运营后的社会效益和经济效益，施工安全状况，有关污染、地面沉降等环境方面的要求和限制。

8.2 隧道施工方法

8.2.1 新奥法

1. 新奥法施工特点

(1) 及时性

　　新奥法施工采用喷锚支护为主要手段，可以最大限度地紧跟开挖作业面施工，因此可以利用开挖施工面的时空效应，以限制支护前的变形发展，阻止围岩进入松动的状态，在必要的情况下可以进行超前支护，加之喷射混凝土的早强和全面黏结性，因而保证了支护的及时性和有效性。

　　在巷道爆破后立即施以喷射混凝土支护，能有效地制止岩层变形的发展，并控制应力降低区的伸展而减轻支护的承载，增强了岩层的稳定性。

　　（2）封闭性

　　由于喷锚支护能及时施工，而且是全面密黏的支护，因此能及时有效地防止因水和风化作用造成围岩的破坏和剥落，制止膨胀岩体的潮解和膨胀，保护原有岩体强度。巷道开挖后，围岩由于爆破作用产生新的裂缝，加上原有地质构造上的裂缝，随时都有可能产生变形或塌落。喷射混凝土支护以较高的速度射向岩面，很好地充填围岩的裂隙、节理和凹穴，大大提高了围岩的强度。同时喷锚支护起到了封闭围岩的作用，隔绝了水和空气同岩层的接触，使裂隙充填物不致软化、解体而使裂隙张开，导致围岩失去稳定。

　　（3）黏结性

　　喷锚支护同围岩能全面黏结，这种黏结作用可以产生三种作用：连锁作用、复合作用和增加作用。

　　（4）柔性

　　由于喷锚支护具有一定柔性，可以和围岩共同产生变形，在围岩中形成一定范围的非弹性变形区，并能有效控制允许围岩塑性区适度地发展，使围岩的自承能力得以充分发挥。另一方面，喷锚支护在与围岩共同变形中受到压缩，对围岩产生越来越大的支护反力，能够抑制围岩产生过大变形，防止围岩发生松动破坏。

　　2. 新奥法理论要点及施工要点

　　（1）新奥法与传统施工方法的区别

　　传统方法认为巷道围岩是一种荷载，应用厚壁混凝土支护松动围岩。而新奥法认为围岩是一种承载机构，构筑薄壁、柔性、与围岩紧贴的支护结构（以喷射混凝土、锚杆为主要手段），并使围岩与支护结构共同形成支撑环，来承受压力，并最大限度地保持围岩稳定，而不致松动破坏。

　　新奥法将围岩视为巷道承载构件的一部分，因此，施工时应尽可能全断面掘进，以减少巷道周边围岩应力的扰动，并采用光面爆破、微差爆破等措施，减少对围岩的振动，以保全其整体性。同时注意巷道表面尽可能平滑，避免局部应力集中。

　　新奥法将锚杆、喷射混凝土适当进行组合，形成比较薄的衬砌层，即用锚杆和喷射混凝土来支护围岩，使喷射层与围岩紧密结合，形成围岩-支护系统，保持两者的共同变形，可以最大限度地利用围岩本身的承载力。

　　（2）保护巷道围岩自身的承载能力

　　新奥法施工在巷道开挖后采取了一系列综合性措施：构筑防水层，围岩巷道排水；选择合理的断面形状尺寸；给支护留变形余量；开巷后及时做好支护、封闭围岩等。采取上述措施是为保护巷道围岩的自身承载能力，使围岩的扰动影响控制在最小范围内，并加固围岩，提高围岩强度，使其与人工支护结构共同承受巷道压力。

允许围岩有一定量的变形，以利于发挥围岩的固有强度。同时巷道的支护结构，也应具有预定的可缩量，以缓和巷道压力。

（3）新奥法施工过程中量测工作的特殊性

量测结果可以作为施工现场分析参数和修改设计的依据，因而能够预见事故和险情，以便及时采取措施，防患于未然，提高施工的安全性。

3. 新奥法的主要支护手段与施工顺序

新奥法是以喷射混凝土、锚杆支护为主要支护手段，锚杆喷射混凝土支护形成柔性薄层，与围岩紧密黏结形成可缩性支护结构，允许围岩有一定的协调变形，而不使支护结构承受过大的压力。

施工顺序可以概括为：开挖→第一次支护→二次支护。

（1）开挖

开挖作业的内容依次包括：钻孔、装药、爆破、通风、出渣等。开挖作业与第一次支护作业同时交叉进行，为保护围岩的自身支撑能力，第一次支护工作应尽快进行。为了充分利用围岩的自身支撑能力，开挖应采用光面爆破（控制爆破）或机械开挖，并尽量采用全断面开挖，地质条件较差时可以采用分块多次开挖。一次开挖长度应根据岩质条件和开挖方式确定。一般在中硬岩中长度约为 2～2.5m，在膨胀性地层中大约为 0.8～1.0m。

（2）第一次支护

第一次支护作业包括：一次喷射混凝土、打锚杆、联网、立钢拱架、复喷混凝土。

在巷道开挖后，为争取时间，应尽快喷一薄层混凝土（厚度 3～5mm），在较松散的围岩掘进中第一次支护作业是在开挖的渣堆上进行的，待把未被渣堆覆盖的开挖面的一次喷射混凝土完成后再出渣。

按一定系统布置锚杆，加固深度围岩，在围岩内形成承载拱，由喷层、锚杆及岩面承载拱构成外拱，起临时支护作用，同时又是永久支护的一部分。复喷后应达到设计厚度（10～15mm），并要求将锚杆、金属网、钢拱架等覆裹在喷射混凝土内。

在地质条件非常差的破碎带或膨胀性地层（如风化花岗岩）中开挖巷道，为了延长围岩的自稳时间并给第一次支护争取时间，需要对开挖工作面前方的围岩进行超前支护（预支护），然后再开挖。

在安装锚杆的同时，在围岩和支护中埋设仪器或测点，进行围岩位移和应力的现场测量，依据测量得到的信息来了解围岩的动态，以及支护抗力与围岩的相适应程度。

（3）二次支护

第一次支护后，在围岩变形趋于稳定时，进行二次支护和封底，即永久性的支护（补喷射混凝土，或浇筑混凝土内拱），起到提高安全度和整个支护承载能力增强的作用，而此支护时机可以由监测结果得到。

对于底板不稳，底鼓变形严重，必然牵动侧墙及顶部支护不稳，所以应尽快封底，形成封闭式的支护，以确保围岩的稳定。

4. 新奥法适用范围

具有较长自稳时间的中等岩体；弱胶结的砂和石砾以及不稳定的砾岩；强风化的岩石；刚塑性的黏土泥质灰岩和泥质灰岩；坚硬黏土，也有带坚硬夹层的黏土；微裂隙的，但很少黏土的岩体；在很高的初应力场条件下，坚硬的和可变坚硬的岩石。

8.2.2 隧道掘进机法

1. 岩石隧道掘进机法基本概念

岩石隧道掘进机法是利用岩石隧道掘进机在岩石地层中暗挖隧道的一种施工方法。所谓岩石地层是指该地层有硬岩、软岩、风化岩、破碎岩等，在其中开挖的隧道称为岩石隧道。施工时所使用的机械通常称为岩石隧道掘进机，岩石隧道掘进机是利用回转刀盘又借助推进装置的作用力，使刀盘上的滚刀切割（或破碎）岩面以达到破岩开挖隧道（洞）的目的。按岩石的破碎方式，大致分为挤压破碎式与切削破碎式，前者是将大的推力给予刀具，通过刀具的楔子作用进行岩石的挤压破碎，后者是利用旋转扭矩在刀具的切线方向及垂直方向上进行切削的方式。如果按刀具切削头的旋转方式，可分为单轮旋转式与多轴旋转式两种。

2. 岩石隧道掘进机法的主要特点

利用掘进机开挖隧道与常规的钻爆法相比，主要有以下特点：

（1）掘进效率高。掘进机开挖时，可以实现连续作业，从而可以保证破岩、出渣、支护一条龙作业。但在钻爆法施工中，钻眼、放炮、通风、出渣等作业是间断性的，因而开挖速度慢、效率低。掘进效率高是掘进机发展较快的主要原因。

（2）掘进机开挖施工质量好，且超挖量少。掘进机开挖的隧道（洞）内壁光滑，不存在凹凸现象，从而可以减少支护工程量，降低工程费用。而钻爆法开挖的隧道内壁粗糙、凹凸不平，且超挖量大，衬砌厚，支护费用高。

（3）对岩石的扰动小。掘进机开挖施工可以大大改善开挖面的施工条件，而且周围岩层稳定性较好，从而保证了施工人员的健康和安全。

（4）掘进机对多变的地质条件（断层、破碎带、挤压带、涌水及坚硬岩石等）的适应性较差。但近年来随着技术进步，采用了盾构外壳保护型的掘进机，施工既可以在软弱和多变的地层中掘进，又能在中硬岩层中开挖施工。

（5）由于掘进机结构复杂，对材料的要求较高，零部件的耐久性要求高，因而制造的价格较高。

3. 岩石隧道掘进机的分类

（1）按切削方式分类

目前使用较多的隧道掘进机分为全断面切削方式和部分断面切削方式两

类。部分断面切削方式是挖掘煤炭用的机械在隧道挖掘施工上的应用，全断面切削方式一般开挖的断面是圆形的。

（2）按开挖地层分类

一般分为土质隧道掘进机和岩石隧道掘进机两种。

（3）罗宾斯掘进机分类

罗宾斯掘进机可分为三大类：桁架式掘进机，常用于软岩开挖；撑板式掘进机，用于开挖不易塌落或密实的岩石；盾构式掘进机，适用于混合型地层（部分硬的黏土或坚实的砂土层）。

4. 岩石隧道掘进机的适用范围

由于岩石隧道掘进机的断面外径最大为 10m 多，最小仅 1.8m，并且岩石掘进机和辅助施工技术日臻完善，现代高科技成果的广泛应用（液压新技术、电子技术和材料科学技术等），大大提高了岩石隧道掘进机对各种困难条件的适应性。

（1）从地层岩性条件看适用范围

掘进机一般只适用于圆形断面隧道，只有铣削滚筒式掘进机在软岩层中可掘削成非圆形隧道（自由断面隧道）。开挖隧道直径在 1.8～12m，以 3～6m 直径为最成熟。一次性连续开挖隧道长度不宜短于 1km，也不宜长于 10km，以 3～8km 最佳。

（2）从隧道的形状、选址条件看适用范围

开挖成圆形面时，对水工隧道是适用的，对铁路、公路隧道，由于不需要断面增多且不经济，因此对设计断面，必须对开挖直径、开挖位置充分研究。

8.3 隧道支护和衬砌

8.3.1 隧道支护

1. 隧道支护概述

施工支护是隧道开挖时，对围岩稳定能力不足的地段，加设支护使其稳定的措施。其中，开挖后除围岩完全能够自稳而无需支护以外，为维护围岩稳定而进行的支护称为初期支护。若围岩完全不能自稳，表现为随挖随坍甚至不挖即坍，则须先支护后开挖，称为超前支护。必要时还须先进行注浆加固围岩和堵水，然后才能开挖，称为地层改良。为了保证在运营期的安全、耐久、减少阻力和美观，设计中一般采用混凝土或钢筋混凝土内层衬砌，称为二次支护。

2. 锚喷支护

（1）锚喷支护的特点

① 灵活性锚喷支护是由喷射混凝土、锚杆、钢筋网等支护部件进行适当组合的支护形式。它们既可以单独使用，也可以组合使用，可以用于局部加

固，也易于进行整体加固，既可以一次完成，也可以分次完成。锚喷支护能充分体现"先柔后刚，按需提供"的原则。

② 及时性锚喷支护能在施作后迅速发挥其对围岩的支护作用。这不仅体现在时间上，即早期强度高的特性，使之能提供早期支护作用，而在空间上也能使锚喷最大限度地紧跟开挖而施工，甚至可以利用锚杆进行超前支护。

③ 密贴性喷射混凝土能与坑道周边的围岩全面、紧密地粘贴，因而可以抵抗岩块之间沿节理的剪切和张裂。从整体结构来看，喷射混凝土填补了洞壁的凹穴，使洞壁变得圆顺，从而减少了应力集中。

④ 协同性锚杆能深入围岩体内部一定深度，对围岩起约束作用。由于系统锚杆在围岩中形成一定厚度的锚固区，使锚杆和岩体形成一个协同作用的整体，其承载能力和稳定能力显著增强。

⑤ 锚喷支护属于柔性支护，它可以较便利地调节围岩变形，允许围岩作有限的变形，即允许在围岩塑性区有适当的发展，以发挥围岩的自承能力。

⑥ 封闭性喷射混凝土能全面及时地封闭围岩，这种封闭不仅阻止了洞内潮气和水对围岩的侵蚀作用，减少了膨胀性岩体的潮解软化和膨胀，而且能够及时有效地阻止围岩变形，使围岩较早地进入变形收敛状态。

（2）锚喷支护的设计

锚喷支护的设计方法有三种：工程类比法、理论计算法和现场监控法。三种方法的并用是今后发展的方向，其设计程序是：用工程类比法先进行初步遂道设计；再根据工程实际的情况，选择适当的理论计算方法，分析洞室稳定性，验算初步设计的支护参数；然后在施工中对"围岩-支护"结构体系的力学动态进行必要而有效的现场监控量测，以其提供的信息和围岩地质详勘结果，把原设计和施工中与实际不符部分予以变更，使之与实际情况相符。

3. 锚杆的施工

① 普通水泥砂浆锚杆

普通水泥砂浆锚杆是以普通水泥砂浆作为黏结剂的全长黏结式锚杆，其构造如图 8-1 所示。

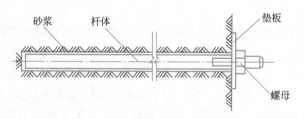

图 8-1　普通水泥砂浆锚杆

② 早强水泥砂浆锚杆

早强水泥砂浆锚杆的构造、设计和施工与普通水泥砂浆锚杆基本相同，所不同的是早强水泥浆的黏结剂是由硫铝酸盐早强水泥、砂、Ⅱ型早强剂和水组成。因此，它具有早期强度高、承载快、不增加安装困难等优点，弥补了普通水泥砂浆锚杆早强低、承载慢的不足。尤其是在软弱、破碎、自稳时间短的围岩中显示出其一定的优越性，但要注意的是注浆作业开始或中途停止超过 30min 时，应测定砂浆坍落度，其值小于 10mm 时，不得注入罐内使用。

③ 早强药包内锚头锚杆

早强药包内锚头锚杆是以快硬水泥卷、早强砂浆卷或树脂卷作为内锚固剂的内锚头锚杆，其构造见图 8-2。

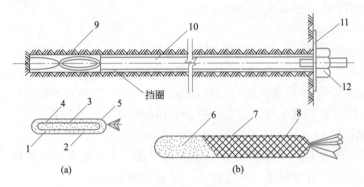

图 8-2　早强药包内锚头锚杆

1—不饱和聚酯树脂＋加速剂＋填料；2—纤维纸或塑料袋；3—固化剂＋填料；4—玻璃管；
5—堵头（树脂胶泥封口）；6—快硬水泥；7—湿强度较大的滤纸筒；8—玻璃纤维纱网；
9—树脂锚固剂；10—带麻花头杆体；11—垫板；12—螺母

④ 喷射混凝土

喷射混凝土是使用混凝土喷射机，按一定的混合程序，将掺有速凝剂的细石混凝土，喷射到岩壁表面上，并迅速固结成一层支护结构，从而对围岩起到支护作用。

喷射混凝土是一种新型的支护结构，又是一种新的工艺。因为其灵活性很大，可以根据需要分次追加厚度，所以可以作为隧道工程类围岩的永久支护和临时支护，也可以与各种类型的锚杆、钢纤维、钢拱架、钢筋网等构成复合式支护。随着喷射混凝土技术的进步和发展，特别是原材料、速凝剂及其他外加剂、施工工艺、机械的研究和应用，喷射混凝土的使用将有广阔的发展前景。

⑤ 钢拱架

无论是采用喷射混凝土还是锚杆（加长、加密锚杆），或是在混凝土中加入钢筋网、钢纤维，都主要是利用其柔性和韧性，而对其整体刚度并未过多要求。这对支护不太破碎的围岩（Ⅲ类硬岩至Ⅴ类围岩），使其稳定是可行的。当围岩软弱破碎严重（Ⅲ类软岩至Ⅰ类围岩），其自稳性差，开挖后要求早期支护具有较大的刚度，以阻止围岩的过度变形和承受部分松弛荷载。

8.3.2　隧道衬砌

为了保证隧道工程的长期使用，确保隧道的安全，要对开挖好的隧道进行衬砌，其形式有三种：整体式衬砌、复合式衬砌和锚喷衬砌。

整体式衬砌主要在传统的矿山法施工时运用。

复合式衬砌是由初期支护和二次支护组成的。在前面介绍的锚喷就是初期支护的代表形式，它是帮助围岩达到施工期间的初步稳定，二次支护则是提供安全储备或承受后期围岩压力。

锚喷衬砌就是只用锚喷手段对围岩支护增加一定的安全储备量，主要适用于Ⅳ类及以上围岩条件。

现介绍二次支护的模筑衬砌方法。

1. 模筑衬砌

模筑衬砌也就是采用模筑混凝土作为衬砌材料进行内层衬砌。多采用顺作法，即按由下而上，先墙后拱的顺序连续灌筑。在隧道纵向需分段进行，一般每段为 9～12m。要求配有足够的混凝土连续生产能力和便于装卸和就位的拼装式模板。其施工程序简化，衬砌整体性和受力条件较好。

2. 模板类型

模筑衬砌要有一个装卸和就位方便的模板，其类型有：整体移动式模板台车、穿越式（分体移动）模板台车、拼装式拱架模板。

（1）整体移动式模板台车

整体移动式模板台车主要适用于全断面一次开挖成型或大断面开挖成型的隧道衬砌施工。它是采用大块曲模板、机械式脱模、背附式振捣设备集装成整体，并在轨道上行走，有的还设有自行设备，从而缩短立模时间，墙拱连续浇筑，加快衬砌施工速度。

模板台车的长度即一次模筑段长度，应根据施工进度要求、混凝土生产能力和灌注技术要求以及曲线隧道的曲线半径等条件来确定。

整体移动式模板台车的生产能力大，可配合混凝土输送泵联合作业。它是较先进的模板设备，但其尺寸大小比较固定，可调范围较小，影响其适用性，且一次性设备投资较大。

（2）穿越式分体移动模板台车

这种台车的行走机构与整体模板之间是可以分离的，因此可用一套行走机构与几套模板配合，提高行走机构的利用率，用时可以多段衬砌同时施作，提高衬砌速度。

（3）拼装式拱架模板

拼装式拱架模板就是采用型钢制作或现场用钢筋加工成桁架式拱架，配合采用厂制定型组合钢模板拼装组合成的衬砌模板。其拱架为便于安装和运输，常将整榀拱架分解为 2～4 节，进行现场组装，其组装连接方式有夹板连接和端板连接两种形式。为减少安装和拆卸工作量，可以做成简易移动式拱架，即将几榀拱架连成整体，并安设简易滑移轨道。

3. 衬砌施工

（1）施工前准备

隧道衬砌施工时，其中线、标高、断面尺寸和净空大小均须符合设计要求。

① 断面检查

根据隧道中线和水平测量，检查开挖断面是否符合设计要求，欠挖部分按规范要求进行修凿，并做好断面检查记录。

复核隧道工程地质和水文地质情况，分析围岩稳定性特点，根据地质情况的变化及围岩的稳定状态，制订施工技术措施或变更施工方法。

对已完成支护地段，应继续观察隧道稳定状态，注意支护的变形、开裂、侵入净空等现象，及时记录，作长期稳定性评价。

② 模板就位

根据隧道中线、标高及断面尺寸，测量确定衬砌立模位置。

采用整体移动式模板台车时，实际是确定轨道的位置。轨道铺设应稳固，其位移和沉降量均应符合施工误差要求。轨道铺设和台车就位后，都应进行位置、尺寸检查。为了保证衬砌不侵入建筑限界，需预留误差量和沉落量，且要注意曲线加宽。

使用拼装式拱架模板时，立模前应在洞外样台上将拱架和模板进行试拼，检查其尺寸、形状，不符合要求的应予修整。配齐配件，模板表面要涂抹防锈剂。洞内重复使用时亦应注意检查修整。拱架模板尺寸应按计算的施工尺寸放样到放样台上。

使用整体移动式模板台车时，在洞外组装并调试好各机构的工作状态，检查好各部分尺寸，保证进洞后投入正常使用，每次脱模后应予检修。

根据放线位置，架设安装拱架模板或模板台车就位。安装和就位后，应做好各项检查，包括位置、尺寸、方向、标高、坡度、稳定性等。

（2）浇筑模筑混凝土

由于洞内狭小，混凝土的拌合多在洞外拌制好后，用运输工具运送到工作面灌筑，因此要求尽快浇筑。浇筑时应使混凝土充满所有角落并充分进行捣固。混凝土运送时，原则上应采用混凝土搅拌运输车，采用其他方法运送时，应确保混凝土在运送中不产生离析、损失及混入杂物。已达初凝的混凝土不得使用。

8.4 塌方事故的处理

8.4.1 塌方事故成因

隧道开挖时，导致塌方的原因有多种，概括起来可归结为：一是自然因素，即地质状态、受力状态、地下水变化等；二是人为因素，即不适当的设计，或不适当的施工作业方法等。由于塌方往往会给施工带来很大困难和很大经济损失。因此，需要尽量注意排除会导致塌方的各种因素，尽可能避免塌方的发生。

1. 发生塌方的主要原因

（1）不良地质及水文地质条件

① 隧道穿过断层及其破碎带，或在薄层岩体的小曲褶、错动发育地段，

285

一经开挖，潜在应力释放快、围岩失稳，小则引起围岩掉块、坍落，大则引起塌方。当通过各种堆积体时，由于结构松散，颗粒间无胶结或胶结差，开挖后引起坍塌。在软弱结构面发育或泥质充填物过多，均易产生较大的坍塌。

② 隧道穿越地层覆盖过薄地段，如在沿河傍山、偏压地段、沟谷凹地浅埋和丘陵浅埋地段极易发生塌方。

③ 水是造成塌方的重要原因之一。地下水的软化、浸泡、冲蚀、溶解等作用加剧岩体的失稳和坍落。岩层软硬相间或有软弱夹层的岩体，在地下水的作用下，软弱面的强度大为降低，因而发生滑坍。

（2）隧道设计考虑不周

① 隧道选定位置时，地质调查不细，未能作详细的分析，或未能查明可能塌方的因素。没有绕开可以绕避的不良地质地段。

② 缺乏详细的隧道所处位置的地质及水文地质资料，引起施工指导或施工方案的失误。

（3）施工方法和措施不当

① 施工方法与地质条件不相适应；地质条件发生变化，没有及时改变施工方法；工序间距安排不当；施工支护不及时，支撑架立不合要求，或抽换不当；地层暴露过久，引起围岩松动、风化，导致塌方。

② 喷锚支护不及时，喷射混凝土的质量、厚度不符合要求。

③ 按新奥法施工的隧道，没有按规定进行量测，或信息反馈不及时，决策失误、措施不力。

④ 围岩爆破用药量过多，因震动引起坍塌。

⑤ 对危石检查不重视、不及时，处理危石措施不当，引起岩层坍塌。

2. 预防塌方的施工措施

（1）选择安全合理的施工方法和措施至关重要。在掘进到地质不良围岩破碎地段，应采取"先排水、短开挖、弱爆破、强支护、早衬砌、勤量测"的施工方法。必须制订出切实可行的施工方案及安全措施。

（2）加强塌方的预测。为了保证施工作业安全，及时发现塌方的可能性及征兆，并根据不同情况采用不同的施工方法及控制塌方的措施，需要在施工阶段进行塌方预测。预测塌方常用的几种方法为：

① 观察法

在掘进工作面采用探孔对地质情况或水文情况进行探查，同时对掘进工作面应进行地质素描，分析判断掘进前方有无可能发生塌方。

定期和不定期地观察洞内围岩的受力及变形状态；检查支护结构是否发生了较大的变形；观察是否岩层的层理、节理裂隙变大，坑顶或坑壁松动掉块；喷射混凝土是否发生脱落；以及地表是否下沉等。

② 一般量测法

按时量测观测点的位移、应力，测得数据进行分析研究，及时发现不正常的受力、位移状态及有可能导致塌方的情况。

③ 微地震学测量法和声学测量法

前者采用地震测量原理制成灵敏的专用仪器；后者通过测量岩石的声波分析确定岩石的受力状态，并预测塌方。

（3）加强初期支护，控制塌方。当开挖出工作面后，应及时有效地完成喷锚支护或喷锚网联合支护，并应考虑采用早强喷射混凝土、早强锚杆和钢支撑支护措施等。这对防止局部坍塌，提高隧道整体稳定性具有重要的作用。

8.4.2 事故处理

隧道塌方的处理措施

1. 隧道发生塌方，应及时迅速处理。处理时必须详细观测塌方范围、形状、坍穴的地质构造，查明塌方发生的原因和地下水活动情况，经认真分析，制定处理方案。

2. 处理塌方应先加固未坍塌地段，防止继续发展，并可按下列方法进行处理：

（1）小塌方，纵向延伸不长、坍穴不高，首先加固坍体两端洞身，并抓紧喷射混凝土或采用锚喷联合支护封闭坍穴顶部和侧部，再进行清渣。在确保安全的前提下，也可在坍渣上架设临时支架，稳定顶部，然后清渣。临时支架待灌筑衬砌混凝土达到设计要求强度后方可拆除。

（2）大塌方，塌穴高，塌渣数量大，塌渣体完全堵住洞身时，宜采取先护后挖的方法。在查清塌穴规模大小和穴顶位置后，可采用管棚法和注浆固结法稳固围岩体和渣体，待其基本稳定后，按先上部后下部的顺序清除渣体，采取短进尺、弱爆破、早封闭的原则挖坍体，并尽快完成衬砌（图8-3）。

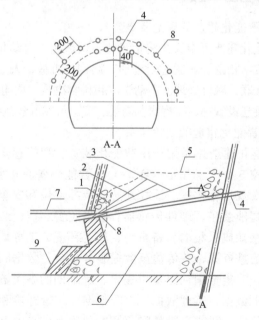

图8-3 大规模塌方处理实例示意图（单位：mm）

1—第一次注浆；2—第二次注浆；3—第三次注浆；4—管棚；5—坍塌线；
6—坍塌体；7—初期支护；8—注浆孔；9—混凝土封堵墙

（3）塌方冒顶，在清渣前应支护陷穴口，地层极差时，在陷穴口附近地面打设地表锚杆，洞内可采用管棚支护和钢架支撑。

（4）洞口塌方，一般易坍至地表，可采取暗洞明作的办法。

3. 处理塌方的同时，应加强防排水工作。塌方往往与地下水活动有关，治坍应先治水。防止地表水渗入坍体或地下，引截地下水防止渗入塌方地段，以免塌方扩大。具体措施包括：

（1）地表沉陷和裂缝，用不透水土壤夯填紧密，开挖截水沟，防止地表水渗入坍体。

（2）塌方通顶时，应在陷穴口地表四周挖沟排水，并设雨篷遮盖穴顶。陷穴口回填应高出地面并用黏土或圬工封口，做好排水。

（3）坍体内有地下水活动时，应用管槽引至排水沟排出，防止塌方扩大。

4. 塌方地段的衬砌，应视坍穴大小和地质情况予以加强。衬砌背后与坍穴洞孔周壁间必须紧密支撑。当坍穴较小时，可用浆砌片石或干砌片石将坍穴填满；当坍穴较大时，可先用浆砌片石回填一定厚度，其以上空间应采用钢支撑等顶住稳定围岩；特大坍穴应作特殊处理。

5. 采用新奥法施工的隧道或有条件的隧道，塌方后要加设量测点，增加量测频率，根据量测信息及时研究对策。浅埋隧道，要进行地表下沉测量。

8.5 隧道工程智能施工

8.5.1 隧道工程智能化建造

1. 隧道工程智能化建造的理论及概念

隧道工程智能化建造可定义为将信息化、机械化、自动化、智能化技术与先进的隧道建造技术相融合，通过对地质、结构、机械、人员、材料等信息的全面感知、泛在互联、融合处理、主动学习和科学决策，面向隧道勘察、设计、施工、质量管控及建设管理，实现绿色高效、安全可靠的建造技术体系。

2. 隧道工程智能化建造的架构体系

隧道工程智能化建造体系架构由智能化装备、智能感知、数据资源、智能决策、智能管控 5 个方面组成（图 8-4）。智能装备直接服务于隧道施工，通过信息化技术实现远程监视、遥控遥感、精准定位和安全施工。智能感知层集中汇集各类智能装备、硬件传感器、触发装置、定位装置、采集分析芯片，扫描设备所感知或采集的装备自身、施工环境、工程地质条件、围岩条件、结构状态等信息资源，并传输至数据服务平台。数据服务平台作为数据资源的基础平台，汇集全国铁路隧道建设、运维期的各类数据信息，并将勘察设计数据、施工数据、监理数据、物资数据、质量评价和管理档案分类存储，供智能决策分析。智能决策是隧道智能化建造的核心与难点，涵盖统计学、工程统筹、人工智能等学科交叉耦合，灵活采用机器学习、深度学习、交互分析，在大数据汇集的基础上，实现智能进阶，为智能管控服务。智能管控是隧道智能化建造的最终目标与体现，涵盖动态化三维设计（BIM＋GIS）、智能化施工和管理3个方面，实现三维图纸管理、动态施工管理、集成信息管理、监控量测管理、风险评估、可视化交底与虚拟建造，将一般意义上的隧道建设提升为智能化的建造，如图8-4所示。

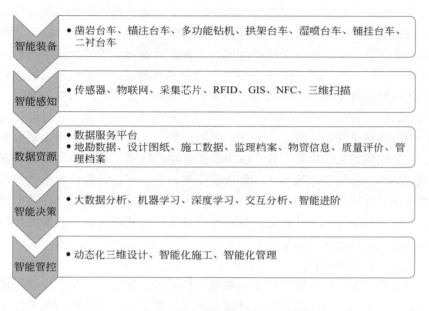

图 8-4　隧道工程智能化建造体系架构

3. 隧道工程智能化建造技术

（1）智能化设计与勘察

智能化建造理论与多学科息息相关，涉及通信、信息、计算机软件、人工智能、管理科学、行为科学、控制管理以及系统科学等。近年来，我国隧道建设管理单位开始将运筹学、管理学、工程经济学与系统工程理论相结合，吸纳新技术，将物联网、云计算、移动互联、大数据、BIM、GIM等技术融合，在信息论与信息技术、通信技术、GPS和GIS技术、控制理论与技术等领域，理论研究都在不断深化和改进。在一些隧道工程中进行了机械化与信息化深度融合实践，包含全生命周期、系统层级、智能化功能3个维度的隧道智能化建造功能框架已具雏形。

隧道智能化建造在勘察设计方面，综合应用物联网、大数据、人工智能等信息技术，依托智能化装备，实现基础三维实体模型全生命周期信息再现的自动化动态设计。依据空天地一体化的测绘多技术融合勘测方案，有利于及时提供施工各阶段数字化地质资料，在质量、工期和安全保证等方面为隧道建造提供有力的基础数据保障。钻探与超前地质预报方面，我国在面向川藏铁路隧道工程开展的系统性科研攻关课题中，提出了千米级钻机整套装备相应的设计方法，建立了基于物探、钻探、点云和数字凿岩信息的综合超前预报体系。例如，在川藏铁路雅安—林芝段施工时面临多类型不良地质考验，项目综合采用定位定向系统（Position and Orientation System，POS）数码航空影像、高分辨率卫星影像、雷达影像、机载激光雷达（Laser Detecting and Ranging，LADAR）、无人机摄影及倾斜摄影、三维激光扫描及超前千米级水平钻机等综合测量技术，形成空天地一体化的测绘多技术融合勘测方案。

（2）智能化施工

智能化施工是智能化建造技术水平的重要体现，智能化施工涉及机械工程、机械电子、计算机技术、定位技术、遥控技术等学科融合，施工过程中机械工装用量多少、参与深度综合代表了我国铁路隧道建设的技术水平。20世纪80年代以来，带有液压机械臂的凿岩钻机在隧道内开始应用，标志着我国隧道机械化施工的开端。当前，隧道在超前钻探、开挖、初支、仰拱、防（排）水板、二次衬砌及水沟电缆槽等作业生产线采用谱系化工装已经相当普遍。当前机械化应用规模由小到大、试用范围由窄到宽、信息化水平由低到高、支护结构适应性由差变强。在一些铁路隧道建设工程中初步研制了智能型凿岩台车、智能型注浆台车、智能型拱架台车、智能型锚杆台车、智能型湿喷台车、数字化衬砌台车，部分装备实现了施工状态实时感知，其中智能型凿岩台车具备了对炮孔数量、位置等信息实时感知功能；智能型注浆台车具备对注浆量信息实时感知功能。

（3）智能化协同管控

智能管控集中体现智能建造的精髓与能动性、互动性，是全生命周期智能建造过程的集中展示与运用。目前，国内智能建造协同管控尚处于起步阶段，我国的一些隧道工程建设在"地-隧-机-信-人"智能建造协同管控方面做了初步尝试，构建隧道智能化建造协同管理平台，具备了围岩智能分级、设计参数智能优选、开挖及支护智能施工和施工质量管控等4项功能。隧道施工质量智能管控主要利用三维点云扫描、热成像技术、地质雷达等无损检测手段实现，如通过三维点云扫描实现超欠挖轮廓矫正，利用热成像摄像机测量混凝土温度进而实时确定喷射混凝土强度，基于地质雷达的衬砌检测等。

隧道智能化建造的抓手是网络化数据传输与信息化经营管理。协同管控体现在包含施工单位、建设单位、设计单位、咨询单位、施工单位、监理单位等在内的隧道参建各方可简统化、集约、方便地开展工作，并可在软件平台实现设计、施工、物料信息的传输与管理。协同管理平台软件是实现协同管控的直接工具，施工单位的信息化管理平台需与铁路工程建设管理平台接驳，隧道建设过程中各项资料应能汇集于大数据中心，一方面便于数据存档、可追溯，另一方面便于随时备查可查，为运营养护提供辅助。

8.5.2 隧道智能化施工机械手段及操作平台

在隧道工程智能化施工中，智能机械设备操作平台主要包括雷达扫描、超感应设备、凿岩台车、锚注一体台车以及BIM技术等。

（1）雷达扫描、超感应设备

运用雷达扫描、超感应设备这种科技进行探测风险源，使探明距离增大到100m，而原先最长的探明距离只有80m。除此以外，还在隧道的内部安装了监控监测、实名管理及进场定位等智能系统，这些智能系统可对隧道进行实时监控，包括监测隧道内的空气质量以及施工人员的状态，一旦隧道内的空气质量出现超标的情况便会触发报警装置，启动自动报警功能，如果隧道内出现超员或者违规施工的情况，智能系统将会自动报警，随时对施工人员进行安全保护。

（2）凿岩台车

"智慧隧道"的建造过程通常离不开机器人，它能够全覆盖开挖断面，准确、灵活地定位，达到快速钻孔的效果。例如乐天山隧道的建造就采用了"机器人帮工"的模式，乐天山常年低温，甚至达到−32℃的最低气温，无霜期仅 90～120 天，施工难度相当之大，为了解决这一系列的问题，施工项目部从国外引进了阿特拉斯·科普柯三臂凿岩台车，快速钻孔效果好。

（3）锚注一体台车

智能锚注一体台车具有钻孔、注浆、安装锚杆一体化功能，具备钢筋锚杆、中空锚杆、锁脚锚杆的施作能力，代表了未来锚杆机械化施工的方向。该产品应用期间，性能稳定，同比人工作业效率明显提升，且作业人员数量大幅减少，进一步降低了人员的劳动强度和安全风险。

（4）BIM 技术

在"智慧隧道"的建造过程中，利用 BIM 技术的可视化、模拟性助力开展"智慧隧道"建设，一直是智能建造中必不可少的部分。BIM 施工模拟能够精确定位，缩短支模时间，避免了人工操作的误差，有效保证了洞内的交通畅通，同时也大大缩短了循环作业时间。例如我国最长客专隧道——太行山隧道，该项目应用 BIM 的 3D 可视化设计环境和 4D 虚拟仿真环境，为太行山隧道的施工工艺的设计优化和可行性验证提供了技术途径。

8.5.3 盾构隧道施工智慧视频监控技术及其实施

1. 智慧视频监控的重要性及其优越性

（1）多媒体技术与视频监控技术的结合，彻底改变了传统的工程施工监控的工作方式。

（2）通过与网络技术结合而成的远程监控，又可在现行视频监控中实现实时异地远程监控并发布指令，可获取更多信息进行反馈控制，是多媒体通信技术在工程中的具体应用。

（3）隧道盾构作业情况复杂多变，采集监控量测数据点数众多，对其进行施工网络多媒体视频监控，可将文字、图形图像、音频和视频等多媒体信息实时传输到控制平台，更高层次地实现信息化施工。

（4）结合智能预测与控制技术，可通过施工监控及时防范突发事故和工程险情，识别和探测故障征兆与隐患，使盾构施工参数调整有的放矢，设备缺陷早期发现、早期诊断和整治，做到故障预处理。

2. 主要内容

（1）基于光纤通信和高清晰度视频监控技术与施工网络多媒体技术，建

291

立盾构掘进施工监控半自动化系统，使之将数据采集、图形图像、声响监控与图文传输四者集于一体。

（2）建立多媒体数字和图像仿真以及计算机应用技术的三维动态人工实景仿真模拟系统，以可视化技术手段，在屏幕上动态、质感、连续、逼真而生动地以三维可视化方式提供施工全过程中每一工况的数据分析及其监测/监控结果。

（3）多媒体监控系统主要功能的实现：

1）借助光纤通信和视频监控技术，使该系统具有现场实景监控功能；

2）利用网络技术和多媒体技术，实现高速、高质量的数据与图像传输功能；

3）借助人工智能控制方法，使所研制开发的盾构施工计算机技术管理软件具有自动学习、自动诊断和遇紧急情况作自动处理的功能；

4）利用数字仿真技术和三维可视化技术，使之具备施工变形预测并模拟施工过程中盾构开挖和管片支护各工况的变形控制，调整各有关盾构施工参数的功能；

5）建立在各项控制指标安全管理值的基础上可系统比较理论预测值与现场实测值之间的差别，如发现有异常现象和工程险情，可以采取先前已拟定的对策预案与相应的有效防治技术措施。

3. 盾构施工多媒体监控硬件系统

（1）监控系统框架及其主要功能

监控系统框架包括：中央计算机网络、施工状态监控系统、设备监控、闭路电视等主要系统。

系统由中央控制设备、矩阵主机、多画面分割器、长时间录像机、摄像机、监视器、电源及信号传输媒质等组成。信号传输媒质采用光缆加光端方式传输，与数据传输系统共用一束光缆。

（2）图像监控的前端设备

电视图像监控的前端设备系统主要包括：摄像机、云台、防护罩和镜头等。

（3）图像监控系统的后端显示与记录主要包括：

1）视频图像的切换与控制装置；

2）显示被监控图像的各类监视器；

3）"浓缩"众多被监控图像于一屏的多画面分割器；

4）能够记录和重放图像的各类录像机；

5）高速及海量存储视频图像的数字硬磁盘驱动器；

6）可将指定图像以多种方式输出的视频印像机。

（4）通信网络的主要任务

通信网络的主要任务是传输如下一些视频信号：

1）图像信号：安装于盾构管片拼装机、出土机、地下控制室等部位的摄像机所采集的图像信息；

2）音频信号：盾构机不同部位设备运转的音频信号；

3）数据信署：地下控制室盾构掘进管理计算机（FK）所采集到的盾构施工参数信号；

4）控制信号：地面指挥中心所发出的对地下设备控制的信号。

4. 盾构隧道施工多媒体三维动态仿真软件系统

（1）仿真系统的开发环境。系统在开发过程中对软件环境的要求，主要是建立一个较适宜的科学计算可视化与计算机可视化开发环境，其操作系统要求能够运行高级图形图像处理与计算机动画软件。

（2）仿真系统的整体结构，如图 8-5 所示。

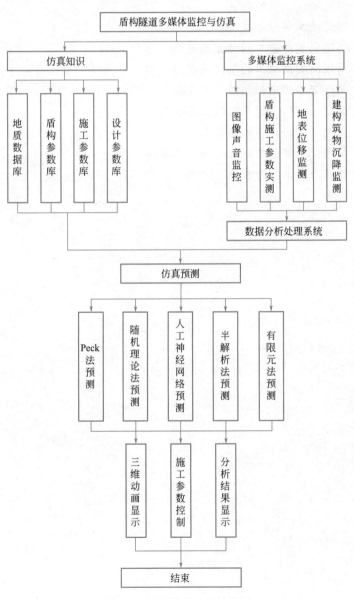

图 8-5　视频仿真系统结构图

本章小结

了解隧道施工机械和施工方法，了解隧道智能化施工机械手段及操作平台，熟悉新奥法和隧道掘进机法，掌握隧道支护与衬砌方法，掌握隧道事故处理措施。

思考题

8-1 简述隧道工程的特点。

8-2 隧道施工的方法有哪些?

8-3 简述新奥法施工的特点及要点。

8-4 简述新奥法施工的手段与顺序。

8-5 简述岩石掘进机法的特点及分类。

8-6 隧道塌方的成因及处理措施有哪些?

8-7 简述盾构法施工的优缺点。

8-8 简要说明隧道智能化建造体系架构。

8-9 试述隧道工程智能施工的内涵。

附录

案 例

【案例1】 某建筑外墙采用砖基础，其断面尺寸如附图1所示，已知场地土的类别为二类，土的最初可松性系数为1.25，最终可松性系数为1.04，边坡坡度为1：0.55。取50m长基槽进行计算。试求：

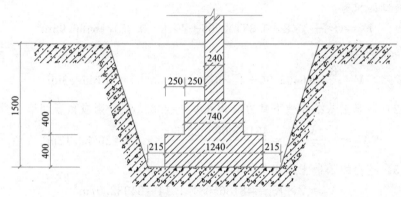

附图1 某基槽剖面基础示意图（单位：mm）

（1）基槽的挖方量（按原状土计算）；

（2）若留下回填土后，余土全部运走，计算预留填土量及弃土量（均按松散体积计算）。

【解】

（1）求基槽体积，利用公式 $V=\dfrac{F_1+F_2}{2}L$，（$F_1=F_2$）得：

$$V=1.5\times[(1.24+0.215\times2)+1.5\times0.55]\times50=187.125\text{m}^3$$

（2）砖基础体积：

$$V_1=(1.24\times0.4+0.74\times0.4+0.24\times0.7)\times50=48\text{m}^3$$

预留填土量：

$$V_2=\dfrac{(V-V_1)\,K_s}{K_s'}=\dfrac{(187.125-48)\times1.25}{1.04}=167.22\text{m}^3$$

弃土量：

$$V_3=\left(V-\dfrac{V-V_1}{K_s'}\right)K_s=\left(187.125-\dfrac{187.125-48}{1.04}\right)\times1.25=66.69\text{m}^3$$

【案例2】 某高校拟建一栋7层框架结构学生公寓楼，其基坑坑底长86m，宽65m，深8m，边坡坡度1：0.35。由勘察设计单位提供有关数据可知，场地土土质为二类土，其土体最初可松性系数为1.14，最终可松性系数为1.05，试求：

(1) 土方开挖工程量；

(2) 若混凝土基础和地下室占有体积为 23650m³，则应预留的回填土量；

(3) 若多余土方用斗容量为 3m³ 的汽车外运，则需运出多少车？

【解】

(1) 基坑土方量可按公式 $V=\dfrac{H}{6}(F_1+4F_0+F_2)$ 计算，其中：

底部面积为：

$$F_2=86\times65=5590\text{m}^2$$

中部截面积为：

$$F_0=(86+8\times0.35)\times(65+8\times0.35)=6020.64\text{m}^2$$

上口面积为：

$$F_1=(86+2\times8\times0.35)\times(65+2\times8\times0.35)=6466.96\text{m}^2$$

挖方量为：

$$V=\frac{8}{6}\times(6466.96+4\times6020.64+5590)=48186.03\text{m}^3$$

(2) 混凝土基础和地下室占有体积 $V_3=23650\text{m}^3$，则应预留回填土量：

$$V_2=\frac{V-V_3}{K_s'}K_s=\frac{48186.03-23650}{1.05}\times1.14=26639.12\text{m}^3$$

(3) 挖出的松散土体积总共有：

$$V_2'=V\times K_s=48186.03\times1.14=54932.07\text{m}^3$$

故需用汽车运车次：

$$N=\frac{V_2'-V_2}{q}=\frac{54932.07-26639.12}{3}=9431\text{ 车}$$

【案例 3】 某综合办公楼工程需进行场地平整，其建筑场地方格网及各方格顶点地面标高如附图 2 所示，方格边长为 30m。场地土土质为粉质黏土（普通土），土的最终可松性系数为 1.05，地面设计双向泄水坡度均为 0.3‰。按场地挖填平衡进行计算。

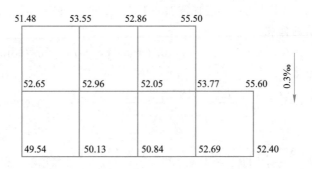

附图 2 场地方格网图

试求：

(1) 场地各方格顶点的设计标高;

(2) 计算各角点施工高度并标出零线位置;

(3) 计算填、挖土方量(不考虑边坡土方量);

(4) 考虑土的可松性影响调整后的设计标高。

【解】

(1) 初步确定场地设计标高,由公式 $H_0=\dfrac{\sum H_1+2\sum H_2+3\sum H_3+4\sum H_4}{4n}$,得:

$$H_0=\dfrac{(51.48+55.5+49.54+55.6+52.4)+2\times(53.55+52.86+52.65+50.13+}{4\times7}$$

$$\dfrac{50.84+52.69)+3\times53.77+4\times(52.96+52.05)}{4\times7}=52.55\text{m}$$

由公式 $H_n=H_0\pm l_x i_x\pm l_y i_y$,得:

$$H_{11}=52.55-60\times0.3‰+30\times0.3‰=52.54\text{m}$$

$$H_{12}=52.55-30\times0.3‰+30\times0.3‰=52.55\text{m}$$

$$H_{13}=52.55+0+30\times0.3‰=52.56\text{m}$$

$$H_{14}=52.55+30\times0.3‰+30\times0.3‰=52.57\text{m}$$

同理 $H_{21}=52.53\text{m}$ $H_{22}=52.54\text{m}$

$H_{23}=52.55\text{m}$ $H_{24}=52.56\text{m}$

$H_{25}=52.57\text{m}$ $H_{31}=52.52\text{m}$

$H_{32}=52.53\text{m}$ $H_{33}=52.54\text{m}$

$H_{34}=52.55\text{m}$ $H_{35}=52.56\text{m}$

(2) 计算各角点施工高度,由公式 $h_n=H_n-H_n'$ 可求得:

$$h_{11}=H_{11}-H_{11}'=52.54-51.48=+1.06\text{m}$$

其他各角点的施工高度如附图3所示。

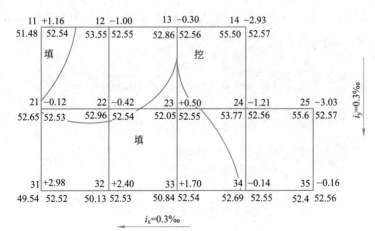

附图3 场地平整方格网法计算图

由公式 $X_{i,j}=ah_A/(h_A+h_B)$，确定零点为：

$$x_{11,12}=\frac{ah_{11}}{h_{11}+h_{12}}=\frac{30\times1.06}{1.06+1.00}=15.44\text{m}$$

同理求出各零点，把各零点连接起来，形成零线，如附图3所示。

（3）计算场地挖填方量：

$$V_{w\text{I}}=\frac{30^2}{6}\times(2\times1.00+0.42+2\times0.12-1.06)+\frac{30^2}{6}$$

$$\times\frac{1.06^3}{(1.06+0.12)\times(1.06+1.00)}=313.50\text{m}^3$$

$$V_{w\text{II}}=\frac{30^2}{6}\times(2\times0.30+1.00+2\times0.42-0.50)+\frac{30^2}{6}$$

$$\times\frac{0.50^3}{(0.50+0.42)\times(0.50+0.30)}=316.48\text{m}^3$$

$$V_{w\text{III}}=\frac{30^2}{6}\times(2\times0.30+2.93+2\times1.21-0.50)+\frac{30^2}{6}$$

$$\times\frac{0.50^3}{(0.50+0.30)\times(0.50+1.21)}=831.21\text{m}^3$$

$$V_{w\text{IV}}=\frac{30^2}{4}\times\left(\frac{0.12^2}{0.12+2.98}+\frac{0.42^2}{0.42+2.4}\right)=15.12\text{m}^3$$

$$V_{w\text{V}}=\frac{30^2}{6}\times\frac{0.42^3}{(0.42+0.5)\times(0.42+2.4)}=4.28\text{m}^3$$

$$V_{w\text{VI}}=\frac{30^2}{4}\times\left(\frac{1.21^2}{(1.21+0.5)}+\frac{0.14^2}{1.7+0.14}\right)=195.00\text{m}^3$$

$$V_{w\text{VII}}=\frac{30^2}{4}\times(1.21+3.03+0.16+0.14)=1021.50\text{m}^3$$

总挖方量：

$$V_w=\sum V_{wi}=313.5+316.48+831.21+15.12+4.28+195.00+1021.50$$

$$=2697.09\text{m}^3$$

$$V_{t\text{I}}=\frac{30^2}{6}\times\frac{1.06^3}{(1.06+0.12)\times(1.06+1.00)}=73.50\text{m}^3$$

$$V_{t\text{II}}=\frac{30^2}{6}\times\frac{0.50^3}{(0.50+0.42)\times(0.50+0.30)}=25.48\text{m}^3$$

$$V_{t\text{III}}=\frac{30^2}{6}\times\frac{0.50^3}{(0.50+0.30)\times(0.50+1.21)}=13.71\text{m}^3$$

$$V_{t\text{IV}}=\frac{30^2}{4}\times\left(\frac{2.98^2}{2.98+0.12}+\frac{2.40^2}{2.40+0.42}\right)=1103.07\text{m}^3$$

$$V_{t\text{V}}=\frac{30^2}{6}\times(2\times0.50+1.70+2\times2.40-0.42)+\frac{30^2}{6}\times\frac{0.42^3}{(0.42+0.50)\times(0.42+2.40)}$$

$$=1066.28\text{m}^3$$

$$V_{t\text{VI}}=\frac{30^2}{4}\times\left(\frac{0.50^2}{0.50+1.21}+\frac{1.70^2}{1.70+0.14}\right)=386.27\text{m}^3$$

总填方量：

$$V_t=\sum V_{ti}=73.5+25.48+13.71+1103.07+1066.28+386.27=2668.31\text{m}^3$$

（4）调整后的设计标高：

$$F_{t\text{I}}=\frac{1}{2}\times26.95\times15.44=208.05\text{m}^2$$

$$F_{t\text{II}}=\frac{1}{2}\times16.30\times18.75=152.81\text{m}^2$$

$$F_{t\text{III}}=\frac{1}{2}\times18.75\times8.77=82.22\text{m}^2$$

$$F_{t\text{IV}}=\frac{1}{2}\times(28.84+25.53)\times30=815.55\text{m}^2$$

$$F_{t\text{V}}=30\times30-\frac{1}{2}\times4.47\times13.7=869.38\text{m}^2$$

$$F_{t\text{VI}}=\frac{1}{2}\times(8.77+27.72)\times30=547.35\text{m}^2$$

$$F_t=\sum F_{ti}=208.05+152.81+82.22+815.55+869.38+547.35=2675.36\text{m}^2$$

$$F_w=30\times30\times7-2675.36=3624.64\text{m}^2$$

由公式 $\Delta h=\dfrac{V_w-(K'_s-1)}{F_t+F_wK'_s}$，得

$$\Delta h=\frac{2697.09-(1.05-1)}{2675.36+3624.64\times1.05}=0.42\text{m}$$

因此，考虑土的可松性影响，调整后的设计标高为：

$$h'_0=h_0+\Delta h=52.55+0.42=52.97\text{m}$$

【案例4】 某工业厂房基坑土方开挖，土方量 11500m³，现有 W₁-100 型正铲挖土机可租用，其斗容量 $q=1\text{m}^3$，为减少基坑暴露时间，挖土工期限制在 10d。挖土采用载重量 4t 的自卸汽车配合运土，要求运土车辆数能保证挖土机连续作业。

已知 $K_C=0.9$，$K_S=1.15$，$K=K_B=0.85$，$v_c=20\text{km/h}$，$\rho=1.73\text{t/m}^3$（土密度），$t=40\text{s}$，$L=1.5\text{km}$。

试求：

（1）试选择 W₁-100 正铲挖土机数量 N；

（2）运土车辆数 N'；

（3）若现只有一台 W₁-100 液压正铲挖土机且无挖土工期限制，准备采取

两班制作业，要求运土车辆数能保证挖土机连续作业，其他条件不变。试求：

① 挖土工期 T；

② 运土车辆数 N'。

【解】

(1) 计算挖土机生产率：

$$P = \frac{8 \times 3600}{t} q \frac{K_C}{K_S} K_B = \frac{8 \times 3600}{40} \times 1 \times \frac{0.9}{1.15} \times 0.85 = 478.96 \text{m}^3/\text{台班}$$

取每天工作班数 $C=1$，则挖土机数量由公式可知：

$$N = \frac{Q}{P} \times \frac{1}{TCK} = \frac{11500}{478.96} \times \frac{1}{10 \times 1 \times 0.85} = 2.8$$

取 $N=3$，故需 3 辆 W_1-100 型正铲挖土机。

(2) 汽车每车装土次数，由公式计算知：

$$n = \frac{Q'}{q \dfrac{K_C}{K_S} \rho} = \frac{4}{1 \times \dfrac{0.9}{1.15} \times 1.73} = 2.95 \quad (\text{取 3 次})$$

则汽车每次装车时间：$t_1 = nt = 3 \times 2/3 = 2\text{min}$

取卸车时间：$t_2 = 1\text{min}$

操纵时间：$t_3 = 2\text{min}$

则汽车每一工作循环延续时间：

$$T' = t_1 + \frac{2L}{v_c} + t_2 + t_3 = 2 + \frac{2 \times 1.5}{20} \times 60 + 1 + 2 = 14\text{min}$$

则运土车辆的数量：

$$N' = \frac{T'}{t_1} = \frac{14}{2} = 7 \text{ 辆}$$

由于 3 台挖土机同时作业，每台都需要连续作业，故需 21 辆运土车。

(3) ① 由公式可知，挖土工期：

$$T = \frac{Q}{NPCK} = \frac{11500}{1 \times 478.96 \times 2 \times 0.85} = 14 \text{ 天}$$

② 除挖土机数量外，由于影响运土车数的条件均未变，为保证 1 台挖土机连续作业，故只需 7 辆运土车。

【案例 5】 某建筑基坑底面积为 20m×32m，基坑深 4m，天然地面标高为 ±0.000，四边放坡，基坑边坡坡度为 1:0.5。基坑土质为：−1.0 至地面为杂填土，−10.0～−1.0m 为细砂层，细砂层以下为不透水层。施工期间地下水位标高为 −1.2m，经扬水试验得知，渗透系数 $k=15$m/d。现有井点管长 6m，直径 50mm，滤管长 1.2m，采用环形轻型井点降低地下水位。

试求:

(1) 轻型井点的高程布置(计算并画出高程布置图);

(2) 进行井点系统的设计计算;

(3) 绘制轻型井点的平面布置图。

【解】 (1) 轻型井点的高程布置:

集水总管的直径选用127mm,布置在±0.000标高上,基坑底平面尺寸为20m×32m,上口平面尺寸为:

$$宽=20+(4×0.5)×2=24m$$

$$长=32+(4×0.5)×2=36m$$

井点管布置距离基坑壁为1.0m,采用环形井点布置,则总管长度为:

$$L=2×(26+38)=128m$$

井点管长度选用6m,直径为50mm,滤管长为1.2m,井点管露出地面为0.2m,基坑中心要求降水深度为:

$$S=4-1.2+0.5=3.3m$$

采用单层轻型井点,井点管所需埋设深度为:

$$H_1=H_2+h_1+iL=4+0.5+0.1×13=5.8m<6.0m$$

符合埋深要求。

井点管加滤管总长为7m,井管外露地面0.2m,滤管底部埋深在-6.8m处,而不透水层在-10.0m处,基坑长宽比小于5,可按无压非完整井环形井点系统计算。轻型井点系统高程布置图如附图4所示。

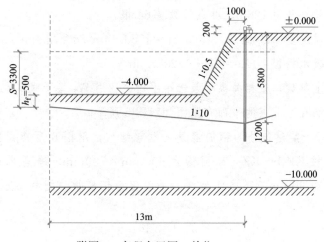

附图4 高程布置图(单位:mm)

(2) 井点系统的设计计算

① 按无压非完整井环形井点系统涌水量计算公式计算:

$$Q=1.366 \times K \times \frac{(2H_0-S)S}{\lg R-\lg X_0}$$

其中：

含水层有效深度：
$$\frac{S'}{S'+l}=\frac{3.8}{3.8+1.2}=0.76$$

$$H_0=1.85 \times (3.8+1.2)=9.25m$$

式中　S——井管处水位降低值；

　　　l——滤管的长度。

基坑中心的降水深度：$S=3.3m$

抽水影响半径：
$$R=1.95S\sqrt{H_0 \times K}=1.95 \times 3.3 \times \sqrt{9.25 \times 15}=75.80m$$

故　　$Q=1.336 \times 15 \times \frac{(2 \times 9.25-3.3) \times 3.3}{\lg 75.80-\lg 17.74}=1593.76 m^3/d$

② 单根井点出水量：
$$q=65\pi dl\sqrt{K}=65 \times 3.14 \times 0.05 \times 1.2 \times \sqrt[3]{15}=30.20 m^3/d$$

井点管数量：
$$n=1.1 \times Q/q=1.1 \times 1593.76/30.20=53 \text{ 根}$$

井点管间距：
$$D=L/n=128/53=2.4m, \quad 取 2.0m$$

则实际井点管数量为：$128 \div 2.0=64$ 根

③ 抽水设备的选用

根据总管长度为 128m，井点管数量 64 根。

水泵所需流量：$Q=1.1 \times 1593.76=1753.14 m^3/d=73.0 m^3/h$

水泵的吸水扬程：$H_s=6.0+1.2=7.2m$

根据以上参数，查相关离心泵选用手册，选用 W_7 型干式真空泵。

（3）绘制轻型井点的平面布置图如附图 5 所示。

【案例 6】　某建筑物为钢筋混凝土框架结构，附图 6 为其底层局部结构构件。现浇柱 KZ-1～KZ-4 断面均为 600mm×700mm，净高 2.94m，混凝土的坍落度为 30mm，不掺外加剂。采用组合钢模板，对柱 KZ-1 进行配板设计。

试求：

（1）绘制柱 KZ-1 的配板图并在图上标出所用模板的规格代号；

（2）确定柱 KZ-1 箍间距、形式及数量；

（3）列表汇总柱 KZ-1 所用模板的规格及数量。

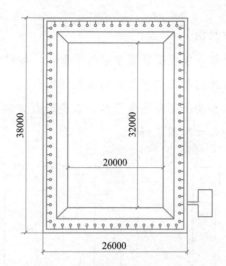

附图 5 平面布置图（单位：mm）

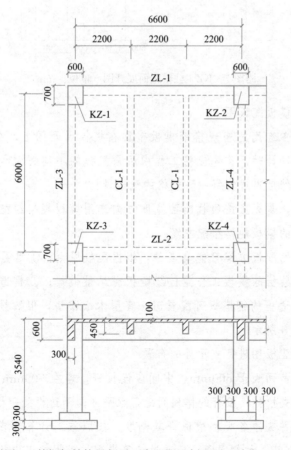

附图 6 某框架结构局部平面布置图及剖面图（单位：mm）

【解】

（1）绘制模板放线图

模板放线图就是每层模板安装完毕后的平面图，如附图 6 所示。

（2）根据模板放线图画出各构件的模板展开图

展开图一般是从结构平面左下角开始，以逆时针方向将构件模板面展开，用箭头表示展开方向，如附图 7 所示。

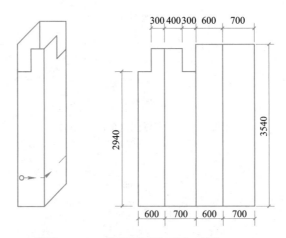

附图 7　KZ-1 柱模板面展开图（单位：mm）

（3）绘制模板配板图

根据展开图选用适当规格钢模板布置在模板展开图上。在实际工程中，进行柱的配板设计时，首先应将工程中所需配模的不同断面和长度的柱进行统计、编号，然后再进行每一种规格的配板设计。

柱配板时，首先应按照柱断面宽度方向选用模板规格组配方案，然后再选用高度方向的模板规格组配方案。

可以选择的配板方案可能有多种，根据配板原则：①尽量选用大尺寸钢模板以减少安装拆除模板工作量；②配板时尽量横排；③构造较复杂的构件接头部位或无适当的钢模板可配置时，宜用木板镶拼，但数量应尽量少。选择方案如附图 8 所示。

（4）根据配板图进行支承件的布置

柱子模板截面大于 600mm，中间应设拉杆，即在 700mm 宽处选用直径 16mm 的圆杆式拉杆，拉杆的排列间距，水平方向两边框处距板边 150mm。

为了支承并夹紧各类柱模保证其刚度，按照施工计算要求，采用 $\phi 48 \times 3.5$ 的 Q235 钢管，柱箍间距一般通过计算得到，根据施工中的要求，柱箍间距取 500mm，共设六道，在柱模高度 2/3 处柱箍上应安 3 根缆绳（$\phi 10$ 钢筋），用花篮螺栓紧固，以此调整柱模垂直，缆绳固定在楼板上，3 根缆绳在

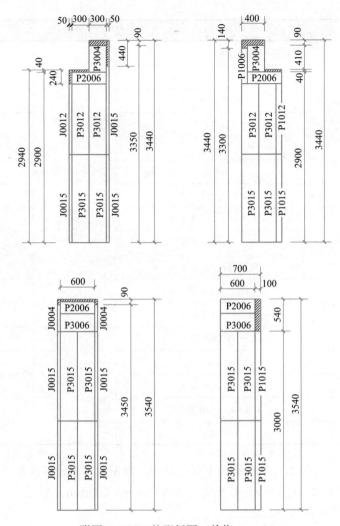

附图8　KZ-1柱配板图（单位：mm）

水平方向按120°夹角分开，与地面交角以45°～60°为宜。为了防止柱箍下滑，选用50mm×50mm角钢支顶。

（5）列出模板和配件的规格和数量清单

根据配板图列出模板和配件使用清单如附表1所示。

KZ-1柱模板及其配件使用清单　　　　　　　　　　　　附表1

序号	模板代号	单位	数量
1	P3015		12
2	P3012		4
3	P2006	块	4
4	P3004		2
5	P1006		1

续表

序号	模板代号	单位	数量
6	P3006	块	2
7	P1012		1
8	P1015		3
9	J0004		2
10	J0015		7
11	J0012		1
12	50×55×240 方木		1
13	40×55×300 方木		1
14	90×55×300 方木		1
15	50×50×440 方木		1
16	100×55×140 方木		1
17	90×55×300 方木		1
18	40×55×300 方木		1
19	50×50×90 方木		2
20	50×50×600 方木		1
21	100×55×540 方木		1
22	柱箍	套	6

【案例 7】 某工程钢筋混凝土框架结构，附图 6 所示为其底层局部结构构件。现浇框架梁 ZL-1～ZL-4 断面均为 300mm×600mm。采用组合钢模板，对梁 ZL-1 进行配板设计。

试求：（1）绘制梁 ZL-1 的配板图并在图上标出所用模板的规格代号；

（2）简要说明梁 ZL-1 的支撑位置及支撑方法；

（3）列表汇总梁 ZL-1 所用模板及支撑件的规格及数量。

【解】（1）绘制梁 ZL-1 的配板图，同案例 6 中所示过程可得到 ZL-1 的配板图，如附图 9 所示。

（2）因为梁 ZL-1 跨度较大，混凝土对梁模板既有横向的侧向压力又有垂直压力，所以要求梁模板及其支撑系统要有足够的强度和刚度，不致发生超过规范允许的变形。

本工程中采用支柱（琵琶撑）撑住底模，在距离柱 KZ-1、KZ-2 1m 处分别设一根支柱，中间支柱间距取 2m；因为梁底距地面高度小于 6m，支柱之间设置水平拉杆、剪刀撑，使其相互拉结形成整体，在离地面 50cm 处设置一道，以上隔 2m 设一道。

（3）根据配板图列出模板和配件使用清单如附表 2 所示。

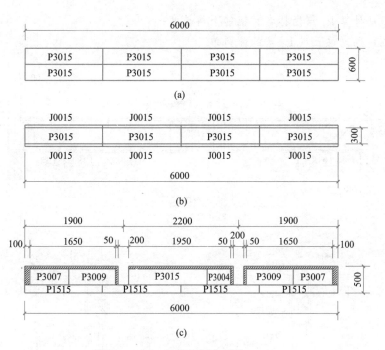

附图 9 ZL-1 梁配板图（单位：mm）

（a）外侧模板；（b）底模板；（c）内侧模板

ZL-1 梁模板及其配件使用清单   附表 2

序号	模板代号	单位	数量
1	P3015		12
2	P3004		1
3	P3007		2
4	P3009		2
5	P3015		1
6	P1515	块	4
7	J1515		8
8	100×55×350 方木		2
9	50×55×350 方木		3
10	50×55×1650 方木		2
11	50×55×1950 方木		1
12	琵琶撑	个	4
13	拉杆及剪刀撑	套	8

【案例 8】 某 4 层砖混办公楼，各层楼面均为现浇楼盖，楼板厚度为 100mm。其第三层楼面有 10 根 L_1 梁，混凝土强度等级为 C30，钢筋主筋为 HRB400 级，箍筋及所有构造钢筋均为 HPB300 级，L_1 梁构件尺寸见附图 10。

试求：

（1）计算 L_1 梁所标各种钢筋下料长度；

（2）列出第三层 L_1 梁的配料单。

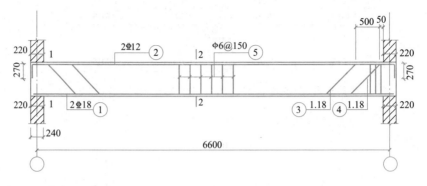

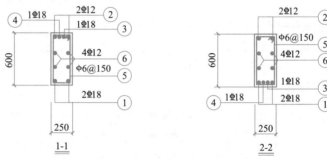

附图 10　L_1 梁配筋图（单位：mm）

【解】

（1）①号钢筋（混凝土保护层厚度为 20mm），钢筋外包尺寸：6600＋240－2×20＝6800mm

下料长度为：6800mm

②号钢筋，钢筋外包尺寸：6600＋240－2×20＝6800mm

下料长度为：6800＋2×180－4d＝7112mm

③号钢筋，钢筋外包尺寸＝端头平直段长度＋斜段长＋中间平直段长。

端头平直段长度为：500＋50＋220＝770mm

斜段长：（梁高－2倍的保护层厚度－2×箍筋直径）×1.414＝（600－2×20－2×6）×1.414＝775mm

中间平直段长：6600＋220－2×770－2×（600－2×20－2×6）＝4184mm

钢筋下料长度为：

　　　　（270＋770＋775）×2＋4184－4×0.5d－4d＝7706mm

④号钢筋，钢筋外包尺寸＝端头平直段长度＋斜段长＋中间平直段长。

端头平直段长度为：220＋50＝270mm

斜段长：（梁高－2倍的保护层厚度－2×箍筋直径）×1.414＝（600－2×20－2×6）×1.414＝775mm

中间平直段长：6600＋220－2×270－2×（600－2×20－2×6）＝5184mm

下料长度为：

$$(270+270+775)\times2+5184-4\times0.5d-4d=7706\text{mm}$$

⑤号箍筋，外包尺寸宽度：$250-2\times20=210\text{mm}$；长度：$600-2\times20=560\text{mm}$

⑤号箍筋下料长度为：

$$2\times(210+560)+100-3\times2d=1604\text{mm}$$

⑥号腰筋下料长度为：

$$6600+240-2\times20=6800\text{mm}$$

（2）第三层 L_1 梁的配料单如附表3所列。

<table>
<tr><td colspan="11" style="text-align:right">L_1 梁的配料单　　　　　　　　　　　附表3</td></tr>
<tr><td>构件
名称</td><td>项
次</td><td>钢筋
编号</td><td>钢筋简图</td><td>直径
（mm）</td><td>钢号</td><td>下料长度
（mm）</td><td>单位
根数</td><td>合计
根数</td><td>质量
（kg）</td></tr>
<tr><td rowspan="6">L_1 梁
共10根</td><td>1</td><td>①</td><td></td><td>18</td><td>HRB400</td><td>6800</td><td>2</td><td>20</td><td>272.00</td></tr>
<tr><td>2</td><td>②</td><td></td><td>12</td><td>HRB400</td><td>7112</td><td>2</td><td>20</td><td>126.31</td></tr>
<tr><td>3</td><td>③</td><td></td><td>18</td><td>HRB400</td><td>7706</td><td>1</td><td>10</td><td>154.12</td></tr>
<tr><td>4</td><td>④</td><td></td><td>18</td><td>HRB400</td><td>7706</td><td>1</td><td>10</td><td>154.12</td></tr>
<tr><td>5</td><td>⑤</td><td></td><td>6</td><td>HPB300</td><td>1604</td><td>47</td><td>470</td><td>167.36</td></tr>
<tr><td>6</td><td>⑥</td><td></td><td>12</td><td>HPB300</td><td>6800</td><td>4</td><td>40</td><td>241.54</td></tr>
</table>

【案例9】　某框架结构钢筋混凝土梁截面尺寸如附图11所示，混凝土强度等级为C30，原设计纵向受力筋为4根直径22mm的钢筋，钢筋级别为HRB500级，面积 $A_{s1}=1520\text{mm}^2$，混凝土保护层厚度取20mm，现拟用HRB400级钢筋代换之。箍筋采用HPB300，直径为6mm。

试求：所需钢筋的直径及根数。

【解】　此案例中钢筋代换属于等强度代换，应满足下式要求：

$$A_{s2}f_{y2}\geqslant A_{s1}f_{y1} \tag{a}$$

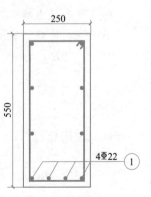

附图11　梁的钢筋代换前
（单位：mm）

$$n_2\pi\frac{d_2^2}{4}f_{y2}\geqslant n_1\pi\frac{d_1^2}{4}f_{y1} \tag{b}$$

式中　n_2——代换后钢筋的根数；

n_1——原钢筋的根数；

d_2——代换后钢筋的直径；

d_1——原钢筋的直径；

f_{y2}——代换后钢筋的设计强度值；

f_{y1}——原钢筋的设计强度值；

A_{s2}——代换后钢筋的总截面面积；

A_{s1}——原钢筋的总截面面积。

将已知将数据代入公式（a），得：

$$A_{s2} \geqslant A_{s1} \frac{f_{y1}}{f_{y2}} = 1520 \times \frac{435}{360} = 0.0018\text{m}^2$$

故选用 6 Φ 22。

$$A_s = 0.002281\text{m}^2 \geqslant 0.0018\text{m}^2$$

复核钢筋净距：

$$S = \frac{250 - 20 \times 2 - 6 \times 22}{5} = 15.6 < 25$$

因此，钢筋要排成两排，梁的截面有效高度 h_0 减少，需验算构件截面强度是否满足设计要求，根据弯矩相等的原则按下式计算：

$$A_{s2} f_{y2} \left(h_{02} - \frac{x_2}{2} \right) \geqslant A_{s1} f_{y1} \left(h_{01} - \frac{x_1}{2} \right) \tag{c}$$

$$b\alpha_1 f_c = A_s f_y \tag{d}$$

$$x = A_s \frac{f_y}{b\alpha_1 f_c} \tag{e}$$

将式（d）、式（e）代入公式（c）中，得：

$$A_{s2} f_{y2} \left(h_{02} - A_{s2} \frac{f_{y2}}{2b\alpha_1 f_c} \right) \geqslant A_{s1} f_{y1} \left(h_{01} - A_{s1} \frac{f_{y1}}{2b\alpha_1 f_c} \right)$$

式中　α_1——系数，当混凝土强度等级不超过C30时，取1.0，当混凝土强度等级为C80时，取0.94，其间按线性内插法取用；

f_c——混凝土轴心抗压强度设计值；

b——构件截面宽度。

$$h_{01} = h - a_1 = 550 - (20 + 6 + 11) = 513\text{mm}$$

$$a_2 = \frac{(4 \times 35 + 2 \times 80)}{6} = 50\text{mm}$$

$$h_{02} = 550 - 50 = 500\text{mm}$$

所以，代换后：

$$A_{s2} f_{y2} \left(h_{02} - A_{s2} \frac{f_{y2}}{2b\alpha_1 f_c} \right) = 2281 \times 360 \times \left(500 - 2281 \times \frac{360}{2 \times 250 \times 1.0 \times 14.3} \right)$$

$$= 361272\text{N} \cdot \text{m}$$

代换前：

$$A_{s1} f_{y1} \left(h_{01} - A_{s1} \frac{f_{y1}}{2b\alpha_1 f_c} \right) = 1520 \times 435 \times \left(513 - 1520 \times \frac{435}{2 \times 250 \times 1.0 \times 14.3} \right)$$

$$= 278050\text{N} \cdot \text{m}$$

代换前 278050N·m＜361272N·m，比原构件的强度增强了。钢筋代换图如附图 12 所示。

【案例 10】 某厂房混凝土设备基础长×宽×高＝30m×15m×2m，混凝土强度等级为 C20，水灰比为 0.55，配合比为 1∶1.6∶3.35，现测得砂、石含水率分别为 2% 和 1%。已知搅拌站备有 3 台混凝土搅拌机，每台生产率 6m³/h。混凝土从搅拌站至浇筑点的运输时间为 20min（包括装、运、卸），混凝土初凝时间为 2h，采用插入式振捣器，混凝土每层浇筑厚度为 0.3m，要求连续施工不留施工缝。

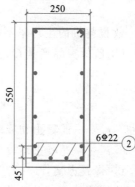

附图 12　梁的钢筋代换后
（单位：mm）

试求：

(1) 每台搅拌机每次上料 100kg 水泥，所需水、砂、石的投料量；

(2) 确定混凝土的浇筑方案。

【解】

(1) 施工配合比

$$1 \colon x(1+W_x) \colon y(1+W_y)$$
$$=1 \colon 1.6 \times (1+0.02) \colon 3.35 \times (1+0.01)$$
$$=1 \colon 1.63 \colon 3.38$$

则施工配合比设计每 100kg 水泥，所需水、砂、石投料量：

水泥：$C=100$kg

砂：$G_{砂}=100 \times 1.63 = 163$kg

石子：$G_{石}=100 \times 3.38 = 338$kg

水：$W'=W-W_{G砂}-W_{G石}=100 \times 0.55 - 163 \times 0.02 - 338 \times 0.01 = 48.36$kg

即每台搅拌机每次上料 100kg 水泥，所需水 48.36kg，砂 163kg，石子 338kg。

(2) 混凝土浇筑方案

① 混凝土的浇筑量：

$$Q=BL\frac{H}{T} \quad (\text{m}^3/\text{h})$$

式中　B——构件宽度（m）；

　　　L——构件长度（m）；

　　　H——浇筑时的分层厚度（m）；

　　　T——每层间歇时间（h）。

$$Q=30 \times 15 \times \frac{0.3}{2-\frac{1}{3}}=81\text{m}^3/\text{h}$$

而实际即为：

$$Q_{实}＝3×6＝18m^3/h$$

故搅拌机的生产率不能满足浇筑量 Q 的要求。

② 已知实际产量 $Q_{实}＝18m^3/h$，求解允许浇筑长度 L：

$$L＝Q_{实}\frac{t_1－t_2}{BH}＝18×\frac{2－\frac{1}{3}}{15×0.3}＝6.67m$$

式中 t_1——混凝土初凝时间（h）；

t_2——混凝土运输时间（h）。

③ 浇筑方案：

由以上分析，由于全面分层混凝土的浇筑强度要求大，搅拌机的生产效率不能满足，则不理想；若在此基础上加入缓凝剂，或采用二次振捣，则会导致费用增加。

若采用分段分层法，搅拌机的生产效率可以满足。但是有出现垂直施工缝的可能，且技术上不好控制。

由于结构长度超过了厚度的 3 倍，可采用斜面分层，分层分段长度小于 6.67m（附图 13）。浇筑时，一次到顶，让混凝土自然流淌，形成斜坡面（避免浇筑时间太长留下不必要的施工缝），振捣时，从斜面的下端开始逐渐上移，如附图 14 所示。

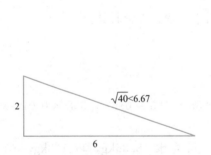

附图 13 斜面分层计算示意图

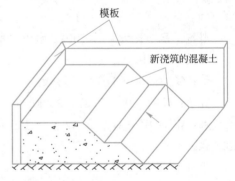

附图 14 斜面分层法浇筑混凝土示意图

【案例 11】 某超高层建筑钢筋混凝土基础冬期施工，已知混凝土每立方米的材料用量为：42.5 级普通硅酸盐水泥 280kg、水 150kg、砂 550kg、石子 1250kg，砂子含水量为 3%，石子含水率为 2%，水泥在使用前存放于温度为 5℃的搅拌棚内，水的加热温度为 80℃，砂的加热温度为 40℃。混凝土拌合物用人力手推车运输，倒运 1 次，运输和成型历时 0.4h，每立方米混凝土按接触的钢模板为 260kg、钢筋为 65kg 计算，模板未预热。考虑室外平均气温为 −8℃，混凝土结构表面系数 $M＝8.5m^{-1}$，故混凝土采用蓄热养护，围护结构采用 30mm 厚草帘和 10mm 厚麻袋保温，其导热系数分别为 $k_1＝0.047$ [W/(m·K)] 及 $k_1＝0.07$[W/(m·K)]，透风系数 ω 为 1.45。

试求：

（1）混凝土拌合物的加热温度；

(2) 混凝土拌合物的出机温度；

(3) 混凝土成型完时的温度；

(4) 混凝土冷却至0℃时的延续时间；

(5) 验算混凝土冷却至0℃时是否达到临界强度。

【解】

(1) 混凝土拌合物的加热温度：

$$T_0=[0.9(m_{ce} \cdot T_{ce}+m_{sa} \cdot T_{sa}+m_g \cdot T_g)+4.2T_w \cdot (m_w-w_{sa} \cdot m_{sa}-w_g \cdot m_g)$$
$$+c_1 \cdot (w_{sa} \cdot m_{sa} \cdot T_{sa}+w_g \cdot m_g \cdot T_g)-c_2 \cdot (w_{sa} \cdot m_{sa}+w_g \cdot m_g)]$$
$$\div[4.2 \cdot m_w+0.9 \cdot (m_{ce}+m_{sa}+m_g)]$$

$$T_0=\{0.9 \times (280 \times 5+550 \times 40-1250 \times 8)+4.2 \times 80 \times (150-550 \times 0.03$$
$$-1250 \times 0.02)+2.1 \times [0.03 \times 550 \times 40+0.02 \times 1250 \times (-8)]-335$$
$$\times (0.03 \times 550+0.02 \times 1250)\} \div [4.2 \times 150+0.9 \times (280+550+1250)]$$

$$=24.25℃$$

式中　　　　　T_0——混凝土拌合物的温度（℃）；

m_w，m_{ce}，m_{sa}，m_g——水、水泥、砂、石子的用量（kg）；

T_w，T_{ce}，T_{sa}，T_g——水、水泥、砂、石子的温度（℃）；

　　　　w_{sa}，w_g——砂、石子的含水率（%）；

　　　　c_1，c_2——水的比热容 [kJ/(kg·k)] 及溶解热 [kJ/(kg·k)]。

　　　　　当骨料温度大于0℃时，$c_1=4.2$，$c_2=0$；当骨料温度
　　　　　小于0℃时，$c_1=2.1$，$c_2=335$。

(2) 混凝土拌合物的出机温度：

$$T_1=T_0-0.16(T_0-T_i)$$
$$=24.25-0.16 \times (24.25-5)$$
$$=21.17℃$$

式中　T_1——混凝土拌合物的出机温度（℃）；

　　　T_0——混凝土拌合物的温度（℃）；

　　　T_i——搅拌机棚内的温度（℃）。

(3) 混凝土成型完成时的温度：

$$T_2=T_1-(\alpha \cdot t+0.032n)(T-T_\alpha)$$
$$=21.17-(0.25 \times 0.4+0.032 \times 1)[21.17-(-8)]$$
$$=17.48℃$$

式中　T_2——混凝土经过运输和成型后的温度（℃）；

　　　t——混凝土运输至成型的时间（h）；

　　　n——混凝土倒运的次数；

　　　T_α——室外气温（℃）；

　　　α——温度损失系数。当用混凝土搅拌运输车时 $\alpha=0.25$；开敞式自
　　　　　卸汽车，$\alpha=0.20$。

(4) 混凝土冷却至0℃时的延续时间，按如下过程计算：

$$K = \frac{3.6}{0.04 + \sum\limits_{i=1}^{n} \dfrac{d_i}{k_i}} = \frac{3.6}{0.04 + \dfrac{0.03}{0.047} + \dfrac{0.01}{0.07}} = 4.39$$

$$\psi = \frac{v_{ce} \cdot c_{ce} \cdot m_{ce}}{v_{ce} \cdot c_c \cdot \rho_c - w \cdot k \cdot m} = \frac{0.013 \times 330 \times 280}{0.013 \times 0.9 \times 2230 - 1.45 \times 4.39 \times 8.5} = -42.87$$

$$\theta = \frac{w \cdot k \cdot m_{ce}}{v_{ce} \cdot c_c \cdot \rho_c} = \frac{1.45 \times 4.39 \times 8.5}{0.013 \times 0.9 \times 2230} = 2.07$$

$$T_3 = \frac{c_c \cdot m_c \cdot T_2 + c_f \cdot m_f \cdot T_f + c_s \cdot m_s \cdot T_s}{c_c \cdot m_c + c_f \cdot m_f + c_s \cdot m_s}$$

$$= \frac{0.9 \times 2230 \times 17.48 + 0.48 \times 325 \times (-8)}{0.9 \times 2230 + 0.48 \times 325}$$

$$= 15.64\,℃$$

$$\eta = T_3 - T_{m\alpha} + \psi = 15.64 - 42.87 + 8 = -19.23\,℃$$

$$T = \eta e^{-\theta v_{ce} t} - \psi e^{-v_{ce} t} + T_{m\alpha}$$

将三个综合参数代入上式得：

$$T = -19.23 \times e^{-2.07 \times 0.013 t} + 42.87 \times e^{-0.013 t} - 8$$

先估计一个 $t = 120℃$ 代入上式得 $T = 0.25℃$，说明混凝土蓄热养护至 50h，混凝土温度为 $0.25℃$，混凝土还处于正温。继续养护后才降至 $0℃$，故估计 $t = 125℃$，代入得 $T = -0.094℃$，混凝土在养护 125h 后，已处于负温，这说明混凝土冷却至 $0℃$ 的时间在 120h 与 125h 之间。再估计 $t = 123℃$，代入上式得 $T = -19.23 \times e^{-2.07 \times 0.013 \times 123} + 42.87 \times e^{-0.013 \times 123} - 8 \approx 0℃$，故计算结果 $t = 123h$。

式中　　　d——每种保温材料的厚度；

　　　　　v_{ce}——水泥水化速度系数（h^{-1}）；

　　　　　c_c——混凝土比热容 $[kJ/(kg \cdot k)]$；

　　　　　c_{ce}——水泥水化累积最终放热量 $[(kJ/kg)]$；

　　　　m_{ce}——每立方米混凝土水泥用量（kg/m^3）；

　　　　　ρ_c——混凝土的质量密度（kg/m^3）；

　　　　　w——透风系数；

　　　　　k——结构围护层的总传热系数 $[kJ/(m^2 \cdot h \cdot k)]$；

　　　　　m——结构的表面系数；

　η、ψ、θ——分别为综合参数，分别由上式计算；

　　　　　T_3——考虑模板和钢筋的吸热影响，混凝土成型完成时的温度（℃）；

c_c、c_f、c_s——分别为混凝土，模板，钢筋的比热容 $[kJ/(kg \cdot k)]$；

m_c、m_f、m_s——分别为每立方米混凝土的质量，每立方米混凝土接触的模板、钢筋的质量（kg）；

　　　T_f、T_s——分别为模板、钢筋的温度，未预热时可采用的当时环境温度（℃）。

（5）混凝土冷却至 $0℃$ 时的强度

$$T_m = \frac{T_0}{3} = \frac{17.48}{3} = 5.83℃$$

$$f_{cuk} = (A + B \cdot T_m)\sqrt{\frac{t}{24}}$$

$$= (12.65 + 0.48 \times 5.83)\sqrt{\frac{123}{24}}$$

$$= 34.91\% > 30\%$$

式中　T_m——混凝土由浇筑到冷却的平均温度（℃）；

　　　f_{cuk}——混凝土养护 t 时间的强度（%）；

　　　A——系数，硅酸盐水泥 $A=12.65$；矿渣硅酸盐水泥 $A=6$；

　　　B——系数，硅酸盐水泥 $B=0.48$；矿渣硅酸盐水泥 $B=0.85$。

【案例 12】　某医院项目为在知识城建设的国内一流的综合性三级甲等医院。项目位于知识城中部九龙新城，北临四横路，东临四纵路，南临五横路，西临三纵路。项目主要由门诊急诊综合楼、住院楼、医技楼、科研行政综合楼、后勤保障、院内生活等主体建筑组成，同时建设室外工程及配套公用工程、车库及设备用房以及配套电、热、冷三联供的分布式能源站，如附图 15 所示。本项目总占地面积 85395m²，总建筑面积 201189m²，规划床位数 1000 床。

附图 15　某医院项目效果图

1. 应用平台

本项目采用广联达基于 BIM 的智慧工地产品作为本工程施工全过程总体协作管理平台。在施工过程中将"BIM＋智慧工地"技术作为工程项目管理和技术手段。智慧工地平台架构如附图 16 所示，主要包含设备层、接入层、平台层、应用层四层。

（1）设备层：其是平台的数据来源，施工现场的设备根据设备用途，可分为机械类、感知类等。其中感知类包括二维码标签和识读器、RFID 标签和读写器、摄像头、GPS、传感器、M2M 终端、传感器网关等，主要功能是识别物体、采集信息。

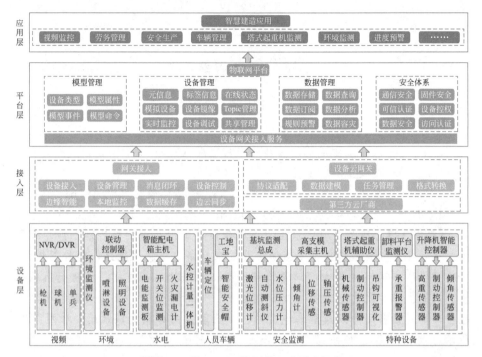

附图 16 基于 BIM 的智慧工地平台架构

（2）接入层：其是平台建设的核心能力，实现将现场的设备接入到平台，需要研究不同协议，以及不同的接入模式。通过开发云联网关接入，现场网关接入需要屏蔽各协议的差异性。

（3）平台层：其是施工现场物联网平台建设的主体，是设备接入和应用支撑的桥梁，其中主要内容为模型、设备、数据、安全体系的建设。通过平台体系建设，为设备接入及应用开发提供支撑。

（4）应用层：其是平台能力整体表现的模块，通过对现场设备的归类和分析，从业务层面发挥设备数据的价值。

2. 应用内容

基于 BIM 的智慧工地管理平台主要应用于本工程的施工深化设计、施工策划以及施工过程管理，通过施工全过程应用，提升项目管理水平。

（1）深化设计应用

1）图纸校核优化

本项目通过 BIM 技术进行全专业施工图图纸校核，基于 BIM 可视化优势，将土建、机电等专业 BIM 模型集成在统一协同平台下，高效直观地发现各专业及专业间的"错漏碰缺"等问题，并快速形成图纸校核报告，及时反馈设计方进行调整优化，大大提高了图纸校审效率和质量，为项目后续工作顺利开展提供了有力保障。项目施工图纸校审报告如附图 17 所示。

2）连廊深化设计

通过大跨度连廊施工模拟，提高玻璃生产精度和施工质量。大跨度连廊施工难度大，基于 BIM 模型，通过玻璃受力分析模拟计算，模型提取板

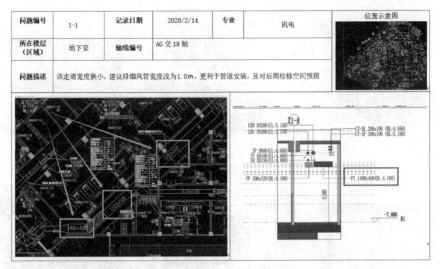

问题编号	1-1	记录日期	2020/2/14	专业	机电	位置示意图
所在楼层（区域）	地下室	轴线编号	AG交19轴			
问题描述			该走道宽度狭小，建议排烟风管宽度改为1.0m，更利于管道安装，及对后期检修空间预留			

附图17　施工项目图纸会审

块数据信息及加工图由工厂进行数字化加工，从而控制材料及工厂加工质量及精度，确保大跨度连廊的施工质量。分析模拟及受力计算如附图18所示。

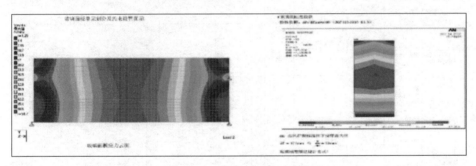

附图18　分析模拟及受力计算

3）机房空间优化

通过优化医院管道及设备布置，提高空间利用率。医院地下室机房众多、通道狭窄、管线复杂，除了传统的水电风系统，还有医气管道、氧气管道、真空管道等，地下空间初次排布净空不足2m。基于BIM进行全专业管线综合排布，经反复优化提升至2.8m，提高了地下室的空间利用率。机房优化、通道管线优化如附图19所示。

4）综合支吊架设计

由于空间管理要求高，管线密集，从经济性和安全性考虑采用综合支吊架布置，通过MagiCAD综合支吊架功能，根据管线排布情况自定义构造支吊架形式，满足管线排布位置、检修空间、空间净高等要求，同时也有利于节约型钢采购成本。综合支吊架的标识设置、穿砖墙套管的管径设置如附图20所示。

318

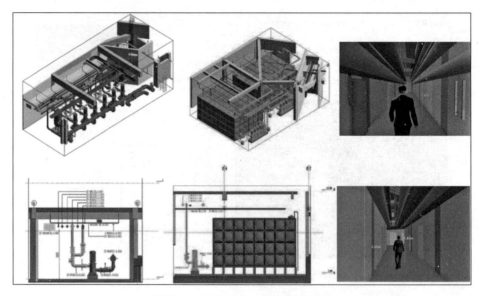

附图 19　机房优化、通道管线优化

建议支吊架图例表编制代号如下：(mm)

序号	支吊架编号	吊杆规格长度	横杆规格长度(最大)	固定规格	工艺系统
1	D(单)—刚性单柱吊架	材料代号规格×长度	材料代号规格×长度	预埋件规格。例，预埋件200×120×10	系统符号参照CAD设计计图，如是多系统管支架，可用"综合"
	D—刚性双柱吊架	工字钢代号：Ⅱ，例 Ⅱ 20—2200	(具体同左)	例，固定底板150×100×8，膨胀螺栓4—M10	
	L(单)—刚性单拉杆吊架	槽钢代号：[，例 [12—2000			
	L—刚性双拉杆吊架	角铁代号：∠，例 ∠50×50×5—1800			
	DT(单)—刚性单柱弹簧吊架	扁铁代号：—，例 —40×4—600			
	DT—刚性双柱弹簧吊架	扁铁代号：Φ，例 Φ10—800			
	LT(单)—刚性单拉杆弹簧吊架				
	LT—刚性双拉杆弹簧吊架				
	Z—悬臂梁固定支架				
	G—地面支撑支架				

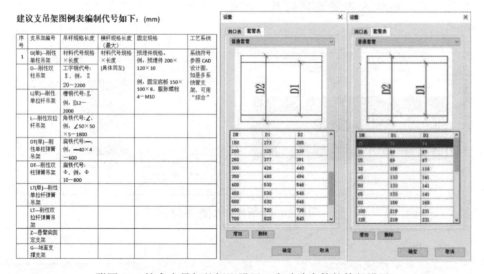

附图 20　综合支吊架的标识设置、穿砖墙套管的管径设置

（2）施工策划应用

1）场地规划

通过无人机航拍建立实景模型，并基于该实景模型进行土方预测、基坑定位、规划施工围挡边界及进出场交通路线等。施工期间，根据航拍项目实际建设情况，并结合对比计划进度，高效辅助管理人员发现进度问题、进行工程计划及关键线路的调整与优化，保障进度合理、工期可控。无人机航拍＋实景建模应用如附图 21 所示。

2）场地布置

在项目准备阶段，采用智能场布软件进行三维场地布置，场布软件内置

附图 21　无人机航拍＋实景建模应用

丰富的施工场地设施构建及相关布置规范和要求等，通过 AI 技术，在综合考虑塔式起重机、堆场、加工场及各种临设等的合理布置的情况下，快速实现多方案叠选、比选，高效输出满足规范、经济合理、符合安全施工要求的场地布置方案，节约初步方案的推敲时间，提高场布设计及优化的效率和质量。

通过进行多塔式起重机分析，避免塔式起重机吊臂覆盖范围不足或相互碰撞的情况发生。以绿色节能为目标，合理规划场地道路、材料堆放区、办公区、生活区等，全面推进标准化施工。多塔式起重机分析如附图 22 所示。

附图 22　多塔式起重机分析

3）基坑工程策划

基于 BIM 的地质建模及桩基础建模，为施工提供参考。通过应用高强混凝土管桩、地质建模，提高建设效率。利用超前钻地质数据建模，优化基坑支护与土方开挖顺序。在平台上完成桩施工顺序模拟，实现资源合理组织，提高施工效率。支护桩模型如附图 23 所示。

4）大荷载支撑方案策划

基于 BIM 的工艺模拟，确保施工方案最优化。直线加速器施工中，针对重晶石混凝土、密集配筋分布和超厚顶板等问题，基于 BIM 技术设计出一套安全可靠的支撑体系，确定纵横钢管支撑合理间距，确保直线加速器室防辐射混凝土的整体施工品质。直线加速器模型如附图 24 所示。

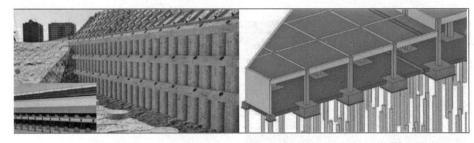

附图 23　支护桩模型

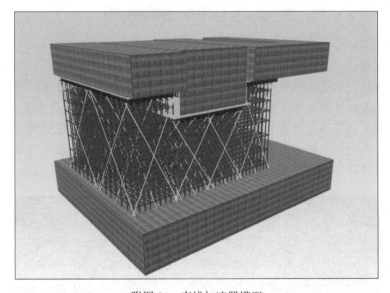

附图 24　直线加速器模型

5) 高大模架方案策划

通过 BIM 进行高支模设计，优化施工方案，降低施工风险。住院楼的造型曲折多变，大量的错位悬挑结构，部分支模搭设高度为 9.5m，脚手架搭建难度大。利用 BIM 对复杂部位进行脚手架模拟，对危险性较大的高支模方案进行计算验证，确保施工安全。高支模建模如附图 25 所示。

附图 25　高支模建模

（3）施工管理应用

1）劳务实名制管理

通过应用速登宝＋闸机＋人脸识别，加强人员实名制管理，对劳务人员信息资料进行有效快速整合，实现劳务人员信息管理系统化；优化劳务入场流程，每次劳务入场管理工作的完成由每次 2h 变为 0.5h，管理提效 75％，如附图 26 所示。项目可通过平台导出劳务人员有效工时/工日的考勤数据与班组提交的考勤表核对，辅助项目进行劳务工资核算，规范工人工资发放，确保项目方得到真实的劳务成本投入，可有效地控制项目成本。

附图 26　劳务实名制管理

2）人员行为识别

通过 AI 智能识别未戴安全帽行为，与智能广播进行联动语音播放提醒，用 AI 算法对序列图像进行自动分析，对监控场景中的作业人员进行定位、识别和跟踪，并在此基础上分析和判断目标的行为，能在异常情况发生时及时发出警报。加强对施工现场违规行为的监督检查，提高工人安全防控意识，如附图 27 所示。

附图 27　AI 智能识别

3）塔机检测及吊钩可视化

通过塔式起重机变焦摄像头，消除视觉盲区，实现塔式起重机司机无死角作业。通过平台查看塔式起重机运行安全状况、安全检查维保情况以及投入使用前的各类方案、设备人员资料完整性，对隐患进行一键督办，平台根据违规操作数据，自动生成交底资料，辅助进行安全教育。当有违规作业时，系统会第一时间发出报警信息并推送给塔司及管理人员，加强塔司自控及管控能力，提高塔机运行安全水平，如附图28所示。

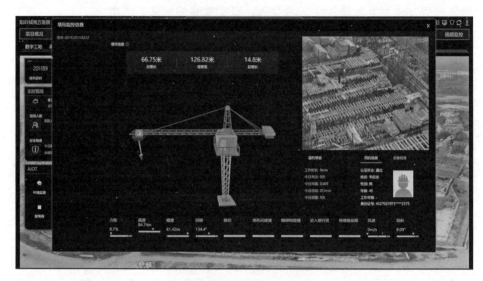

附图28　塔机安全监测

4）环境监测

平台可根据项目所在地天气预报施工智能提醒，自动记录影响进度的恶劣天气，替代手动查询填写晴雨表，并作为过程中进度延误的分析依据及后期的资料储备。系统可实现采集风速、温度、噪声、颗粒物等，并上传到智慧工地系统，以丰富的图表、曲线等形式呈现项目月度、24h、实时的环境监测数据，当监测数值超过设定阈值，同时可自动推送报警信息，辅助管理人员对恶劣天气（如大风）做出应急措施（如塔式起重机停止运行），避免安全事故发生，并可联动喷淋设备，实现自动降尘等操作。根据系统监测数据，可多维度分析超标原因，辨别是否为经常性发生事件，辅助制定整改措施。

此外，也可通过视频监控＋智能广播辅助进行现场安全文明施工，包括渣土散落、裸土未覆盖、安全设施移位损坏、人员不安全行为等，为管理提供有效的抓手，减少不必要跑现场的次数。通过摄像头定时抓拍生成延时摄影视频，作为工程建设过程中重要节点的影像资料。现场配置环境监测设备，实时对扬尘、噪声、风力等数据进行自动化采集，通过监控数据与扬尘控制设备联动，实现自动降尘控制。环境监测如附图29所示。

5）质安巡检

项目每月将辨识的危险源录入系统，进行风险评价后下发巡检任务，现

附图 29 环境监测

场质量管理人员在例行检查过程中，可直接通过手机对质量问题进行拍照，并填报质量问题描述、问题区域、责任人、整改要求等信息，系统将自动推送给相关责任人督促整改，从隐患的识别到执行实现有效闭环。如附图 30 所示。

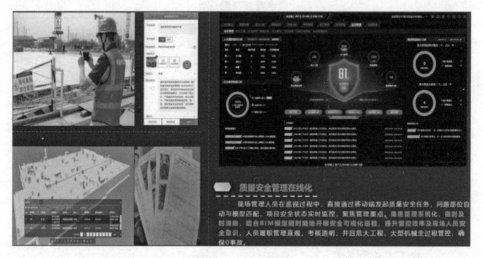

附图 30 质安巡检

6）工序验收

系统内置验收规范，辅助提高施工人员专业能力，依据内置条例现场验收，验收记录自动留存，微信分享验收记录，有助于提高汇报验收进度。

7）水电监测

通过加装智能水电表，远程自动采集用水用电数据，采用 NB-IOT（Narrow Band Internet of Things，窄带物联网）技术，实时监测办公区、生活区、施工区用水用电，通过与计划值对比分析现场用水用电量是否超标，为项目节水节电管理提供数据支撑。同时，通过加装漏电传感器、温度传感器、烟雾传感器、开关状态传感器等，智能识别漏电、过载、着火等风险，将监测到的异常情况信息及时推送至相关管理人员，并附带检修人员信息，辅助管理人员对现场用电风险快速处置。

8）红外线自动测温

疫情期间，通过红外线自动测温仪，自动采集人员体温情况，及时预警，智能语音播报人员健康状况，助力复工复产及健康施工。

3. 应用成效

（1）解决的实际问题

基于 BIM 的智慧工地管理系统的应用，解决了项目管理痛难点，弥补了管理盲区，项目管理效率得到大幅提升。

1）设计与深化设计阶段

通过 BIM 技术应用，解决了人工分析不足的问题。对专业性较强的幕墙、连廊等进行三维虚拟设计、模拟建造，解决了设计深度不够、专业不交圈等问题。对机房、病房等特殊部位进行三维模拟、分析，解决了潜在净高不足、空间使用不合理的问题。对整体施工图纸进行模拟、碰撞、审图等，打破各专业壁垒，提前发现设计问题和施工中可能存在的问题超过 700 个，其中机电管综问题统计见附表 4。

机电管综问题统计　　　　　　　附表 4

楼层	问题数	解决的问题数	形成的设计变更数	节约因图纸问题额外产生的费用（万元）	解决率
地下室	252	252	85	126	100%
医技楼	198	198	43	75	100%
住院楼	118	118	36	52	100%
行政楼	98	98	44	43	100%
后勤楼	25	25	12	47	100%
室外管网	17	17	9	22	100%
合计	708	708	229	365	100%

2）施工方策划阶段

通过实景建模和场地布置分析，快速获取施工现场第一手资料，并直观呈现，解决了现场场地规划信息不足、场地布置不合理的问题。通过对专业性较强的分部分项工程的方案规划、设计，并进行计算、验证，解决了危险性较大工程设计不符合实际的问题，降低安全质量事故发生的概率。通过对现场二次结构的优化、策划，解决了现场施工材料浪费严重、使用不合理的问题。

3）施工过程管理阶段

① 人员管理：通过智慧工地管理系统对现场人员快速登记，解决上千工

人信息登记烦琐的问题。通过对工人日常行为监测，补充了现场管理漏洞，解决了监管覆盖不全面、不到位的问题。对劳务人员体温监测和监控，减少了疫情传播风险，保障疫情期间有序生产。

② 机械管理：通过对现场大型机械的实时监控，解决了靠人力检查能力不足、覆盖不全的问题。通过吊钩可视化系统，解决了塔式起重机司机视觉盲区的问题，避免事故伤害的发生。

③ 工期管理：通过周任务派发与跟踪，实时清晰了解现场施工进度，严格把控生产进度，及时解决进度相关问题。

④ 方案管理：方案交底、技术交底二维码与 BIM 集成应用，减少 BIM 部门与施工员信息交流不对称造成的进度影响。实时反馈现场情况及方案问题，及时完善或补充方案不足情况。

⑤ 质量安全管理：通过质量、安全的日常巡检，实现线上发现问题、提出问题、整改问题、销项问题的闭环管理，减少传统纸质整改单的填写、打印等过程，使问题得到及时反馈与解决，并共享问题状态，提高了工作效率。通过质量实测实量与工序验收，各级管理人员实时了解现场质量情况。

⑥ 成本管理：工人考勤月报自动生成，把握人力成本主动权，避免班组长虚报考勤。实测实量提高施工质量，避免现场拆除返工增加施工成本。

（2）实际效果

通过基于 BIM 的智慧工地管理系统赋能项目管理全过程，实现全过程、全要素、全参与方的数字化、在线化、智能化，提高了项目综合管理效率、协同效率，为实现工程建设目标打下坚实基础。在项目的建设实施过程中，通过 BIM 技术与其他数字化技术融合应用，各专业图纸集成设计，部品部件细化到节点，设计深度和设计质量大幅度提高。通过工序级排程、任务实时跟踪，实现进度管理实时化、形象化，提高进度管理效率。通过现场实测实量、精准验收，提升过程质量管理水平，产品品质得到有效提升。通过风险识别、移动检查，构建全面安全管理体系，有效避免安全事故的发生。通过方案模拟、策划、工序安排，合理选择适用方案，合理组织，减少现场浪费，提高管理效率。

参 考 文 献

[1]《建筑施工手册》第五版编委会．建筑施工手册［M］．5 版．北京：中国建筑工业出版社，2013．

[2] 江正荣．简明施工手册［M］．5 版．北京：中国建筑工业出版社，2015．

[3] 江正荣．建筑施工计算手册［M］．3 版．北京：中国建筑工业出版社，2013．

[4] 王士川．施工技术［M］．北京：冶金工业出版社，2000．

[5] 刘宗仁．土木工程施工［M］．北京：高等教育出版社，2019．

[6] 应惠清．土木工程施工（上、下）［M］．3 版．上海：同济大学出版社，2018．

[7] 李书全．土木工程施工［M］．2 版．上海：同济大学出版社，2013．

[8] 毛鹤琴．土木工程施工［M］．武汉：武汉理工大学出版社，2018．

[9] 郑天旺．土木工程施工［M］．2 版．北京：中国电力出版社，2016．

[10] 胡长明．土木工程施工［M］．2 版．北京：科学出版社，2017．

[11] 中华人民共和国住房和城乡建设部．砌体结构设计规范：GB 50003—2011［S］．北京：中国建筑工业出版社，2011．

[12] 中华人民共和国住房和城乡建设部．砌体结构工程施工质量验收规范：GB 50203—2011［S］．北京：中国建筑工业出版社，2011．

[13] 中华人民共和国住房和城乡建设部．承插型盘扣式钢管支架构件：JG/T 503—2016［S］．北京：中国标准出版社，2017．

[14] 中华人民共和国住房和城乡建设部．建筑地基基础设计规范：GB 50007—2011［S］．北京：中国建筑工业出版社，2011．

[15] 中华人民共和国住房和城乡建设部．建筑结构荷载规范：GB 50009—2012［S］．北京：中国建筑工业出版社，2012．

[16] 中华人民共和国国家质量监督检验检疫总局．钢筋混凝土用钢第 2 部分：热轧带肋钢筋：GB/T 1499.2—2018［S］．北京：中国建筑工业出版社，2018．

[17] 中华人民共和国国家质量监督检验检疫总局．冷轧带肋钢筋：GB/T 13788—2017［S］．北京：中国建筑工业出版社，2017．

[18] 中华人民共和国住房和城乡建设部．混凝土结构设计规范：GB 50010—2010（2015 年版）［S］．北京：中国建筑工业出版社，2015．

[19] 中华人民共和国住房和城乡建设部．建筑抗震设计规范：GB 50011—2010（2016 年版）［S］．北京：中国建筑工业出版社，2016．

[20] 中华人民共和国住房和城乡建设部．钢结构设计标准：GB 50017—2017［S］．北京：中国建筑工业出版社，2017．

[21] 中华人民共和国住房和城乡建设部．建筑地基基础工程施工质量验收标准：GB 50202—2018［S］．北京：中国建筑工业出版社，2018．

[22] 中华人民共和国住房和城乡建设部．钢结构工程施工质量验收标准：GB 50205—2020［S］．北京：中国建筑工业出版社，2020．

[23] 中华人民共和国住房和城乡建设部．建筑工程施工质量验收统一标准：GB 50300—2013［S］．北京：中国建筑工业出版社，2013．

[24] 中国建筑股份有限公司技术中心．混凝土 3D 打印技术规程：T/CECS 786—

2020［S］. 北京：中国计划出版社，2020.

[25] 樊启祥，段亚辉，王业震，王孝海，杨思盟，康旭升 . 混凝土保湿养护智能闭环控制研究［J］. 清华大学学报（自然科学版），2021，61（07）：671-680.

[26] 王琨 . 公路工程施工优化管理与新技术［M］. 北京：人民交通出版社，2019.

[27] 焦营营 . 智慧工地与绿色施工技术［M］. 徐州：中国矿业大学出版社，2019.

高等学校土木工程学科专业指导委员会规划教材
（按高等学校土木工程本科专业指南编写）

征订号	书名	作者	定价
V40569	高等学校土木工程本科专业指南	教育部高等学校土木工程专业教学指导分委员会	30.00
V39805	土木工程概论(第二版)(赠教师课件)	周新刚 等	48.00
V40950	土木工程制图(第三版)(含习题集和数字资源、赠教师课件)	何培斌	128.00
V35996	土木工程测量(第二版)(赠教师课件)	王国辉	75.00
V34199	土木工程材料(第二版)(赠教师课件)	白宪臣	42.00
V20689	土木工程试验(含光盘)	宋彧	32.00
V35121	理论力学(第二版)	温建明	58.00
V23007	理论力学学习指导(赠课件素材)	温建明 韦林	22.00
V38861	材料力学(第二版)(赠教师课件)	曲淑英	58.00
V39895	结构力学(第三版)(赠教师课件)	祁皑 等	68.00
V31667	结构力学学习指导	祁皑	44.00
V36995	流体力学(第二版)(赠教师课件)	吴玮 张维佳	48.00
V23002	土力学(赠教师课件)	王成华	39.00
V22611	基础工程(赠教师课件)	张四平	45.00
V22992	工程地质(赠教师课件)	王桂林	35.00
V22183	工程荷载与可靠度设计原理(赠教师课件)	白国良	28.00
V23001	混凝土结构基本原理(赠教师课件)	朱彦鹏	45.00
V31689	钢结构基本原理(第三版)(赠教师课件)	何若全	45.00
V42246	土木工程施工技术(第二版)(赠教师课件)	李慧民 田卫	60.00
V39483	土木工程施工组织(第二版)(赠教师课件)	赵平	38.00
V34082	建设工程项目管理(第二版)(赠教师课件)	臧秀平	48.00
V39520	建设工程法规(第三版)(赠教师课件,含题库)	李永福 孙晓冰	52.00
V37807	建设工程经济(第二版)(赠教师课件)	刘亚臣	45.00
V26784	混凝土结构设计(建筑工程专业方向适用)	金伟良	25.00
V26758	混凝土结构设计示例	金伟良	18.00
V26977	建筑结构抗震设计(建筑工程专业方向适用)	李宏男	38.00
V29079	建筑工程施工(建筑工程专业方向适用)(赠教师课件)	李建峰	58.00
V29056	钢结构设计(建筑工程专业方向适用)(赠教师课件)	于安林	33.00
V25577	砌体结构(建筑工程专业方向适用)(赠教师课件)	杨伟军	28.00

征订号	书名	作者	定价
V25635	建筑工程造价(建筑工程专业方向适用)(赠教师课件)	徐蓉	38.00
V30554	高层建筑结构设计(建筑工程专业方向适用)(赠教师课件)	赵鸣　李国强	32.00
V25734	地下结构设计(地下工程专业方向适用)(赠教师课件)	许明	39.00
V40926	地下工程施工技术(第二版)(赠教师课件)	许建聪	54.00
V27594	边坡工程(地下工程专业方向适用)(赠教师课件)	沈明荣	28.00
V35994	桥梁工程(赠教师课件)	李传习	128.00
V41238	道路勘测设计(道路与桥梁工程专业方向适用)(第二版)(赠教师课件,含数字资源)	张蕊	72.00
V25562	路基路面工程(道路与桥梁工程专业方向适用)(赠教师课件)	黄晓明	66.00
V28552	道路桥梁工程概预算(道路与桥工程专业方向适用)	刘伟军	20.00
V26097	铁路车站(铁道工程专业方向适用)	魏庆朝	48.00
V27950	线路设计(铁道工程专业方向适用)(赠教师课件)	易思蓉	42.00
V35604	路基工程(铁道工程专业方向适用)(赠教师课件)	刘建坤　岳祖润	48.00
V30798	隧道工程(铁道工程专业方向适用)(赠教师课件)	宋玉香　刘勇	42.00
V31846	轨道结构(铁道工程专业方向适用)(赠教师课件)	高亮	44.00

注:本套教材均被评为《住房和城乡建设部"十四五"规划教材》。